BIM技术在装配式建筑设计及施工管理中的应用

甘元彦 著

化学工业出版社
·北京·

内容简介

BIM技术是集成模拟仿真建筑数字信息，在计算机辅助设计（CAD）等技术的基础上发展起来的建筑学、工程学及土木工程的新工具，在建筑全生命周期中进行协同及精细化管理，以及为产业链的连接、工业化标准化建造提供保障都有重要意义。

本书对BIM技术与装配式建筑的概念、装配式建筑设计的基本内容、BIM技术在装配式建筑中的应用、BIM技术在装配式建筑施工管理的不同阶段的应用进行了较为详细的阐述，并结合案例对BIM技术在装配式建筑中的具体应用过程进行了示范讲解。本书可作为建筑工程专业、土木工程专业参考用书，也可作为施工单位的指导用书。

图书在版编目(CIP)数据

BIM技术在装配式建筑设计及施工管理中的应用 / 甘元彦著. —北京：化学工业出版社，2021.10
ISBN 978-7-122-39634-1

Ⅰ.①B… Ⅱ.①甘… Ⅲ.①装配式构件-建筑工程-计算机辅助设计-应用软件-研究 Ⅳ.①TU3-39

中国版本图书馆CIP数据核字（2021）第149342号

责任编辑：王 烨　　文字编辑：温潇潇
责任校对：杜杏然　　装帧设计：刘丽华

出版发行：化学工业出版社（北京市东城区青年湖南街13号　邮政编码100011）
印　　装：北京虎彩文化传播有限公司
787mm×1092mm　1/16　印张15½　字数387千字　2022年1月北京第1版第1次印刷

购书咨询：010-64518888　　售后服务：010-64518899
网　　址：http://www.cip.com.cn
凡购买本书，如有缺损质量问题，本社销售中心负责调换。

定　　价：99.00元

前言

建筑信息模型（Building Information Modeling，BIM）是集成模拟仿真建筑数字信息，在计算机辅助设计（CAD）等技术的基础上发展起来的建筑学、工程学及土木工程的新工具。BIM 不仅支持在建筑全生命周期中的各参与方的各项工作在同一多维信息模型上进行协同及精细化管理，还为产业链的连接，工业化、标准化建造及繁荣建筑创作提供技术保障。BIM 的优势及其为工程建设行业带来的利益不言而喻，BIM 技术应用正成为土木及相关行业技术的发展趋势。

装配式建筑是由预制部品和构件在工地装配而成的建筑。随着现代工业化的普及，建造房屋也可以像工厂流水线生产产品一样，成批成套产出。因其具有建造速度快，受气候条件制约小，既可节约劳动力又可提高建筑质量等优点，在 20 世纪初就开始引起人们的注意，目前国家更是提出要大力发展装配式建筑推动产业结构调整升级。相比较于传统的装配式施工技术，装配式建筑 BIM 具有充分利用 BIM 技术的高度可视化、一体化、参数化、仿真性、协调性、可出图性和信息完备性等特点，可将 BIM 技术很好地应用于装配式项目建设方案策划、投标招标管理、设计、施工、竣工交付和运维管理等全生命周期各阶段中，有效地保障了资源的合理控制、数据信息的高效传递共享和各人员间的准确及时沟通，有利于项目实施效率和安全质量的提高，从而实现装配式工程项目的全生命周期一体化和协同化管理。

本书首先介绍了 BIM 技术与装配式建筑的概念，然后对装配式建筑设计的基本内容进行了分析，并对 BIM 技术在装配式建筑中的应用价值进行了阐述，接下来对 BIM 技术在装配式建筑施工管理的不同阶段的应用进行了研究，最后结合案例阐述了 BIM 技术在装配式建筑中的具体应用过程。本书理论与实践结合紧密，旨在让读者了解装配式建筑及 BIM 技术的基本情况，并掌握 BIM 技术在装配式建筑的设计阶段、预制构件的生产运输阶段、装配式建筑施工过程及运营维护阶段的应用。

本书由重庆文理学院甘元彦著。由于时间紧，工作量大，书中难免会出现不足之处，恳请大家批评、指正。

著者

目录

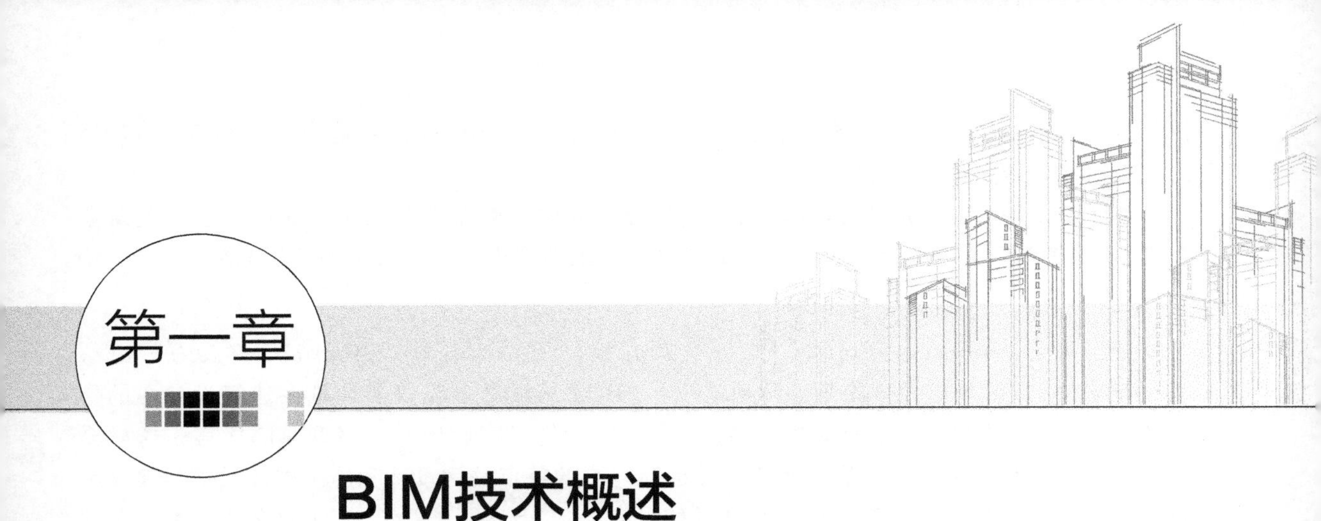

第一章

BIM技术概述

第一节　BIM技术介绍

一、BIM概述

进入21世纪，一个被称为BIM（Building Information Modeling，建筑信息模型）的新事物出现在全世界建筑业中。BIM问世后，不断在各国建筑界中施展“魔力”。许多接纳BIM、应用BIM的建设项目，都不同程度地出现了建设质量和劳动生产率提高、返工和浪费现象减少、建设成本得到节省等现象，从而提高了建设企业的经济效益（图1-1）。

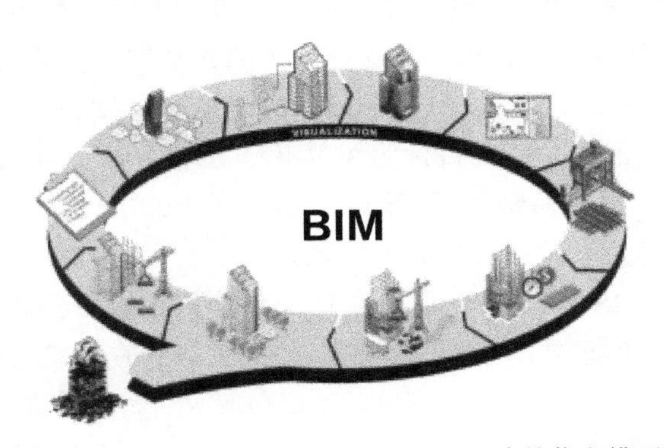

图1-1　Building Information Modeling（建筑信息模型）

2007年，美国斯坦福大学设施集成工程中心对32个应用BIM的项目进行了调查研究，得出如下调研结果：消除多达40%的预算外更改；造价估算精确度在3%以内；最多可减少80%耗费在造价估算上的时间；通过冲突检测可节省多达10%的合同价格；项目工期缩短7%。

建设企业经济效益得以提高的重要原因是，应用了BIM后，工程中减少了各种错误，缩短了项目工期。

据美国Autodesk公司统计，应用BIM技术可改善97%的项目产出和团队合作，3D可视化更便于沟通，提高 66%的企业竞争力，减少 50%～70%的信息请求，缩短 5%～10%的施工周期，减少 20%～25%的各专业协调时间。

在建筑工程项目中应用 BIM 以后，增加经济效益、缩短工期的例子还有很多。建筑业在应用 BIM 以后，确实大大改变了其浪费严重、工期拖沓、效率低下的落后面貌。

（一）BIM 的发展

2004 年，Autodesk 公司印发了一本官方教材 *Building Information Modeling with Autodesk RE*，该教材导言的第一句话就说："BIM 从根本上改变了计算在建筑设计中的作用。"而 BIM 的提出者伯恩斯坦在 2005 年为《信息化建筑设计》一书撰写的序言是这样介绍 BIM 的："BIM 是对建筑设计和施工的创新。它的特点是为设计和施工中建设项目建立和使用提供互相协调的、内部一致的及可运算的信息。"上述两种关于 BIM 的介绍，都只是涉及 BIM 的特点而没有涉及其本质。

随后人们逐渐认识到，BIM 并不是单指 Building Information Modeling，还有 Building Information Model 的含义。2005 年出版的《信息化建筑设计》对 BIM 是这样阐述的："建筑信息模型，是以 3D 技术为基础，集成了建筑工程项目各种相关的工程数据模型，是对该工程项目相关信息详尽的数字化表达。……建筑信息模型同时又是一种应用于设计、建造、管理的数字化方法，这种方法支持建筑工程的集成管理环境，可以使建筑工程在整个进程中显著提高效率和大量减少风险。"这里分别从 Building Information Model 和 Building Information Modeling 两个方面对 BIM 进行阐述，扩展了 BIM 的含义。

2007 年底，NBIMS-US VI（美国国家 BIM 标准第一版）正式颁布，该标准对 Building Information Model（BIM）和 Building Information Modeling（BIM）都给出了定义。

其对 Building Information Model（BIM）的定义为："Building Information Model 是设施的物理和功能特性的一种数字化表达。因此，它从设施的生命周期开始就作为其形成可靠的决策基础信息的共享知识资源。"该定义比起前述的几个定义更加简洁，强调了 Building Information Model 是一种数字化表达，是支持决策的共享知识资源。

其对 Building Information Modeling（BIM）的定义为："Building Information Modeling 是一个建立设施电子模型的行为，其目标为可视化、工程分析、冲突分析、规范标准检查、工程造价、竣工的产品、预算编制等。"该定义明确了 Building Information Modeling 是一个建立设施电子模型的行为，其目标具有多样性。

值得注意的是，NBIMS-US VI 的前言关于 BIM 有一段精彩的论述："BIM 代表新的概念和实践，它通过创新的信息技术和业务结构，将大大减少在建筑行业的各种形式的浪费和低效率。无论是用来指一个产品 Building Information Model（描述一个建筑物的结构化的数据集），还是指一个活动 Building Information Modeling（创建建筑信息模型的行为），或者是指一个系统 Building Information Management（提高工作的质量和效率以及通信的业务结构），BIM 都是一个减少行业废料、为行业产品增值、减少环境破坏、提高居住者使用性能的关键因素。"

NBIMS-US VI 关于 BIM 的论述引发了国际学术界的思考。国际上关于 BIM 最权威的机构是英国标准学会，其网站上有一篇文章题为《用开放的 BIM 不断发展 BIM》，也发表了类似的观点，这篇文章对"什么是 BIM"的论述如 BIM 是一个缩写，代表三个独立但相互联系的功能：①Building Information Modeling 是一个在建筑物生命周期内设计、建造和运营中产生和利用建筑数据的业务过程。BIM 让所有利益相关者有机会通过技术平台之间的互用性同时获得同样的信息。②Building Information Model 是设施的物理和功能特性的一种数字化表达。因此，它作为设施信息共享的知识资源，在其生命周期中从开始就为决策形成了可靠的依据。③Building Information Management 是对在整个资产生命周期中，利用数字原型中的信息实现信息共享的业务流程的组织与控制。其优点包括集中的、可视化的通信，多个选择的早期探索，可持续发展的、高效的设计，学科整合，现场控制，竣工文档，等等。这使资产的生命周期过程与模型从概念到最终退出都得到有效发展。

从上述内容可以看出，BIM 的含义比起它问世时已大大拓展，它既是 Building Information Modeling，同时也是 Building Information Model 和 Building Information Management。

（二）BIM 的定义

1.《建筑信息模型应用统一标准》对 BIM 的定义

住房和城乡建设部于 2016 年 12 月 2 日发布第 1380 号公告，批准《建筑信息模型应用统一标准》为国家标准，编号为 GB/T 51212—2016，它自 2017 年 7 月 1 日起实施。《建筑信息模型应用统一标准》术语一节中对于 BIM 的相关定义如下。

① 建筑信息模型 Building Information Modeling，Building Information Model（BIM）。在建设工程及设施全生命周期内，对其物理和功能特性进行数字化表达，并依此设计、施工、运营的过程和结果的总称。简称模型。

② 建筑信息子模型 Sub Building Information Model（sub-BIM）。建筑信息模型中可独立支持特定任务或应用功能的模型子集。简称子模型。

③ 建筑信息模型元素 BIM element。建筑信息模型的基本组成单元。简称模型元素。

④ 建筑信息模型软件 BIM software。对建筑信息模型进行创建、使用、管理的软件。简称 BIM 软件。

2. 美国国家 BIM 标准对 BIM 的定义

美国国家 BIM 标准（NBIMS）对 BIM 的定义由三部分组成。

① BIM 是一个设施（建设项目）物理和功能特性的数字化表达。

② BIM 是一个共享的知识资源，是一个分享有关这个设施的信息，为该设施从建设到拆除的全生命周期中的所有决策提供可靠依据的过程。

③ 在项目的不同阶段，不同利益相关方通过在 BIM 中插入、提取、更新和修改信息，以支持和反映其各自职责的协同作业。

3. 清华大学张建平教授对 BIM 的定义

BIM 已不是狭义的模型或建模技术，而是一种新的理念及相关的理论、方法、技术、平台和软件。

产品，即建筑信息模型，BIM 是以三维数字技术为基础，集成了建筑工程项目各种相关信息的工程数据模型，BIM 是对工程项目设施实体与功能特性的数字化表达。

过程，即建筑信息建模，指建筑信息模型的创建、应用和管理过程。

（三）BIM 的含义

结合前面有关 BIM 的各种定义，连同 NBIMS-USV1 和 BSI 的论述，可以认为，BIM 的含义应当包括三个方面。

① BIM是设施所有信息的数字化表达，是一个可以作为设施虚拟替代物的信息化电子模型，是共享信息的资源，即 Building Information Model。

② BIM是在开放标准和互用性基础之上建立、完善和利用设施的信息化电子模型的行为过程，与设施有关的各方可以根据各自职责对模型插入、提取、更新和修改信息，以支持设施的各种需要，即 Building Information Modeling，称为BIM建模。

③ BIM是一个透明的、可重复的、可核查的、可持续的协同工作环境。在这个环境中，各参与方在设施全生命周期中都可以及时联络，共享项目信息，并通过分析信息，做出决策，改善设施的交付过程，使项目得到有效的管理。这也就是 Building Information Management，称为建筑信息管理。

二、BIM技术的价值

(一) BIM技术的价值体现

美国独立调查机构和美国BIM标准提出，项目应用BIM技术的价值主要体现在以下六大方面。

① 性能。更好理解设计概念，各参与方共同解决问题。

② 效率。减少信息转换错误和损失，项目总体周期缩短5%。

③ 质量。减少错漏碰缺，减少浪费和重复劳动。

④ 安全。提升施工现场安全。

⑤ 可预测性。可以预测建设成本和时间。

⑥ 成本。5%节省工程成本。

(二) BIM技术应用的广度和深度

BIM技术作为目前建筑业的主流技术，目前已经在建筑工程项目的多个方面得到了广泛的应用（图1-2）。不只是房屋建筑在应用BIM技术，各种类型的基础设施建设项目也在应用BIM技术。在桥梁工程、水利工程、铁路交通、机场建设、市政工程、风景园林建设等各类工程建设中，都可以找到BIM技术应用的范例。

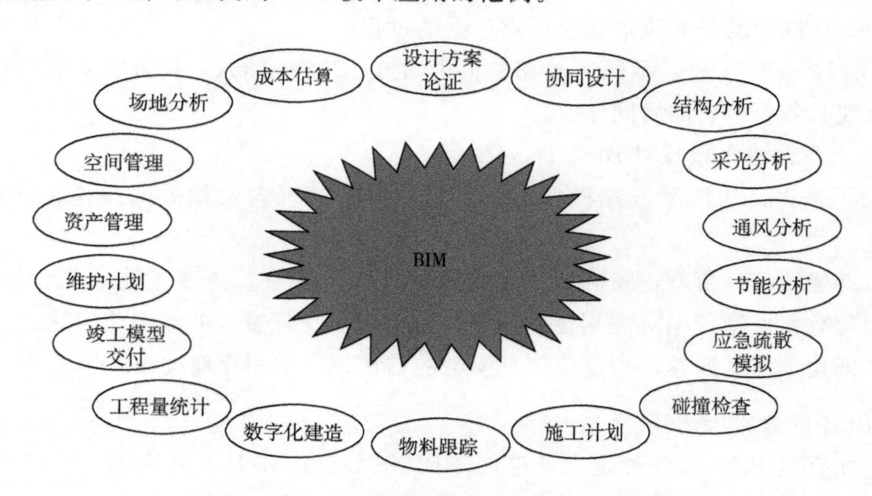

图1-2　BIM技术在建筑工程项目多方面的应用

BIM 技术应用的广度还体现在应用 BIM 技术的人群相当广泛。当然，各类基础设施建设的从业人员是 BIM 技术的直接使用者，但是，建筑业以外的人员也有不少需要用到 BIM 技术的。

BIM 技术应用的深度已经日渐被建筑业内的从业人员所了解。在 BIM 技术的早期应用中，人们对它了解最多的是 BIM 技术的 3D 应用，即可视化。但随着应用的深入发展，人们发现 BIM 技术的能力远远超出了 3D 的范围，可以用 BIM 技术实现 4D（3D＋时间）、5D（4D＋成本），甚至 nD（5D＋各个方面的分析）。

以上内容充分说明了 BIM 模型已经被越来越多的设施建设项目作为建筑信息的载体与共享中心，BIM 技术也成为提高效率和质量、节省时间和成本的强力工具。一句话，BIM 技术已经成为建筑业中的主流技术。

（三）建筑业推广 BIM 技术的主要价值

建筑业推广 BIM 技术的主要价值体现在以下几个方面。

1. 实现建设项目全生命周期信息共享

BIM 技术支持项目全生命周期各阶段、多参与方、各专业间的信息共享、协同工作和精细管理。

以前建筑工程项目经常会出现设计错误，进而造成返工、工期延误、效率低下、造价上升等，其中一个重要的原因就是信息流通不畅和信息孤岛的存在。

随着建筑工程的规模日益扩大，建筑师要承担的设计任务越来越繁重，不同专业的相关人员进行信息交流也越来越频繁，这样才能够在信息充分交换的基础上搞好设计。因此，基于 BIM 模型建立起建筑项目协同工作平台（图 1-3）有利于信息的充分交流和不同参与方的协商，还可以改变信息交流中的无序现象，实现了信息交流的集中管理与信息共享。

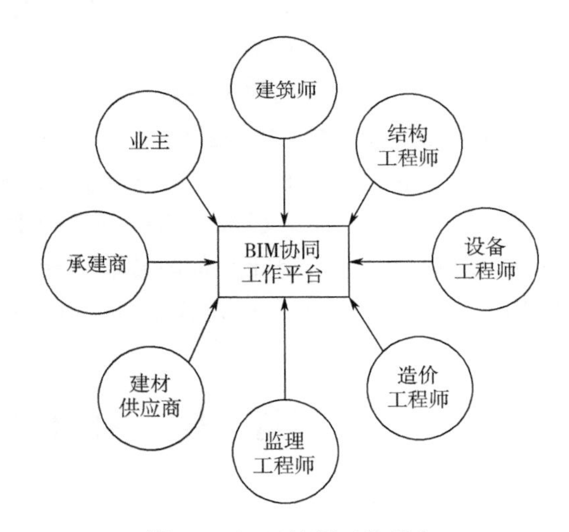

图 1-3　BIM 协同工作平台

在设计阶段，应用协同工作平台可以显著减少设计图中的错漏碰缺现象，并且加强设计过程的信息管理和设计过程的控制，有利于在过程中控制图纸的设计质量，加强设计进程的监督，确保交图的时限。

设施建设项目协同工作平台的应用覆盖从建筑设计阶段到建筑施工、运营维护整个建筑全生命周期。由于建筑设计质量在应用了协同工作平台后显著提高，施工方按照设计执行建造就减少了返工，从而保证了建筑工程的质量、缩短了工期。施工方还可以在这个平台上对各工种的施工计划安排进行协商，做到各工序衔接紧密，消除窝工现象。施工方在这个平台上通过与供应商协同工作，让供应商充分了解建筑材料使用计划，做到准时、按质、按量供货，可以减少材料的积压和浪费。这个平台还可以应用于建筑物的运营维护期，充分利用平台的设计和施工资料对房屋进行维护，直至建筑全生命周期结束。

2. 实现建设项目全生命周期的可预测和可控制

BIM 技术支持环境、经济、耗能、安全等多方面的分析和模拟，能够实现项目全生命周期全方位的预测和控制。

3. 促进建设行业生产方式的改变

BIM 技术支持设计、施工与管理一体化，促进行业生产方式变革。

4. 推动建设行业工业化发展

BIM 连接项目全生命周期各阶段的数据、过程和资源，支持行业产业链贯通，为工业化发展提供技术保障。

在推广 BIM 技术的过程中，发现原有建筑业实行了多年的一整套工作方式和管理模式已经不能适应建筑业信息化发展的需要。这些组织形式、作业方式和管理模式立足于传统的信息表达与交流方式，所用的工程信息用 2D 图纸和文字表达，信息交流采用纸质文件、电话、传真等方式进行，同一信息需要多次输入，信息交换缓慢，影响决策、设计和施工的进行。这些工作方式已经严重阻碍了建筑业的发展，使建筑业长期处于返工率高、生产效率低、生产成本高的状态，更成为 BIM 应用发展的阻力，因此，在推广应用 BIM 的过程中，对建筑业来一次大的变革十分必要，以建立起适应信息时代发展以及 BIM 应用需要的新秩序。

显然，BIM 的应用已经触及传统建筑业许多深层次的东西，包括工作模式、管理方式、团队结构、协作形式、交付方式等，这些方面不实行变革，将会阻碍 BIM 应用的深入和整个建筑业的进步。随着 BIM 应用的逐步深入，建筑业的传统架构将被打破，一种新的架构将取而代之。BIM 的应用完全突破了技术范畴，已经成为主导建筑业进行大变革的推动力。

随着这几年各国对 BIM 的不断推广与应用，BIM 在建筑业中的地位越来越高，BIM 已经成为提高建筑业劳动生产率和建设质量，缩短工期和节省成本的利器。从各国政府经济发展战略的层面来说，BIM 已经成为提升建筑业生产力的主要导向，是开创建筑业持续发展新里程的理论与技术。因此，各国政府正因势利导，陆续颁布各种政策文件及制定相关的 BIM 标准，推动 BIM 在各国建筑业中应用发展，提升建筑业的发展水平。

第二节　BIM 技术的历史及现状

一、BIM 的发展

（一）传统的档案管理方式

在缺乏信息技术的条件下，建筑业中不少人还墨守传统的工作方式和惯例，他们以纸质媒介为基础进行管理，用传统的档案管理方式来管理设计文件、施工文件和其他工程文件。这些手工作业缓慢而烦琐，还不时会出现一些纰漏，给工程带来损失。尽管设计过程是使用计算机进行的，但是由于设计成果是以图纸的形式而不是以电子文件方式提供，因此，更多的设计后续工作如概预算、招投标、项目管理等都是以图纸上的信息为依据，重新进行输入而进行下一步工作的。

在整个建设工程项目周期中，项目的信息量是随着时间增长而不断增长的（图 1-4）。实际上，在目前的建设工程中，项目各个阶段的信息并不能够很好地衔接，从而使得信息量的增长在不同阶段的衔接处出现了断点，出现了信息丢失的现象。现在应用计算机进行建筑设计，最后成果的提交形式都是打印好的图纸。作为设计信息流向的下游，如概预算、施工等阶段就无法从上游获取在设计阶段就已经输入电子媒体的信息。实际上还需要人工阅读图纸才能应用计算机软件进行概预算、组织施工，信息在这里明显出现了丢失。

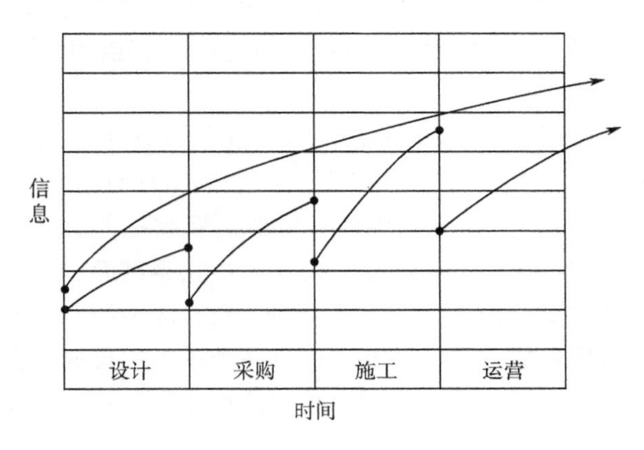

图 1-4　建筑工程中的信息量

参与工程建设各方之间基于纸介质转换信息的机制是一种在建筑业中应用了多年的做法。可是，随着信息技术的应用，设计和施工过程中都会在数字媒介上产生更为丰富的信息。虽然这些信息是借助于信息技术产生的，但由于它仍然是通过纸张来传递，因此，当信息从数字媒介转换为纸质媒介时，许多数字化的信息丢失了。造成这种信息丢失现象的原因有很多，其中一个重要原因，就是在建设工程项目中没有建立起科学的、能够支持建设工程全生命周期的建筑信息管理环境。

（二）查尔斯·伊斯曼与建筑描述系统 BDS

查尔斯·伊斯曼（图 1-5）1965 年毕业于美国加州大学伯克利分校建筑系，先后在美国多所大学任教，具有横跨建筑学、计算机科学两个学科的广博知识，早在 20 世纪 70 年代就对 BIM 技术做了开创性研究。1974 年 9 月，他和他的合作者在论文《建筑描述系统概述》中指出了如下一些问题：①建筑图纸是高度冗余的，建筑物的同一部分要用几个不同的比例描述。一栋建筑至少由两张图纸来描述，一个尺寸至少被描绘两次。设计变更导致需要花费大量的努力使不同图纸保持一致。②即使花费大量的努力，在有些时刻，至少会有一些图中所表示的信息不是当前的信息或者是不一致的。因此，设计师可能是根据过时的信息做出决策，这使得他们未来的任务更加复杂化。③大多数分析需要的信息必须由人

图 1-5　查尔斯·伊斯曼

工从施工图纸上摘录下来。数据准备这最初的一步在任何建筑分析中都是主要的成本。

伊斯曼教授基于对以上问题的精辟分析，提出了应用当时还是很新的数据库技术建立建筑描述系统（Building Description System，BDS）以解决上述问题的思想，并在同一篇论文中提出了BDS的概念性设计。对于如何实现BDS，他在文中分别就硬件、数据结构、数据库、空间查找、型的输入、放置元素、排列的编辑、一般操作、图形显示、建筑图纸、报告的生成、建筑描述语言、执行程序等多个方面进行了分析论述。

伊斯曼教授通过分析认为，BDS可以降低设计成本，使草图设计和分析的成本降低50%以上。虽然BDS只是一个研究性实验项目，但它已经直接面对在建筑设计中要解决的一些最根本的问题。

伊斯曼教授随后在1975年3月发表的论文《在建筑设计中应用计算机而不是图纸》中介绍了BDS，并高瞻远瞩地陈述了以下一些观点：①应用计算机进行建筑设计是在空间中安排3D元素的集合，这些元素包括强化横杠、预制梁板或一个房间。②设计必须包含相互作用且具有明确定义的元素，可以从相同描述的元素中获得剖面图、平面图、轴测图或透视图等，任何设计安排上的改变与图形上的更新必须一致，因为所有的图形都取之于相同的元素，因此可以一致性地做资料更新。③计算机提供一个单一的集成数据库用作视觉分析及量化分析，测试空间冲突与制图等。④大型项目承包商可能会发现这种表达方法便于调度和材料的订购。

20多年后出现的BIM技术证实了伊斯曼教授上述观点的预见性，他那时已经明确提出了在未来的三四十年间建筑业发展需要解决的问题。他提出的BDS采用的数据库技术，其实就是BIM的雏形。

伊斯曼教授在1977年启动的另一个项目GLIDE（Graphical Language for Interactive Design，互动设计的图形语言）体现了现代BIM平台的特点。

伊斯曼教授继续从事实体建模、工程数据库、设计认知和理论等领域的研究，发表了一系列很有影响力的论文，不断推动研究深入发展。1999年，伊斯曼教授出版了一本专著《建筑产品模型：支撑设计和施工的计算机环境》，这本书是20世纪70年代开展建筑信息建模研究以来的第一本专著。在专著中他回顾了20多年来散落在各种期刊、会议论文集和网络上的研究工作，介绍了STEP标准和IFC标准，论述了建模的概念、支撑技术和标准，并提出了开发一个新的且用于建筑设计、土木工程和建筑施工的数字化表达方法的概念、技术和方法。这本书勾画出尚未解决的研究领域，为下一代的建筑模型研究奠定了基础，书中还介绍了大量的实例。这是一本在BIM发展历史上很有代表性的著作。

在2008年，他和一批BIM专家一起编写出版了专著《BIM手册》。该书的第二版在2011年出版，现已成为BIM领域内具有广泛影响的重要著作。30多年来，伊斯曼教授孜孜不倦地从事BIM的研究，不愧为BIM的先驱人物。由于他在BIM的研究中所作的开创性工作，他也被人们称为BIM之父。

（三）建筑信息建模技术从探索走向应用

20世纪80年代到90年代，是建筑信息技术从探索走向广泛应用并得到蓬勃发展的年代。

随着计算机网络通信技术的飞速发展，因特网开始进入各行各业和普通人们的生活，给计算机的应用带来了新的发展，也给建筑信息技术带来了新的发展，为BIM的诞生提供了硬件基础。

1. 学术界有关建筑信息建模的研究不断深入

自从伊斯曼教授发表了建筑描述系统BDS以来，学术界十分关注建筑信息建模的研究并发表了大量有关的研究成果，特别是进入20世纪90年代后，这方面的研究成果大量增加。

1988年由美国斯坦福大学教授保罗·特乔尔兹博士建立的设施集成工程中心（CIFE）是BIM研究发展进程的一个重要标志。CIFE在1996年提出了4D工程管理的理论，将时间属性也纳入建筑模型中。4D项目管理信息系统将建筑物结构构件的3D模型与施工进度计划的各种工作相对应，建立各构件之间的继承关系及相关性，最后可以动态地模拟这些构件的变化过程。这样就能有效地整合整个工程项目的信息并加以集成，实现施工管理和控制的信息化、集成化、可视化和智能化。

2001年，CIFE又提出了建设领域的虚拟设计与施工（VDC）的理论与方法，在工程建设过程中通过应用多学科、多专业的集成化信息技术模型，来准确反映和控制项目建设的过程，以帮助实现项目建设目标。现在，4D工程管理理论与VDC理论都是BIM的重要组成部分。

2. 相关国际标准的制定奠定了BIM的技术基础

对BIM影响最大的国际标准有两个——STEP标准和IFC标准。目前，IFC标准已经成为主导建筑产品信息表达与交换的国际技术标准，随着BIM技术的迅速发展，IFC已经成为BIM应用中不可或缺的主要标准。

3. 制造业在产品信息建模方面的成功给予建筑业有益的启示

20世纪70年代，在制造业CAD的应用中也开始了产品信息建模（PIM）研究。产品信息建模的研究对象是制造系统中产品的整个生命周期，目的是为实现产品设计制造的自动化提供充分和完备的信息。研究人员很快注意到，除几何模型外，工程上其他信息如精度、装配关系、属性等，也应该扩充到产品信息模型中，因此要扩展产品信息建模能力。

制造业对产品信息模型的研究，也经历了由简到繁、由几何模型到集成化产品信息模型的发展历程，其先后提出的产品信息模型有：面向几何的产品信息模型、面向特征的产品信息模型、基于知识的产品信息模型和集成的产品信息模型。STEP标准发布后，对集成的产品信息模型的研究起了积极的推动作用，使BIM技术研究得到飞速发展。

4. 软件开发商的不断努力实践

20世纪80年代，出现了一批不错的建筑软件。英国ARC公司研制的BDS和GDS系统，通过应用数据库把建筑师、结构工程师和其他专业工程师的工作集成在一起，大大提高了不同工种间的协调水平。日本的清水建设公司和大林组公司也分别研制出了STEP和TADD系统，这两个系统实现了不同专业的数据共享，基本能够支持建筑设计的每一个阶段。英国GMW公司开发的RUCAPS软件系统采用3D构件来构建建筑模型，系统中有一个可以储存模型中所有构件的关系数据库，还包含多用户系统，可满足多人同时在同一模型上工作。

随着对信息建模研究的不断深入，软件开发商也逐渐建立起名称各异的、信息化的建筑模型。最早应用BIM技术的是匈牙利的Graphisoft公司，他们在1987年提出虚拟建筑（VB）的概念，并把这一概念应用在ArchiCAD 3.0的开发中。Graphisoft公司声称，虚拟建筑就是设计项目的一体化3D计算机模型，包含所有的建筑信息，并且可视、可编辑和可定义。运用虚拟建筑不但可以实现对建筑信息的控制，而且可以从同一个文件中生成施工图、渲染图和工程量清单，甚至虚拟实境的场景。虚拟建筑概念可运用在建筑工程的各个阶段：设计阶段、出图阶段、与客户的交流阶段和建筑师之间的合作阶段。自此，Archi CAD就成为运行在个人计算机上最先进的建筑设计软件。

VB其实就是BIM，只不过当时还没有BIM这个术语。随后，美国Bentley公司提出了一体化项目模型（IPM）的概念，并在2001年发布的MicroStation V8中应用了这个新概念。

（四）BIM术语正式提出

1987年，美国Revit技术公司成立，研发出建筑设计软件Revit。该软件采用了参数化数据建模技术，实现了数据的关联显示、智能互动，代表着新一代建筑设计软件的发展方向。美国Autodesk公司在2002年收购了Revit技术公司，后者的软件Revit也就成了Autodesk旗下的产品。在推广Revit的过程中，Autodesk公司首次提出建筑信息模型的概念。至此，BIM这个技术术语正式提出。

目前，BIM这一名称已经得到学术界和软件开发商的普遍认同，建筑信息模型的研究也在不断深入。

二、BIM标准

随着BIM的蓬勃发展，各个国家和地区政府也纷纷制定鼓励政策，各种技术标准相继发布，以推动BIM应用的健康发展。

（一）美国

美国是最早推广BIM应用的国家。美国总务管理局（GSA）在2003年就提出了国家3D4D-BIM计划，GSA鼓励所有的项目团队执行3D4D-BIM计划，GSA要求从2007年起所有招标的大型项目都必须应用BIM。美国陆军工程兵团（USACE）在2006年制定并发布了一份15年的BIM路线图，为USACE应用BIM技术制定战略规划（图1-6）。在该路线图中，USACE还承诺未来所有军事建筑项目都将使用BIM技术。美国海岸警卫队（US States Coast Guard）从2007年起就应用BIM技术，现在其所有建筑人员都必须懂得应用

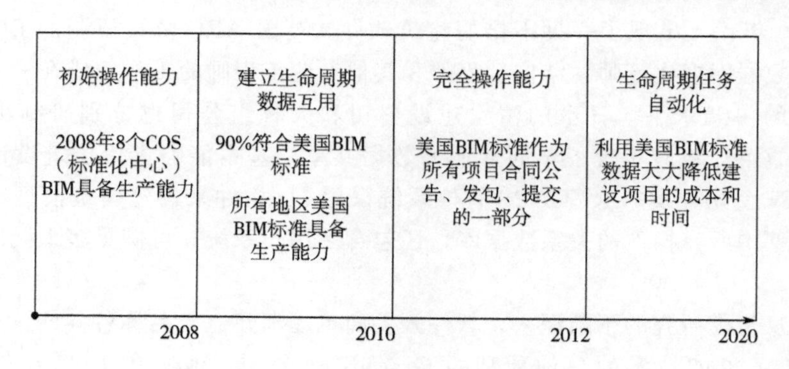

图1-6　USACE的BIM发展图

BIM 技术。2009 年，美国威斯康星州政府成为美国第一个制定政策推广 BIM 的州政府，要求州内造价超过 500 万美元的新建大型公共建筑项目必须使用 BIM 技术。而得克萨斯州设施委员会也提出了对州政府投资的项目应用 BIM 技术的要求。2010 年，俄亥俄州政府颁布了州政府的 BIM 协议，规定造价在 400 万美元以上或机电造价占项目费用 40%以上的项目必须使用 BIM 技术，该协议对 BIM 项目还给予付款上的优惠条款，还对相关程序、最终成果等做了规定。

美国是颁布 BIM 标准最早的国家，早在 2007 年就颁布了 NBIMS 的第一版，在 2012 年又发布了第二版。NBIMS 的制定，大大推动 BIM 在美国建筑业中的应用，通过应用统一的标准，为项目的利益相关方带来了最大的效益。

2007 年 8 月，NIST 发布了《通用建筑信息交接指南》，该指南已经作为一个重要的资源应用于建筑设计和施工中。

（二）新加坡

新加坡也是世界上应用 BIM 技术最早的国家之一。20 世纪末，新加坡政府就与世界著名软件公司合作，启动 CORENET 项目，用电子政务方式推动建筑业采用信息技术。CORENET 中的电子建筑设计施工方案审批系统 ePlan-Check 是世界上第一个用于推动建筑业采用信息技术的商业产品，它的主要功能包括接受采用 3D 立体结构、以 IFC 文件格式传递设计方案、根据系统的知识库和数据库中存储的图形代码及规则自动评估方案并生成审批结果。其建筑设计模块审查设计方案是否符合有关材料、房间尺寸、防火和残障人通行等规范要求。建筑设备模块审查设计方案是否符合采暖、通风、给排水和防火系统等的规范要求。这保证了对建筑规范和条例解释的一致性、无歧义性和权威性。新加坡政府不断应用 BIM 的新技术来对 CORENET 进行优化和改造。

新加坡国家发展部属下的建设局（BCA）于 2011 年颁布了 2011—2015 年发展 BIM 的路线图。其目标是，到 2015 年，新加坡整个建筑行业广泛使用 BIM 技术。路线图对实施的策略和相关的措施都做了详细的规划。2012 年，BCA 又颁布了《新加坡 BIM 指南》，以政府文件形式对 BIM 的应用进行指导和规范（图 1-7）。

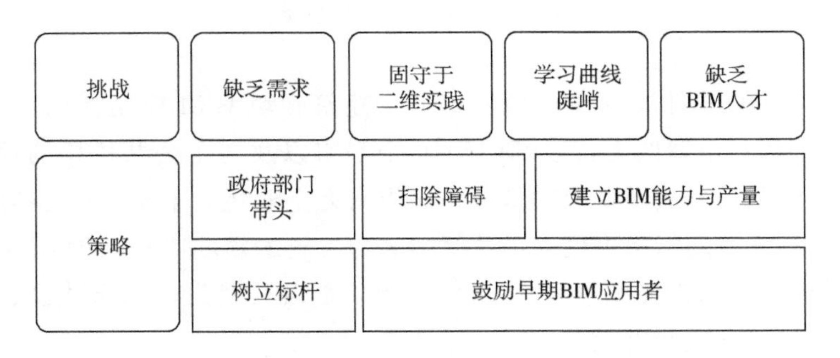

图 1-7　新加坡 BIM 发展策略图

新加坡要求政府部门必须带头在所有新建项目中应用 BIM。BCA 的目标是，从 2013 年起工程项目提交建筑的 BIM 模型，从 2014 年起要提交结构与机电的 BIM 模型，2015 年起所有建筑面积大于 $5000m^2$ 的项目都要提交 BIM 模型。

（三）韩国

韩国在运用 BIM 技术上表现十分积极。多个政府部门都致力于制定 BIM 的标准，如韩国公共采购服务中心和韩国国土交通海洋部。

韩国公共采购服务中心（PPS）是韩国所有政府采购服务的执行部门。2010 年 4 月，PPS 发布了 BIM 路线图，内容包括：①2010 年，在 1～2 个大型工程项目应用 BIM 技术；②2011 年，在 3～4 个大型工程项目应用 BIM 技术；③2012—2015 年，超过 50 亿韩元的大型工程项目都采用 4D-BIM 技术（3D＋成本管理）；④2016 年前，全部公共工程应用 BIM 技术。

2010 年 12 月，PPS 发布了《设施管理 BIM 应用指南》，针对设计、施工图设计、施工等阶段中的 BIM 应用进行指导，并于 2012 年 4 月对其进行了更新（图 1-8）。

	短期（2010~2012）	中期（2013~2015）	长期（2016至今）
目标	通过扩大BIM应用来提高设计质量	构建4D设计预算管理系统	设施管理全部采用BIM，实行行业革新
对象	500亿韩元以上交钥匙工程及公开招标项目	500亿韩元以上的公共工程	所有公共工程
方法	通过积极的市场推广，促进BIM的应有；编制BIM应用指南，并每年更新；BIM应用的奖励措施	建立专门管理BIM发包产业的诊断队伍；建立基于3D数据的工程项目管理系统	利用BIM数据库进行施工管理、合同管理及总预算审查
预期成果	通过BIM应用提高客户满意度；促进民间部门的BIM应用；通过设计阶段多样的检查校核措施，提高设计质量	提高项目造价管理与进度管理水平；实现施工阶段设计变更最小化，减少资源浪费	革新设施管理并强化成本管理

图 1-8　韩国 BIM 线路图

2010 年 1 月，韩国国土交通海洋部发布了《建筑领域 BIM 应用指南》。该指南为开发商、建筑师和工程师在申请四大行政部门、16 个都市以及 6 个公共机构的项目时，提供采用 BIM 技术必须注意的方法及要素的指导。该指南为企业建立了实用的 BIM 实施标准。目前，土木领域的 BIM 应用指南也已立项，暂定名为《土木领域 3D 设计指南》。

韩国主要的建筑公司都在积极采用 BIM 技术，如现代建设、三星建设、空间综合建筑事务所、大宇建设、GS 建设等公司。

（四）澳大利亚

澳大利亚早在 2001 年就开始应用 BIM。澳大利亚政府的合作研究中心在 2009 年公布了《国家数字化建模指南》，还同时公布了一批数字化建模的案例研究以加强大家对指南的理解。该指南致力于推广 BIM 技术在建筑各阶段的运用，从项目规划、概念设计、施工图设计、招投标、施工管理到设施运行管理，都给出了 BIM 技术的应用指引。

（五）英国

英国于2009年颁布了第一个BIM标准《英国建筑业BIM标准》，这是一个通用型的标准。在2010年和2011年又陆续颁布了两个标准，后面这两个面向软件平台的BIM标准是通用型标准的有机组成部分，和通用型标准是完全兼容的，但其内容与软件平台紧密结合，因此更适合不同软件的用户。面向Archi CAD等其他软件平台的BIM标准也将会陆续颁布。这些标准规定了如何命名模型、如何命名对象、单个组件如何建模、如何进行数据交换等，大大方便了英国建筑企业从CAD向BIM过渡。他们希望这些标准能落实到BIM的实际应用中。

2011年5月，英国内阁办公室发布了《政府建设战略》，文件要求最迟在2016年实现全面协同的3D-BIM，并将全部项目和资产的信息、文件以及电子数据放入BIM模型中。英国除了制定BIM标准外，还将应用BIM技术把项目的设计、施工和营运融合在一起，期待在未来达到更佳的资产性能表现。

三、BIM在中国的推广与应用发展

（一）BIM在中国的推广

2003年，美国Bentley公司在中国Bentley用户大会上推广BIM，这是我国最早推广BIM的活动。2004年，美国Autodesk公司推出“长城计划”的合作项目，与清华大学、同济大学、华南理工大学、哈尔滨工业大学四所在国内建筑业内有重要地位的著名大学合作组建“BLM-BIM联合实验室”。Autodesk公司免费向这四所学校提供基于BIM的软件，而四校则要为学生开设学习这些软件的课程。同时，由上述四校教师联合编写出版“BIM理论与实践丛书”，并由同济大学丁士昭教授担任丛书编委会主编。丛书共四册，即《建设工程信息化导论》《工程项目信息化管理》《信息化建筑设计》《信息化土木工程设计》。这是国内第一批介绍BIM和BIM理论与实践的专著。Autodesk公司的高层管理人员专门为这四本书撰写了序言。

一些机构在软件商的赞助下也通过组织BIM设计大赛的形式推广BIM。比较有影响的设计大赛有：由全国高校建筑学学科专业指导委员会主办的“Autodesk Revil杯”全国大学生建筑设计竞赛，参赛对象是高校在读的建筑学专业的学生；由中国勘测设计协会主办的“创新杯”BIM设计大赛，参赛对象是各勘察设计单位。该设计大赛设置了“最佳BIM建筑设计奖”“最佳BIM工程设计奖”“最佳BIM协同设计奖”“最佳BIM应用企业奖”“最佳绿色分析应用奖”“最佳BIM拓展应用奖”等奖项，分别按照民用建筑领域、工业工程领域以及基础设施（交通、桥梁、市政、水利、地矿等）领域进行评选，以鼓励在不同领域创造了实际生产实践价值的项目和单位。这些设计竞赛对BIM应用的推广起了积极的作用。

（二）BIM在中国的应用发展

国内建设工程项目BIM的应用始于建筑设计，一些设计单位开始探索应用BIM技术并尝到了甜头。其中，为北京2008年奥林匹克运动会而建设的国家游泳中心（水立方），因为应用了BIM技术，在较短的时间内解决了复杂的钢结构设计问题而获得了2005年美国建筑师协会（AIA）颁发的BIM优秀奖。经过近几年的发展，目前国内大中型设计企业基本上拥有了专门的 BIM 团队，积累了一批应用 BIM 技术的设计成果与实践经验。

在设计的带动下，在施工与运营中如何应用 BIM 技术也开始了探索与实践。BIM 技术的应用在 2010 年上海世博会众多项目中取得了成功。特别是 2010 年以来，许多项目特别是大型项目已经开始在部分工序中应用 BIM 技术。像上海中心大厦这样的超大型项目，在业主的主导下全面展开了 BIM 技术的应用。青岛海湾大桥、广州东塔、北京的银河 SOHO 等具有影响的大型项目也相继展开了 BIM 技术的应用。这些项目在应用 BIM 技术中取得的成果为其他项目应用 BIM 技术做出了榜样，应用 BIM 技术所带来的经济效益和社会效益正在被国内越来越多的业主和建筑从业人员所了解。

目前，国内虽然只有为数不多的项目在应用 BIM 技术，但这些项目大多体量巨大、工程复杂，项目的各参与方对 BIM 技术的应用非常重视，因此这些项目 BIM 技术的应用水平都比较高，收到了较好的应用效果。虽然施工企业应用 BIM 技术的起步比设计企业稍晚，但由于不少大型施工企业非常重视，组织专门的团队对 BIM 技术的实施进行探索，其应用规模不断扩展，成功的案例不断出现。

随着近几年建筑业界对 BIM 认知度的不断提升，许多房地产商和业主已将 BIM 作为发展自身核心竞争力的有力手段，并积极探索 BIM 技术的应用。由于许多大型项目都要求在全生命周期中使用 BIM 技术，在招标合同中写入了有关 BIM 技术的条款，BIM 技术已经成为建筑企业参与项目投标的必备手段。

(三) 政府政策与技术标准

BIM 应用的发展离不开技术标准，早在 2007 年，我国就颁布了建筑工业行业标准《建筑对象数字化定义》(JG/T 198—2007)，请注意该标准名的英文名称 Building Information Model Platform 是建筑信息模型平台的意思。其实这个标准是非等同采用国际标准 ISO/PAS 16739:2005《工业基础类 2x 平台》的部分内容。3 年之后，即 2010 年，等同采用 ISO/PAS 16739:2005 全部内容的国家标准《工业基础类平台规范》(GB/T 25507—2010) 正式颁布。由于工业基础类 (IFC) 是 BIM 的技术基础，在颁布了有关 IFC 的国家标准后，我国在推进 BIM 技术标准化方面又前进了一大步。

随着 BIM 应用在国内的不断发展，住房和城乡建设部在 2011 年 5 月发布的《2011—2015 年建筑业信息化发展纲要》的总体目标中提出了"加快建筑信息模型 (BIM)、基于网络的协同工作等新技术在工程中的应用，推动信息化标准建设"的目标。为了落实纲要的目标，住房和城乡建设部于 2015 年推出了《关于推进 BIM 技术在建筑领域应用的指导意见》，并在标准制定、软件开发、示范工程、政府项目等方面制定出推进 BIM 应用的近期和中远期目标。

2012 年 1 月，住房和城乡建设部下达的《关于印发 2012 年工程建设标准规范制订修订计划的通知》标志着中国 BIM 标准制定工作正式启动，该通知要制定 5 项与 BIM 相关的标准：《建筑工程信息模型应用统一标准》《建筑工程信息模型存储标准》《建筑工程设计信息模型交付标准》《建筑工程设计信息模型分类和编码标准》《制造工业工程设计信息模型应用标准》。这些标准的制定，对我国的 BIM 应用产生巨大的指导作用。

我国有些地方政府积极推进地方 BIM 标准的制定工作。北京市地方标准《民用建筑信息模型设计标准》已于 2014 年 2 月 26 日颁布，2014 年 9 月 1 日起执行。

还有一些地方政府通过采取不同的措施对 BIM 的应用给予积极的支持和鼓励。例如北京市和广东省，在这些省市的优秀建筑设计评优中增加了“BIM优秀设计奖”或“优秀工程专项奖（BIM设计）”；而江苏省和四川省则举办了省一级的BIM应用设计大赛，通过评奖来鼓励BIM的应用。

第三节　BIM的特点

一、BIM技术的基本特点

（一）模型信息的完备性

BIM是设施的物理和功能特性的数字化表达，包含设施的所有信息。BIM的这个定义就体现了信息的完备性，其包含：①工程对象3D几何信息及拓扑关系。②工程对象完整的工程信息描述。例如，对象名称、结构类型、建筑材料、工程性能等设计信息；施工工序、进度、成本、质量以及人力、机械、材料资源等施工信息；工程安全性能、材料耐久性能等维护信息等。③工程对象之间的工程逻辑关系。例如，创建建筑信息模型行为的过程中，设施的前期策划、设计、施工、运营维护各个阶段都连接了起来，把各阶段产生的信息都存入BIM模型中，使得BIM模型的信息来自单一的工程数据源，包含设施的所有信息。BIM模型内的所有信息均以数字化形式保存在数据库中，以便更新和共享。

信息的完备性使得BIM模型具有良好的基础条件，支持可视化操作、优化分析、模拟仿真等功能，为在可视化条件下进行各种优化分析（空间分析、采光分析、能耗分析、成本分析等）和模拟仿真（碰撞检测、虚拟施工、紧急疏散模拟等）提供了方便的条件。

（二）模型信息的关联性

模型信息的关联性体现在两个方面：一是工程信息模型中的对象是可识别且相互关联的；二是模型中某个对象发生变化，与之关联的所有对象会随之更新。在数据之间创建实时的、一致性的关联，对数据库中任何的数据更改，都可以立刻在其他关联的地方反映出来。

模型信息的关联性这一技术特点很重要。对设计师来说，设计建立起的信息化建筑模型就是设计的成果，至于各种平面、立面、剖面2D图纸及门窗表等图表都可以根据模型随时生成。这些源于同一数字化模型的所有图纸、图表均相互关联，避免了用2D绘图软件画图时易出现的不一致现象。而且，在任何视图（平面图、立面图、剖视图）上对模型的任何修改，都视同对数据库的修改，会立刻在其他视图或图表上关联的地方反映出来，并且这种关联变化是实时的。这样就保持了BIM模型的完整性和健壮性，在实际生产中大大提高了项目的工作效率，消除了不同视图之间的不一致现象，保证了项目的工程质量。

这种关联变化还表现在各构件实体之间可以实现关联显示、智能互动。例如，模型中的屋顶是和墙相连的，如果要把屋顶升高，墙的高度就会跟着变高。又如，门窗都是开在墙上的，如果把模型中的墙平移，墙上的门窗也会同时平移；如果把模型中的墙删除，墙上的门窗立刻也被删除，而不会出现墙被删除了而窗还悬在半空的不协调现象。这种关联显示、智能互动表明了BIM技术能够对模型的信息进行计算和分析，并生成相应的图形及文档。信息的协调性使得BIM模型中各个构件之间具有良好的协调性。

这种协调性为建设工程带来了极大的方便，例如，在设计阶段，不同专业的设计人员可以通过应用BIM技术发现彼此不协调甚至相冲突的地方，及早修正设计，避免造成返工与浪费；在施工阶段，可以通过应用BIM技术合理地安排施工计划，保证整个施工阶段衔接紧密、合理，使施工能够高效地进行。

（三）模型信息的一致性

全生命周期不同阶段的模型信息是一致的，同一信息无需重复输入。应用BIM技术可以实现信息的互用性，充分保证了经过传输与交换以后信息前后的一致性。

具体来说，实现互用性就是BIM模型中所有数据只需要一次性采集或输入，就可以在整个设施的全生命周期中实现信息的共享、交换与流动，使BIM模型能够自动演化，避免出现信息不一致的错误。在建设项目不同阶段免除对数据的重复输入，可以大大降低成本、节省时间、减少错误、提高效率。这一点也表明，BIM技术提供了良好的信息共享环境。在BIM技术的应用过程中，不应当因为项目参与方使用不同专业的软件或者不同品牌的软件而产生信息交流的障碍，更不应当在信息的交流过程中发生损耗，导致部分信息丢失，而应保证信息自始至终的一致性。

实现互用性最主要的一点就是BIM支持IFC标准。另外，为方便模型通过网络进行传输，BIM技术也支持XML（可扩展标记语言）。

（四）模型信息的可视化

模型信息能够自动演化，动态描述生命期各阶段的过程。可视化是BIM技术最显而易见的特点。BIM技术的一切操作都是在可视化的环境下完成的，在可视化环境下进行建筑设计、碰撞检测、施工模拟、避灾路线分析等一系列操作。

传统的CAD技术只能提交2D的图纸。业主和用户看不懂建筑专业图纸，为了便于其理解，就需要委托相关公司制作3D的效果图，甚至需要委托模型公司做一些实体的建筑模型。虽然3D效果图和实体的建筑模型提供了可视化的视觉效果，但仅仅是展示设计的效果，却不能进行节能模拟、碰撞检测和施工仿真，总之，不能帮助项目团队进行工程分析以提高整个工程的质量。究其原因，是这些传统方法缺乏信息的支持。

现在建筑物的规模越来越大，空间划分越来越复杂，人们对建筑物功能的要求也越来越高。面对这些问题，如果没有可视化手段，光靠设计师的脑袋来记忆、分析是不可能的，许多问题在项目团队中也不一定能够清晰地交流，更不用说深入地分析，以寻求合理的解决方案了。BIM技术的出现为实现可视化操作开辟了广阔的前景，其附带的构件信息（几何信息、关联信息、技术信息等）为可视化操作提供了有力的支持，不但使一些比较抽象的信息（应力、温度、热舒适性）用可视化方式表达出来，还可以将设施建设过程及各种相互关系动态地表现出来。可视化操作为项目团队的一系列分析提供了方便，有利于提高生产效率、降低生产成本和提高工程质量。

BIM模型的可视化是一种能够使同构件之间形成互动性和反馈性的可视，在BIM建筑信息模型中，由于整个过程都是可视化的，所以可视化的结果不仅可以用来展示效果图及生成报表，更重要的是，项目设计、建造、运营过程中的沟通、讨论、决策都在可视化的状态下进行。

（五）模型信息的协调性

由于各专业设计师之间的沟通不到位，会出现各种专业之间的碰撞问题，例如暖通等专业中的管道在进行布置时常遇到碰撞问题。BIM 的协调性服务就可以帮助处理这种问题，BIM 建筑信息模型可在建筑物建造前期对各专业的碰撞问题进行协调，生成和提供协调数据。当然，BIM 的协调作用也并不是只能解决各专业间的碰撞问题，它还可以解决诸如电梯井布置与其他设计布置及净空要求的协调、防火分区与其他设计布置的协调、地下排水布置与其他设计布置的协调等问题。

（六）模型信息的模拟性

BIM 并不是只能模拟设计出建筑物模型，还可以模拟不能够在真实世界中进行操作的事物。在设阶段，可以进行节能模拟、紧急疏散模拟、日照模拟、热能传导模拟等。在招投标和施工阶段，可以进行 4D 模拟（三维模型＋项目的发展时间），也就是根据施工的组织设计模拟实际施工，从而确定合理的施工方案来指导施工；还可以进行 5D 模拟（基于 4D 模型的造价控制），从而实现成本控制；在后期运营阶段，可以进行日常紧急情况处理方式的模拟，例如地震人员逃生模拟及消防人员疏散模拟等。

（七）模型信息的优化性

事实上，项目整个设计、施工、运营的过程就是一个不断优化的过程，当然优化和 BIM 也不存在实质性的必然联系，但在 BIM 的基础上可以做更好的优化。优化受三个因素的制约——信息、复杂程度和时间。没有准确的信息得不到合理的优化结果，BIM 模型提供了建筑物实际存在的信息，包括几何信息、物理信息、规则信息，还提供了建筑物变化以后的实际存在信息。复杂程度过高，参与人员无法掌握所有的信息，必须借助一定的科学技术和设备。现代建筑物的复杂程度大多超过参与人员本身的能力极限，BIM 及与其配套的各种优化工具提供了对复杂项目进行优化的可能。基于 BIM 的优化可以做下面的工作。

1. 项目方案优化

把项目设计和投资回报分析结合起来，设计变化对投资回报的影响可以实时计算出来，这样业主就会清楚地知道哪种项目设计方案更有利于满足自身的需求。

2. 特殊项目的设计优化

裙楼、幕墙、屋顶、大空间到处可以看到异形设计，这些内容看起来占整个建筑的比例不大，但是其投资和工作量所占比例却往往要大得多，而且通常也是施工难度比较大和施工问题比较多的地方，对这些内容的设计施工方案进行优化，可以带来显著的工期和造价改进。

（八）模型信息的可出图性

BIM 模型通过对建筑物进行可视化展示、协调、模拟、优化以后，可以帮助业主出如下图纸：综合管理图（经过碰撞检查和设计修改，消除了相应错误以后的图纸）；综合结构留洞图（预埋套管图）；碰撞检查侦错报告和建议改进方案。

（九）模型信息的一体化性

基于 BIM 技术可进行从设计到施工再到运营的一体化管理，贯穿了工程项目的全生命周期。BIM 的技术核心是一个由计算机三维模型所形成的数据库，其不仅包含了建筑的设计信息，而且可以容纳从设计到建成使用，甚至是使用周期终结的全过程信息。

BIM 技术大大改变了传统建筑业的生产模式，利用 BIM 模型，使建筑项目的信息在其全生命周期中实现无障碍共享、无损耗传递，为建筑项目全生命周期中的所有决策及生产活动提供可靠的信息基础。BIM技术较好地解决了建筑全生命周期中多工种、多阶段的信息共享问题，使整个工程的成本大大降低、质量和效率显著提高，为传统建筑业在信息时代的发展展现了光明的前景。

二、BIM技术的关键特点

BIM技术的关键特点主要有：①基于三维几何模型。②以面向对象的方式表示建筑构件，并具有可计算的图形及资料属性，使用软件可识别构件，且可被自动操控。③建筑构件包括可描述其行为的数据，支持分析和工作流程。④数据一致且无冗余，如构件信息更改，会表现在构件及其视图中。⑤模型所有视图都是协调一致的。

三、BIM技术的辨别

目前，BIM在工程软件界中是一个非常热门的概念，但是，很多用户对什么是BIM技术、什么不是BIM技术认识模糊。许多软件开发商都声称自己开发的软件采用BIM技术。那么，到底这些软件是不是使用了BIM技术呢？

对BIM技术进行过深入研究的伊斯曼教授等在《BIM手册》中列举了以下四种不属于BIM技术的建模技术。

① 模型只包含3D几何信息，没有或只有几个属性信息。这种模型仅能用于图形可视化，无法支持信息整合和性能分析。

这些模型确实可用于图形可视化，但在对象级别并不具备智能支持。它们的可视化做得较好，但对数据集成和设计分析只有很少的支持甚至没有支持。例如，非常流行的Sketch-Up，它在快速设计造型上显得很优秀，但对任何其他类型的分析的应用非常有限，这是因为在它的建模过程中没有知识的注入，是一个欠缺信息完备性的模型，因而不算是BIM技术建立的模型。它的模型只能算是可视化的3D模型而不是包含丰富属性信息的信息化模型。

② 模型不支持动态操作。这些模型定义了对象，但因为它们没有使用参数化的智能设计，所以不能调节其位置或比例。这带来的后果是需要大量的人力进行调整，并且可能导致其创建出不一致或不准确的模型视图。

BIM的模型架构是一个包含数据模型和行为模型的复合结构。其行为模型支持集成管理环境，支持各种模拟和仿真的行为。在支持这些行为时，需要进行数据共享与交换。不支持这些行为的模型，其模型信息不具有互用性，无法进行数据共享与交换，不属于用BIM技术建立的模型。因此，这种建模技术难以支持各种模拟行为。

③ 模型由多个2D参照图档组成。由于这类模型的组成基础是2D图形，这不能确保所得到的3D模型是一个切实可行的、协调一致的、可计算的模型，因此，该模型所包含的对象也不能实现关联显示、智能互动。

④ 模型允许在单一视图中更改，无法自动反映到其他视图中。这说明了该视图与模型欠缺关联，这反映出模型里面的信息协调性差，这样就会难以发现模型中的错误。一个信息协调性差的模型，不能算是BIM技术建立的模型。

目前，确实有一些号称应用BIM技术的软件使用了上述不属于BIM技术的建模技术，这些软件能满足某个阶段计算和分析的需要，但由于其本身的技术缺陷，可能会导致某些信息丢失，从而影响信息的共享、交换和流动，难以在设施全生命周期中应用。

第四节　BIM模型信息

一、BIM模型信息的管理

各阶段应用BIM技术的基本逻辑是利用BIM技术能提前发现、提前预判的特点，把这阶段的问题解决好，进而展开各项具体应用工作。各项BIM技术应用工作开展的基础是BIM模型。

模型建立之前要建立建模标准和模型验收标准。BIM建模标准主要是明确建模信息表达和模型内容信息表达的标准，BIM模型验收标准最主要的是明确模型的信息深度表达的要求。

（一）统一建模标准

在BIM建模工作开展前，需制定BIM模型建模标准。虽然目前国家、地方和行业出台了相关的BIM模型建模标准，但还需依据BIM技术数字化和集成化的特点与项目BIM技术应用的目标计划，在相关标准基础上细化和拓展，形成切合项目的BIM模型标准体系。该体系的标准语义和信息交换逻辑能够为建筑全生命周期内各阶段、各专业的信息资源共享和业务协作提供有效保障，保证各参建方所提供和添加的信息都在同一套规则内进行表达，以形成统一的、可传递的BIM成果，同时满足BIM模型所承载的各类信息在最小构件单元的信息交互中不产生歧义。

项目的标准体系主要有两大块的内容：一是BIM模型架构，涉及信息的分类需全面，分类方法和分类项设置上要向工作习惯和相关规范标准靠拢，使其能够满足实际的专业分工，有利于专业间的协同开展和建设信息在模型上的传递；二是模型内容的要求，包括模型和族（构件）的命名、颜色等信息要求，使不同参与方的同一工程内容在计算机环境中能够一致表达。

（二）明确成果要求

在BIM技术应用过程中会产生各阶段成果和过程成果。各项BIM应用工作对相应的BIM模型成果有要求，同时对BIM模型成果顺利传递到下一阶段正常使用也有要求，明确各阶段BIM模型成果标准显得尤为重要。对BIM模型成果的要求主要是模型信息的要求。主要涉及以下两个方面：

1. BIM模型成果信息深度要求

一是阶段性成果交付深度要求，二是过程成果中的各专业交互深度要求。目前国内和行业对BIM模型信息深度有相关标准，常见的如模型精度LOD100～LOD500，大多都只是规定了各阶段开展BIM技术应用，BIM模型需达到整体模型精度，属于普适性的标准，对具体细小项的应用指导性不是很强，如应用BIM项目常见的绿建评星机电系统提升项目，大型公建中的特有设备项目等。项目级的 BIM 技术应用，对于 BIM 模型信息深度（模型精度）还需针对项目 BIM 技术应用的整体策划在国标、地标等基础上进行拓展、细化和调整。

2. BIM 模型成果内容格式要求

一是 BIM 模型中信息表达的长度和格式，二是 BIM 模型的文件格式和对后续信息添加的数据空间预留。在项目涉及多个阶段和多个 BIM 软件时，这部分内容决定了数据在交互过程中的传递质量。若只是设计或施工阶段的基本 BIM 应用，这部分内容的要求不高。

（三）强化过程管控

过程管控是保证构成整个工程模型的各个构件和族的模型信息质量。过程模型信息管控是 BIM 模型信息管理中比较难的一点，因为传统建筑信息管理中，如 CAD 等一般比较注重前期规则制定和最终成果产生的信息管理，过程管控不是重点环节。但是 BIM 模型信息的质量管控相当于在计算机环境下把实体建设的工程质量管控工作重复一遍。不同于实体工程中的质量管控已有一套成熟的制度和法规体系，BIM 模型信息过程管控的困难在于这是一个全新的工作体系，没有管控体系和过程管理流程。要保证好 BIM 模型信息的过程管控，需要在过程中建立完善的制度体系，来保障过程中 BIM 模型信息的产生和更新的准确性和完整度。

二、各阶段模型信息管控要点

在设计阶段、施工阶段和运维阶段 BIM 应用的范围和广度与模型信息是紧密关联的。

（一）设计阶段

设计阶段主要是将项目的结果在虚拟环境下提前实现可视化，使设计意图能被各方理解和评价。针对不同的 BIM 应用深度对 BIM 模型录入的信息深度要求也不同。

基于 BIM 模型的碰撞检查：BIM 模型的几何参数是管控要点，尤其是标准构件的几何尺寸边界信息，是提高检查效率、提升碰撞检测率的关键点。

基于 BIM 的协同设计：BIM 模型中的几何信息中的标高是管控要点，主要解决好设计的空间净空要求，优化空间利用率，减少冲突，提升设计质量，缩短设计周期。

基于 BIM 的性能分析：BIM 模型的坐标信息和相关技术参数信息的准确性是有效优化的先决条件。

基于 BIM 的参数化设计：BIM 模型的几何信息和力学信息的管理是关键，一是建筑形式创新实施方案的基础，二是在后续深化和加工过程中不走样实现的关键。

（二）施工阶段

施工阶段的 BIM 应用主要是三个方面，技术方面、现场管理方面和商务方面，对 BIM 模型信息的深度要求是 LOD300（施工图模型精度），针对具体应用的深度和广度，部分系统模型的深度需要达到 LOD400（竣工图模型精度）。同时若要使 BIM 模型在运维阶段有效应用，主体结构外的模型施工信息的及时准确录入是这一阶段管理的关键。

基于 BIM 的图纸管理：这项应用的信息管理主要有两点，一是对设计 BIM 成果接收时 BIM 模型信息的检验，二是后续模型更新时几何信息的管理。

基于 BIM 的深化设计：这项应用主要是两方面信息，一是几何信息的管理决定深化设计最优化空间利用是否能够实现；二是相关技术参数信息，决定深化设计能否与前期设计进行有效对接。

基于 BIM 的施工技术指导：对模型信息的主要管控是模型的编号信息和模型的时间参数，对于有施工指导的模拟可能涉及坐标信息和几何参数。

基于 BIM 的产品预制加工：对 BIM 模型的几何信息、物理信息、型号或族分类编号信息的管理是关键，决定了工厂到现场的流水化管理的实现程度。

基于 BIM 的商务管理：对 BIM 模型的造价信息、分类编码信息的管理直接影响与清单的匹配度和造价工作的智能化程度。

基于 BIM 的现场管理：BIM 模型的时间参数信息和位置坐标信息是两项关键点，直接影响进度计划管理的有效度，现场质量、安全等管理的便捷度和有效性。

（三）运维阶段

要在运维阶段实现有效应用，实现建筑的增值，对 BIM 模型的信息深度要求比较高。尤其是装饰装修阶段和机电安装阶段的 BIM 模型深度更是关键，模型精度在 LOD400 至 LOD500 之间。在非几何信息中的安装信息、厂家信息、技术参数、编码信息和建筑物移交后的二次分类信息等都是建筑物安全运行、高效维护、资产管理优化的基础。同时这些信息的二次分类和模型数据的轻量化结构需根据项目的运维作业习惯和工作界面划分进行再次优化。

三、信息的传递与作用

美国标准和技术研究院在“信息互用问题给固定资产行业带来的额外成本增加”的研究中对信息互用定义如下：“协同企业之间或者一个企业内设计、施工、维护和业务流程系统之间管理和沟通电子版本的产品和项目数据的能力，称为信息互用。”

信息的传递方式主要有双向直接、单向直接、中间翻译互用和间接互用这四种方式。

（一）双向直接互用

双向直接互用即两个软件之间的信息可相互转换及应用。这种信息互用方式效率高、可靠性强，但是实现起来也受技术条件和水平的限制。

BIM 建模软件和结构分析软件之间信息互用是双向直接互用的典型案例。在建模软件中可以把结构的几何、物理、荷载信息都建立起来，然后把所有信息都转换到结构分析软件中进行分析，结构分析软件会根据计算结果对构件尺寸或材料进行调整以满足结构安全需要，最后再把经过调整修改后的数据转换回原来的模型中去，合并后形成更新以后的 BIM 模型。实际工作中在条件允许的情况下，应尽可能选择双项目信息互用方式。双向直接互用举例如图 1-9 所示。

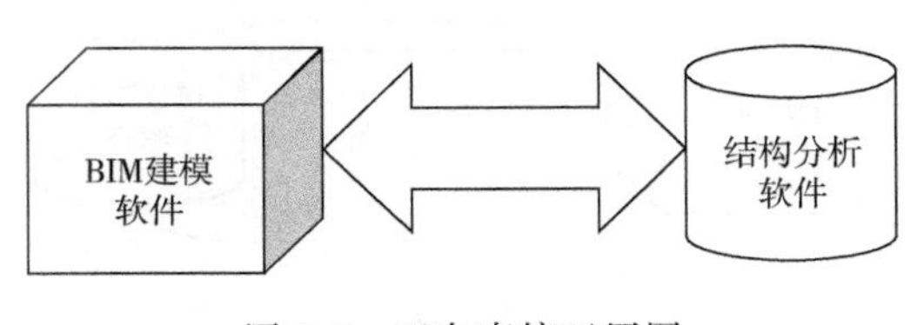

图 1-9　双向直接互用图

（二）单向直接互用

单向直接互用即数据可以从一个软件输出到另外一个软件，但是不能转换回来。典型的例子是 BIM 建模软件和可视化软件之间的信息互用，可视化软件利用 BIM 模型的信息做好效果图以后，不会把数据返回到原来的 BIM 模型中去。

单向直接互用的数据可靠性强，但只能实现一个方向的数据转换，这也是实际工作中建议优先选择的信息互用方式。单向直接互用举例如图 1-10 所示。

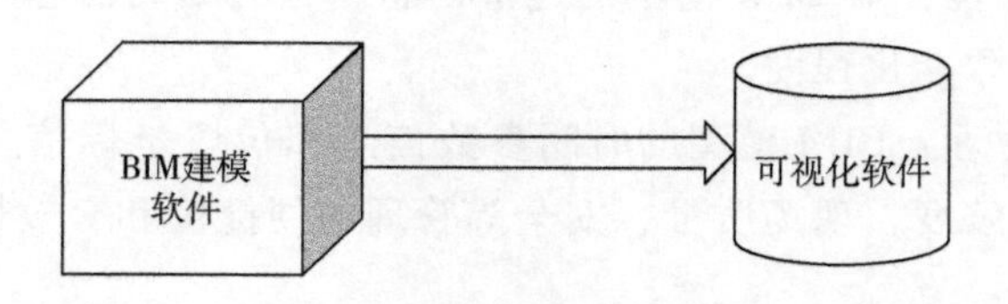

图 1-10　单向直接互用图

（三）中间翻译互用

中间翻译互用即两个软件之间的信息互用需要依靠一个双方都能识别的中间文件来实现。这种信息互用方式容易引起信息丢失、改变等问题，因此在使用转换以后的信息之前，需要对信息进行校验。其信息互用的方式举例如图 1-11 所示。

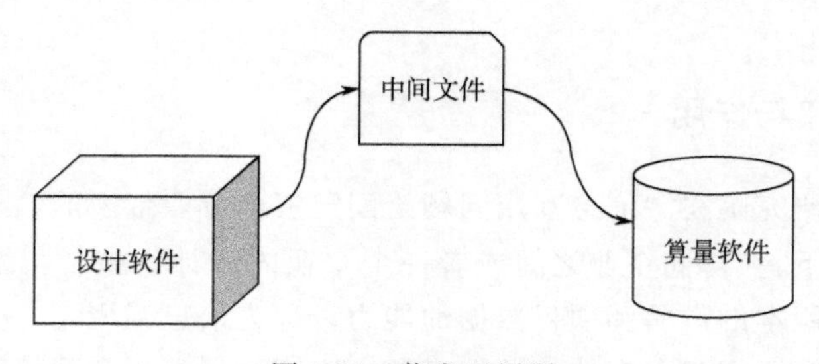

图 1-11　信息互用图

（四）间接互用

信息间接互用即通过人工方式把信息从一个软件转换到另外一个软件，有时需要人工重新输入数据，或者需要重建几何形状。

根据碰撞检查结果对 BIM 模型修改是一个典型的信息间接互用方式，目前大部分碰撞检查软件只能把有关碰撞的问题检查出来，而解决这些问题则需要专业人员根据碰撞检查报告在 BIM 建模软件里面人工调整，然后输出到碰撞检查软件里面重新检查，直到问题彻底更正，如图 1-12 所示。

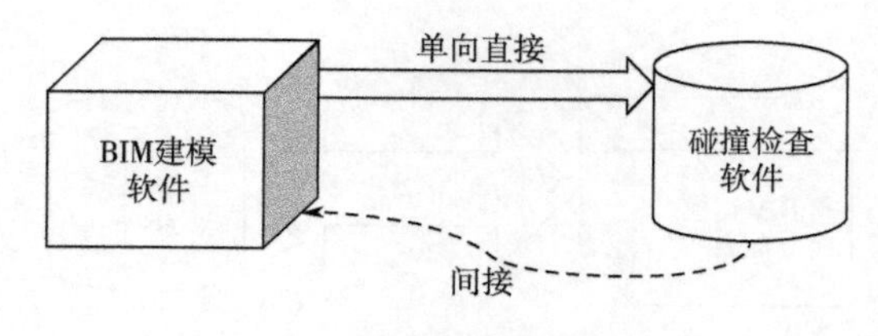

图 1-12　间接互用图

四、各阶段模型构件属性

建设项目全生命周期各个阶段所需要的信息内容和深度都不同，各阶段信息的应用目标和方式也不相同，因此，模型构件所附带的信息或属性，也会随着模型在各个阶段的发展而变化，是一个动态深化的过程。

模型构件的属性，可分为几何属性和非几何属性。几何属性所表达的是构件的几何形状特性以及空间位置特性，随着LOD的上升，模型构件的几何属性逐渐复杂化，对模型构件的几何描述逐渐精细化；非几何属性所表达的是构件除几何属性以外的信息和属性，例如材质、颜色、性能指标、施工记录等，针对不同阶段的不同应用，非几何属性的重点和精细化程度也不同。

第五节　BIM技术未来展望

一、BIM与其他技术集成应用

（一）物联网

物联网（IoT，Internet of Things）是互联网、传统电信网等信息的承载体，是让所有能行使独立功能的普通物体实现互联互通的网络。物联网的概念有两层意思：其一，物联网的核心和基础仍然是互联网，是在互联网基础上延伸和扩展的网络；其二，其客户端延伸和扩展到了任何物品与物品之间进行信息交换和通信。

国际电信联盟对物联网的定义是：通过二维码识读设备、射频识别（RFID）装置、红外感应器、全球定位系统和激光扫描器等信息传感设备，按约定的协议把任何物品与互联网相连接，进行信息交换和通信，以实现智能化识别、定位、跟踪、监控和管理的一种网络。

物联网是继计算机、互联网和移动通信之后的又一次信息产业的革命性发展，物联网已经被列为国家重点发展的战略性新兴产业之一。由于物联网产业具有产业链长、涉及多个产业群的特点，因此，其应用范围几乎覆盖了各行各业。

如果把物联网用人体做一个简单比喻，传感器相当于人的眼睛、鼻子、皮肤等感觉器官，网络就是神经系统用来传递信息，嵌入式系统则是人的大脑，在接收到信息后要进行分类处理。这个例子很形象地描述了传感器、嵌入式系统在物联网中的位置与作用。

当前，在许多所谓的“智能建筑”中，各个系统基本是独立采集数据，进行独立管理，无法相互联动，导致所谓的智能建筑其实并不足够智能。因此，在建筑业中，将BIM与物联网相互融合，可以实现智能建筑向智慧建筑质的飞跃。

BIM是物联网应用的基础数据模型，是物联网的核心和灵魂，没有BIM，物联网在建筑业的应用就会受到限制，就无法深入到建筑物的内核。因为许多构件和物体是隐蔽的，存在于肉眼看不见的深处，只有通过BIM数字模型才能一览无遗、展示构件的每一个细节。BIM模型是三维可视和动态的，涵盖了整个建筑物的所有信息，然后与楼宇控制中心集成关联。在整个建筑物的生命周期中，建筑物运营维护的时间段最长，所以建立 BIM 数字模型显得尤为重要和迫切。结合物联网的特征，BIM 与物联网结合对建筑物运营维护阶段的价值最大，主要表现在以下几个方面。

1. 设备远程控制

把原来商业地产中独立运行并操作的各种设备，通过 RFID 等技术汇总到统一的平台上进行管理和控制。一方面了解设备的运行状况，另一方面可以进行远程控制。例如，通过 RFID 技术获取电梯运行状态，通过远程控制系统打开或关闭照明系统等。

2. 照明、消防等各类系统和设备空间定位

给予各类系统和设备空间位置信息，把原来编号或者文字表示变成三维图形位置，这样一方面便于查找，另一方面查看也更直观、更形象。例如，通过 RFID 技术获取大楼的安保人员位置，当消防报警时可在 BIM 模型上快速定位所在位置，并查看周边的疏散通道和重要设备。

3. 内部空间设施可视化

利用 BIM 建立的可视三维模型，所有数据和信息可以从模型里面调用。例如，二次装修的时候，哪里有管线，哪里是承重墙不能拆除，这些在 BIM 模型中一目了然。此外，在 BIM 模型中还可以看到不同区域属于哪些租户，以及这些租户的详细信息等。

4. 运营维护数据积累与分析

建筑物运营维护数据的积累，对于管理来说具有很大的价值。可以通过数据来分析目前存在的问题和隐患，也可以通过数据来优化和完善现行管理。例如，通过 RFID 技术获取电表读数状态，并且积累形成一定时期能源消耗情况，通过积累数据分析不同时间段空余车位情况，进行车库管理等。

BIM 与物联网对于建筑物运营维护来说是缺一不可。如果没有物联网技术，运维管理还是停留在目前的靠人为简单操控的阶段，无法形成一个统一高效的管理平台。如果没有 BIM 技术，运维管理无法与建筑物数字模型相关联，无法在三维空间中定位，也无法对周边环境和状况进行系统的考虑。基于 BIM 核心的物联网应用，不但能够实现建筑物三维可视化的信息模型管理，而且为建筑物的所有组件和设备赋予了感知能力和生命力，从而将建筑物的运营维护提升到智慧建筑的全新高度。

（二）大数据

大数据（Big Data）是指无法通过常规软件工具在合理的时间范围内进行捕捉、管理和处理的数据集合，需要新型的处理模式才能从各种各样类型的海量数据中，快速获取有价值的信息。

大数据技术的战略意义不在于掌握庞大的数据信息，而在于对这些含有意义的数据进行专业化处理。换言之，如果把大数据比作一种产业，那么这种产业实现盈利的关键，在于提高对数据的“加工能力”，通过加工实现数据的“增值”。

大数据需要特殊的技术，以便有效地处理海量的数据和信息。适用于大数据的技术，包括大规模并行处理数据库、数据挖掘技术、分布式文件系统、分布式数据库、云计算平台、互联网和可扩展的存储系统等。

如果从大数据的概念来分析建筑业，那么建筑业也是一种大数据行业，其具备四种特征：①大量，一个工程中往往会有海量的数据，且数据之间的关系极其复杂；②高速，实

时、动态的数据更新，工程的成本与市场价格变化息息相关；③多样，每一个工程都有自己的属性，如专业技术数据、工程含量、经济数据等；④价值，一个工程往往耗资千万甚至上亿，其中包含了无数的交易数据和成本数据，数据的正确使用可以给工程带来巨大的利益。

在建筑业，基于 BIM 的大数据应用，其核心就是能够从海量的数据中挖掘、提炼，形成稳定、有效的底层数据库。该数据库存储着与建筑活动相关的有效信息，使得工程各参与方能够得到必要的决策依据。因此，离散的数据和信息是没有任何利用价值的。基于 BIM 的大数据处理技术，其有效性需要具备以下三个前提条件。

1. 数据采集具有海量性、代表性

海量性和代表性并不矛盾，海量性关乎数据的粒度，也就是数字化描述的详细程度。在工程的各个阶段，数据应具备足够的详细程度，这样才能有效形成大数据，从而发挥大数据的特点。另外，数据的采集过程并非毫无针对性，对于 BIM 数据而言，重点选取有工程意义的典型数据，采取必要性原则，符合当前的技术处理能力。

2. 数据具备强关联性

强关联性要求数据之间具有多重和广泛的联系，经常用来形容这一特性的专有名词是“数据维度”。数据库中所反映的是建筑整体特征信息，这些信息可以从多个维度去提取，从而形成不同价值取向的信息链，而某单一信息在不同维度的信息链当中，其利用价值也不尽相同。如一部电梯，建筑师会关注其空间尺寸、运载能力、外观式样等信息，而从制造的维度上看，其价格、材质、构造、运转机能等才是核心信息。

3. 数据具备时效性

必须要强调 BIM 大数据的动态发展特征，把信息的全生命周期与建筑的全生命周期对应起来。在这个过程中，BIM 数据库内的信息集合不断被增补、修改、强化。既然 BIM 大数据主要服务于决策，那么数据库的信息强度要代表当前对建筑以及相关行为的描述和理解。

当前，云计算、物联网等新兴技术的应用越来越广泛，基于 BIM 的大数据应用在智慧城市建设中也将起到越来越重要的作用。数据是智慧城市的源泉和动力引擎，在智慧城市建设中，只有不断地盘活数据存量、充分利用数据增量才能不断提高智慧城市的智慧水平，从经验管理向科学管理迈进。在城市管理中，以大数据技术为支撑，可以提高政府部门的协同工作能力，降低管理成本；在城市规划中，通过挖掘城市地理、气象等自然信息和经济、社会、文化、人口等人文社会信息，可以为城市规划提供决策支持，并提升城市规划的科学性和前瞻性。

（三）BIM 与云计算

众多的 BIM 软件对于计算机硬件都有极高的要求，且随着 BIM 软件版本的不断升级，计算机的配置也需要不断攀升。于是建筑行业内开始考虑将云计算（Cloud Computing）引为己用，有力支撑 BIM 的硬件环境。

云计算技术是分布式计算技术的一种，其最基本的概念是通过网络将庞大的计算处理程序自动分拆成无数个较小的子程序，再交由多部服务器所组成的庞大系统经搜寻、计算分析之后将处理结果传给用户。通过这项技术，网络服务提供者可以在数秒内处理数以千万计甚至亿计的信息，从而达到和超级计算机同样强大效能的网络服务效果。

云计算通过网络把多个成本相对较低的计算实体整合成一个具有强大计算能力的完美系

统，并借助 SaaS（Software as a Service，软件即服务）、PaaS（Platform as a Service，平台即服务）、IaaS（Infrastructure as a Service，基础设施即服务）、MSP（Managed Service Provider，管理服务提供商）等先进的商业模式把这种强大的计算能力分布到终端用户手中。云计算的一个核心理念就是通过不断提高“云”的处理能力，进而减少用户终端的处理负担，最终使用户终端简化成一个单纯的输入输出设备，并能按需享受“云”的强大计算处理能力。

云计算对于促进 BIM 的深度应用具有明显优势，主要体现在以下几点。

1. 降低了软件升级费用和计算机高配置需求

由于 BIM 应用要求实现模拟、分析、渲染、3D 建模等多元化的服务功能，笔记本式计算机更新速度以两年为周期都不能满足不断升级的软件对于硬件的配置要求。但以云计算为平台，其用户终端笔记本式计算机的处理负担被极大地减少，无需高配置，且云工作站的更新周期为 4～5 年，提高了经济效应。此外，虚拟化技术（Virtualization）是建立高性能云计算工作站的另一核心技术，其不但提高了硬件及网络性能，而且降低了各种费用。

2. 不受地域、空间、不同公司限制的协同工作

云计算平台可以完全实现不同地域、不同空间的工程人员共享数据信息，使在家工作成为可能。工程人员可以在 Windows 操作系统、MAC 系统、甚至 iPhone 系统通过远程桌面协议（RDP）连接到企业云工作台，不受任何地域和空间限制。另外，由于 BIM 应用需要由来自不同公司的项目参与方（设计方、施工方、管理方等）利用同一个 BIM 模型协同工作，如果没有云计算平台，不同公司的参与方只能在特定的时间通过 FPT 服务器或者项目网站交换 BIM 模型数据信息。云计算平台还可以使各方各分支机构的 IT 基础设施合并在一起，除实现上述不同公司协同工作之外，亦可实现同公司内各分支机构的协同工作，从而彻底消除地域、空间的障碍。

3. 确保工作连续性、数据恢复能力与安全性

云计算平台能将全部信息进行备份，且具有数据恢复的空间。如一台云计算机出现问题，其会自动通知接入的终端用户更换到另一台云计算机继续工作，同时转移出信息和数据。此外，如果是终端计算机出现问题，只要更换一台即可，因为数据信息和软件均在云工作台，数据的安全性得到了保证。IT 人员无需维护个人计算机以确保软件的各项功能应用，而只需维护云工作台的正常运行即可。

二、BIM 未来展望

（一）个性化开发

基于建设工程项目的具体需求，可能会逐渐出现针对解决具体问题的各种个性化且具有创新性的新 BIM 软件、BIM 产品及 BIM 应用平台等。

（二）全方位应用

项目各参与方可能都会在各自的领域应用 BIM 技术进行相应的工作，包括政府、业主、设计单位、施工单位、造价咨询单位及监理单位等，BIM 技术可能将会在项目全生命周期中发挥重要作用及价值。包括项目前期方案阶段、招投标阶段、设计阶段、施工阶段、竣工阶段及运维阶段。BIM 技术可能会应用到各种建设工程项目，包括民用建筑、工业建筑、

公共建筑等。

（三）市场细分

未来市场可能会根据不同的BIM技术需求及功能出现专业化的细分，BIM市场将会更加专业化和秩序化，用户可根据自身具体需求准确地选择相应市场模块进行应用。

（四）多软件协调

未来BIM技术的应用过程将可能实现多软件协调，各软件之间能够轻松实现信息传递与互用，项目在全生命周期过程中将会多软件协调工作。

BIM技术在我国建设工程市场还存在较大的发展空间，未来BIM技术的应用将会呈现出普及化、多元化、个性化等特点，相关市场对BIM工程师的需求将更加广泛，BIM工程师的职业发展还有很大空间。

装配式建筑概述

第一节 装配式建筑基本介绍

装配式建筑是指用工厂生产的预制构件在现场装配而成的建筑，从结构形式来说，装配式混凝土结构、钢结构、木结构都可以称为装配式建筑，装配式建筑是工业化建筑的重要组成部分。这种建筑的优点是建造速度快，受气候条件制约小，既可节约劳动力又可提高建筑质量（图 2-1）。

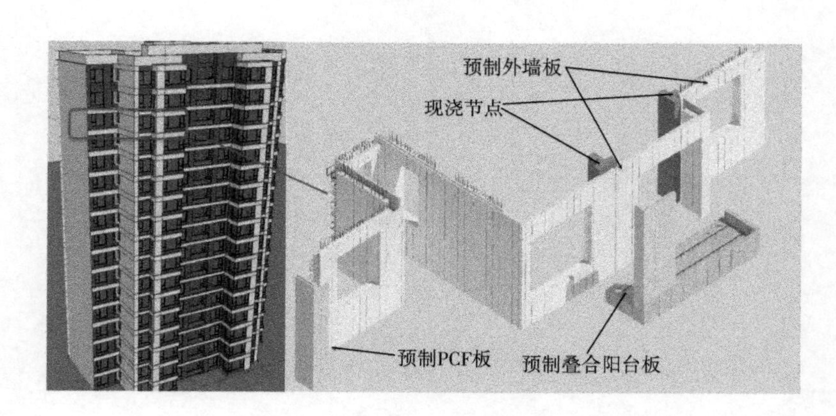

图 2-1 装配式建筑示意图

一、装配式建筑发展现状

20 世纪 50 年代，由于住房紧缺和劳动力匮乏，欧洲兴起了建筑工业化的高潮，各国开始采用工业化装配的生产方式（主要是预制装配式）建造住宅，英、法、苏联、东欧在 20 世纪 50～60 年代重点发展了以装配式大板建筑为主的建筑工业化体系。20 世纪 70 年代早期，美国开发了盒子结构式房屋、大板装配式房屋、活动住房等数种预制建筑体系。瑞典和丹麦的建筑工业化也在该时期得到较快的发展。在亚洲地区，日本于 20 世纪 60 年代为解决

“房荒”问题，开始采用工厂生产住宅的方法进行大规模的住宅制造。20 世纪 80 年代，中国香港和新加坡开始引进预制技术。现在这些国家和地区的建筑工业化发展较为成熟，2007 年数据统计，美国 12%的独户住宅和低层多户住宅都是由模块住宅制造商生产的。目前预制装配式结构在混凝土结构建筑中所占的比例，美国约为 35%，欧洲约为 30%～40%，新加坡、新西兰、日本则超过 50%。这些国家的建筑工业化已经达到了很高的水平。以美国为例，其主体结构构件实现了通用化，各类制品和设备实现了社会化生产和商品化供应，各种建筑部品与预制构件、轻质板材、室内外装饰材料以及相应设备产品种类丰富，用户可以通过产品目录从市场自由选购。

我国内地的建筑工业化是从中华人民共和国成立后逐步发展起来的，20 世纪 50～60 年代，借鉴苏联经验，对建筑工业化进行了初步的探索；20 世纪 80 年代，预制装配式建筑得到较快的发展，全国大中城市开始兴建大板建筑，北京、辽宁、江苏、天津等地区建起了墙板生产线，全国 20 多个大中型城市的预制混凝土构件生产企业都在积极研究、开发新型墙板的生产。此时，我国在大板建筑领域已有相当的水平，实现生产工艺的机械半自动化。到 20 世纪 80 年代后期，全国已竣工大板住宅 7000000m²。1987 年，全国已形成每年 50 万（约 3 万套住宅）大板构件生产能力，并形成一套自己的技术标准。与现浇混凝土结构相比，装配式建筑受力性能和抗震性能较差，建筑部品及配套材料研发不够，使得建筑制品的隔热、保温、隔声等使用性能较差，构配件生产工艺落后，施工管理及安装技术、检测手段不满足要求，形式单调，难以形成多样化的外观。全国很多地区都出台了限制及取消预制构件使用的文件与规定，这些都极大地限制了预制装配式建筑的发展（图 2-2）。

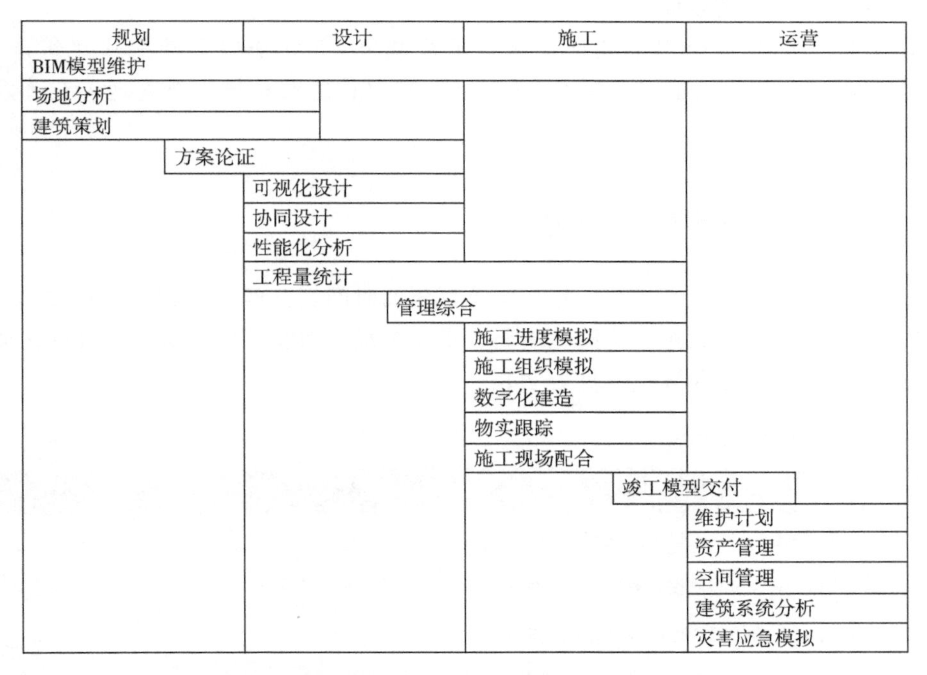

图 2-2　BIM 技术在我国的 20 种典型应用

2000 年之后，随着可持续发展理念的深化，国家开始推行低碳经济。建筑工业化与装配式建筑重新成为建筑领域的发展热点，与传统的现浇建筑体系相比，装配式建筑因所有构件均为工厂制作，建造速度快、精度和质量好，能最大限度地满足节能、节地、节水、节材和保护环境的绿色建筑设计和施工要求。住房和城乡建设部在 2011 年度的《中国建筑业改革与发展研究报告》中强调转变发展方式与提高发展质量，在构建低碳竞争优势这部分内容中，着重提出“装配式建筑安全耐久、施工快捷、低碳环保，是国家大力提倡的绿色环保节能建筑”。住房和城乡建设部《2010—2015 年建筑业、勘察设计咨询业技术发展纲要》中提出“推进结构预制装配化、建筑配件整体安装化，减少现场湿作业，逐步提高住宅产业化、建筑工业化比重……”。

自 2016 年 9 月国务院办公厅发布《关于大力发展装配式建筑的指导意见》以来，截至 2017 年 3 月，全国已有 30 多个省市区推出装配式建筑的相关政策。政策指出，“十三五”期间装配式建筑占新建建筑的比例在 30%以上；新开工全装修成品住宅面积比例在 30%以上。“十四五”期间装配式建筑占新建建筑比例要达到 50%以上；全面普及成品住宅，新开工全装修成品住宅面积比例在 50%以上。

随着中央和各级地方政府相继出台各项利好政策，装配式建筑行业迎来了黄金发展期。

2017 年 3 月，住房和城乡建设部印发《“十三五”装配式建筑行动方案》确定工作目标，要求到 2020 年，全国装配式建筑占新建建筑的比例达到 15%以上，其中重点推进地区达到 20%以上，积极推进地区达到 15%以上，鼓励推进地区达到 10%以上。

鼓励各地制定更高的发展目标。建立健全装配式建筑政策体系、规划体系、标准体系、技术体系、产品体系和监管体系，形成一批装配式建筑设计、施工、部品部件规模化生产企业和工程总承包企业，形成装配式建筑专业化队伍，全面提升装配式建筑质量、效益和品质，实现装配式建筑全面发展。

到 2020 年，培育 50 个以上装配式建筑示范城市、200 个以上装配式建筑产业基地、500 个以上装配式建筑示范工程，建设 30 个以上装配式建筑科技创新基地，充分发挥示范引领和带动作用。

二、装配式建筑在世界各国的应用

发达国家的装配式建筑经过几十年甚至上百年的时间，已经发展到了相对成熟、完善的阶段。日本、美国、澳大利亚、法国、瑞典、丹麦是最具典型性的国家。但各国按照各自的特点，选择了不同的道路和方式，见表 2-1。

表 2-1 全球装配式建筑主要成就

国家	主要发展
日本	率先在工厂中批量生产住宅的国家
美国	注重住宅的舒适性、多样性、个性化
法国	世界上推行工业化建筑最早的国家之一
瑞典	世界上住宅装配化应用最广泛的国家，其中 80%的住宅采用以通用部件为基础的住宅通用体系
丹麦	发展住宅通用体系化的方向是产品目录设计，它是世界上第一个将模数法制化的国家

从全球装配式建筑发展阶段来看，欧美、日本、新加坡等国家和地区已经进入成熟阶

段，中国目前处于快速发展阶段，而在一些经济发展较为落后的地区，装配式建筑产业发展尚未起步。可见，全球装配式建筑发展阶段受经济发展程度的影响较大。

发达国家的实践证明，工业化的生产手段是实现住宅建设低能耗、低污染，达到资源节约、提高品质和效率的根本途径（图 2-3）。

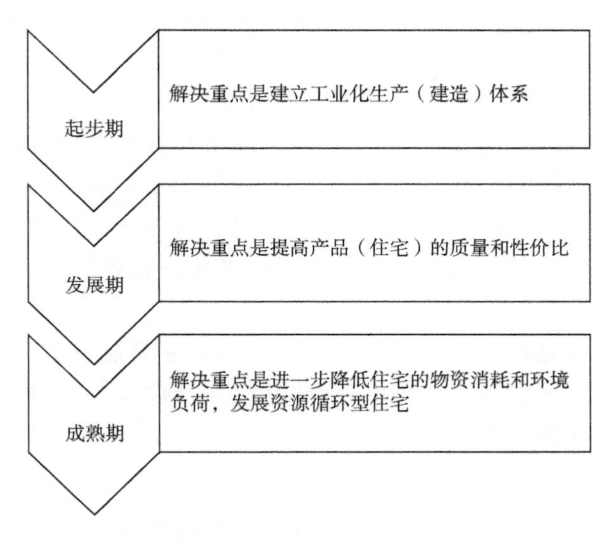

图 2-3　发达国家和地区装配式建筑发展的历程

（一）美国

美国装配式住宅盛行于 20 世纪 70 年代。1976 年，美国国会通过了《国家工业化住宅建造及安全法案》，同年出台一系列严格的行业规范标准，一直沿用至今。除注重质量外，现在的装配式更加注重美观、舒适性及个性化。

据美国工业化住宅协会统计，2001 年，美国的装配式住宅已经达到了 1000 万套，占美国住宅总量的 7%。在美国、加拿大，大城市住宅的结构类型以混凝土装配式和钢结构装配式为主，在小城镇多以轻钢结构、木结构住宅体系为主。

美国住宅用构件和部品的标准化、系列化、专业化、商品化、社会化程度很高，几乎达到 100%。用户可通过产品目录，买到所需的产品。这些构件结构性能好，有很大通用性，也易于机械化生产。

美国装配式建筑的特点有：建材产品和部品部件种类齐全；构件通用化水平高、商品化供应；部品部件品质保证年限等。

（二）德国

德国的装配式住宅主要采取叠合板、混凝土、剪力墙结构体系，采用构件装配式与混凝土结构，耐久性较好。德国是世界上建筑能耗降低幅度最快的国家，近几年更是提出发展零能耗的被动式建筑。从大幅度的节能到被动式建筑，德国都采取了装配式住宅来实施，装配式住宅与节能标准相互之间充分融合。

20 世纪 50 年代多层板式装配式住宅发展迅速，在 20 世纪 70 年代民主德国工业化水平达到 90%。新建别墅等建筑基本为全装配式钢结构。强大的预制装配式建筑产业链，高校、研究机构和企业研发提供技术支持。施工企业与机械设备供应商合作密切。机械设备、材料和物流先进，摆脱了固定模数尺寸限制。

（三）日本

日本1968年就提出了装配式住宅的概念。1990年推出采用部件化、工业化生产方式，高生产效率，住宅内部结构可变，适应居民多种不同需求的中高层住宅生产体系。在推进规模化和产业化结构调整进程中，住宅产业经历了从标准化、多样化、工业化到集约化、信息化的不断演变和完善过程。

日本每五年颁布一次住宅建设五年计划，每一个五年计划都有明确的促进住宅产业发展和性能品质提高方面的政策和措施。政府强有力的干预和支持对住宅产业的发展起到了重要作用。通过立法来确保预制混凝土结构的质量，坚持技术创新，制定了一系列住宅建设工业化的方针、政策，建立统一的模数标准，解决了标准化、大批量生产和住宅多样化之间的矛盾。

日本装配式建筑的特点有：木结构占比超过40%；多高层集合住宅主要为钢筋混凝土框架（PCA技术）；工厂化水平高，集成装修、保温门窗等；立法来保证混凝土构件的质量；装配式混凝土减震隔震技术好等。

（四）法国

法国是世界上推行装配式建筑最早的国家之一，法国装配式建筑的特点是以预制装配式混凝土结构为主，钢结构、木结构为辅。法国的装配式住宅多采用框架或者板柱体系，焊接、螺栓连接等干法作业，结构构件与设备、装修工程分开。减少预埋，生产和施工质量高。法国主要采用预应力混凝土装配式框架结构体系，装配率可达80%。

（五）北欧国家

丹麦在1960年制定了工业化的统一标准（丹麦开放系统办法），规定凡是政府投资的住宅建设项目必须按照此办法进行设计和施工，将“建造”发展到“制造”产业化。受法国影响，以混凝土结构为主，强制要求设计模数化。预制构件产业发达。结构、门窗、厨卫等构件标准化。

瑞典采用了大型混凝土预制板的装配式技术体系，装配式建筑部品部件的标准化已逐步纳入瑞典的工业标准。为推动装配式建筑产品建筑工业化通用体系和专用体系发展，政府鼓励只要使用按照国家标准协会的建筑标准制造的结构部件来建造建筑产品，就能获得政府资金支持。

三、装配式建筑的发展趋势

目前，国外装配式建筑的技术发展趋势是从闭锁体系向开放体系转变，原来的闭锁体系强调标准设计、快速施工，但结构性方面非常有限，也没有推广模数化。从湿体系向干体系转变，装配模块运到工地，但是接口必须要现浇混凝土，推行湿体系的典型国家是法国，瑞典推行的是干体系，干体系就是螺栓螺母的结合，其缺点是抗震性能较差，没有湿体系好。从只强调结构的装配式，向结构装配式和内装系统化、集成化发展。信息化的应用越来越广泛和深入，结构设计是多模式的，有填充式、结构式、模块式三种，目前模块式发展相对比较快。

随着各方面理论的发展和不断成熟，装配式建筑技术也势必会得到不断完善，以适应新的情况，可能发生的情况包括以下几方面。

(一) 向长寿命居住和绿色住宅产业化方向发展

人类对于可持续发展的追求，促使人们探索从节能、节水、节材、节地和环保等方面综合统筹建造更“绿色”的建筑，“绿色建筑工业化”是可持续发展的要求，也是转变增长方式的要求。

(二) 从闭锁体系向开放体系发展

西方国家预制混凝土结构的发展，大致上可以分为两个阶段：从 1950 年至 1970 年是第一阶段，1970 年至今是第二阶段。

第一阶段的施工方法被称为闭锁体系，其生产重点为标准化构件，并配合标准设计、快速施工，缺点是结构形式有限、设计缺乏灵活性；第二阶段的施工方法被称为开放体系，致力于发展标准化的功能块、设计上统一模数，这样易于统一而又富于变化，方便了生产和施工，也给设计更大自由。

(三) 从湿体系向干体系发展

现在广泛采用现浇和预制装配相结合的体系，湿体系又称法国式，其标准较低，所需劳动力较多，接头部分大都采用现浇混凝土，但防渗性能好；干体系又称瑞典式，其标准较高，接头部分大都不用现浇混凝土，防渗性能较差。

(四) 从只强调结构预制向结构预制和内装系统化集成的方向发展

建筑产业化既是主体结构的产业化也是内装部品的产业化，两者相辅相成、互为依托，片面强调其中任何一个方面均是错误的。

(五) 更加强调信息化的管理

通过 BIM 信息化技术搭建住宅产业化的咨询、规划、设计、建造和管理各个环节中的信息交换平台，实现全产业链的信息平台支持，以信息化促进产业化，是实现住宅全生命周期和质量责任可追溯管理的重要手段。

第二节　装配式建筑的特点

一、装配式建筑的特点

在我国，现阶段我们所研究的装配式建筑指的是由钢筋混凝土预制构件装配而成，在现场进行浇筑养护成型的建筑，其具有以下特点。

(一) 建设周期短

装配式建筑，其主要构件是由工厂预制完成的，在施工现场施工方只需要采用机械设备将其组装，大大减少了原始的现浇作业。组装施工与其他专业施工同时开展，进而可以不受传统施工过程中的混凝土现浇、养护等工序的影响。同时也不受雨雪等不良天气的影响，尽量保证工期。

（二）耐火性好

低导热性是装配式建筑构配件的一个重要特点，它使得装配式建筑的墙体保温要求得以满足。同时，热能得以节约，增加居住者的生活舒适度。低导热性直接体现为建筑耐火性好、安全性更高。

（三）质量轻

在相同条件下，装配式建筑的重量仅仅为相同体积混凝土建筑重量的50%左右，甚至更轻。这便减少了建筑的基础荷载，降低了对地基承载力的要求，节约了建筑基础建设的投资，缩减了运输量以及运费，降低了建筑工人的劳动强度，加快了施工速度，最终节约了建筑成本。

（四）施工精确

和传统建筑相比，建筑构配件在工厂预制完成运输到施工现场后，施工者根据建筑的结构设计现场进行组装。由于工业生产过程更加精确，构配件的精度是以毫米为单位，以厘米为精度单位的大规模作业量大大减少。所以，装配式建筑的施工精度更高、更加安全环保。

（五）绿色环保

装配式建筑可以采用建筑、装修一体化设计、施工，理想状态是装修可随主体施工同步进行。这就减少了二次施工带来的资源和材料浪费。同时，传统建筑在使用过程中不论内外均易受到破坏和损耗，包括涂料、装饰、结构面墙等。而装配式建筑可以有效地避免这个问题，因为组成装配式建筑的构配件是用定型模板制作的，通常采用一次成型工艺保证房屋质量，同时降低后期维护的成本和资金耗损，符合绿色建筑的要求。

（六）标准化信息化

装配式建筑在设计过程中，要求构配件的制作标准化、模数化，从而满足其高精度的要求，提高了生产效率。在施工管理的过程中，信息化、数字化管理，可以有效升级建筑产业，使其向更专业更好的方向发展。

二、装配式建筑的优势

相较于传统建筑，装配式建筑具有以下特点：设计多样化，设计师可以根据住房要求进行设计；功能现代化，可以采用多种节能环保等新型材料；制造工厂化，可以使得建筑构配件统一工厂化生产；施工装配化，可以大大减少劳动力，减少材料浪费；时间最优化，使施工周期明显加快。具体体现在以下几个方面。

（一）设计方面

目前，住宅设计和住房要求严重脱节，承重墙多、开间小、分隔死板、房间的空间无法灵活分割。而装配式房屋则采用大开间，用户根据需要可灵活地利用组合式墙体分割空间环境。住宅采用灵活大开间，其核心问题之一是要具备配套的轻质隔墙，这不但满足了用户的个性要求，同时还可缩短工期、降低成本、改善建筑功能，为人类提供安全、舒适、方便的生活与工作环境。

(二) 功能方面

随着科学技术不断提升，人们生活质量不断改善，住房现代化的概念不再仅仅停留在有水、有电、有良好通风了。现代化预制建筑大多具备以下特点。

1. 节能

传统的建筑能源利用率很低。装配式建筑的地面、屋顶、墙体、门窗框架等都采用各种新型保温、隔热材料，房屋采用新型的供热、制冷技术，如太阳能的储存和利用。

2. 隔声

工厂化的建筑构件精确度高，可以提高墙体和门窗的密封功能。采用高质量的吸声环保材料，使室内有一个安静的环境，避免外来噪声的干扰。

3. 抗震

大量使用轻质材料，降低了结构的自重。采用框架式框剪体系，增强了装配式的柔性连接，提高了抗震能力。

4. 外观

不求奢华，但外观应清晰而有特色。长期使用不开裂，不变形，不褪色。

5. 智能化

新的施工方法可应用住宅信息传输及接收技术，住宅安全防火系统，设备自动控制系统及智能化控制和综合布线系统。

(三) 生产方面

智能化的住宅无论是墙体结构材料，还是内部装饰材料都应该选用绿色的优质材料，而工厂化的生产正是住宅现代化的最优生产方式。如传统的建筑物要使其美丽的外表面涂料久不褪色是十分困难的。但工厂化生产的建筑外墙板不但质轻、高强，而且在工厂经过模具、机构化喷涂、烘烤等工艺就可保证建筑物美丽色彩的持久性。

工厂化生产还可使散装保温材料完全被板、毡状材料替代；屋架、轻钢龙骨、各种金属吊挂及连接件的生产尺寸精确、便于组装；工厂制造的最大优点是既保证了各种材料构件的个性，又考虑了房屋各种材料间的相互关系。特别是很好地控制了材料的性能，如强度、耐火性、抗冻性、防水性、隔声保温等，从而确保构件的质量。把房屋看成是一个大设备，现代化的建筑材料是这台设备的零件，这些零件经过严格的工厂生产，组装出来的房屋才能达到功能要求和满足用户的各种需要。相比之下，采用水泥、砖瓦、砂石、钢筋、木材等材料，用人工砌筑，现场堆积建造的房屋，就相形见绌了。

(四) 施工方面

预制建筑最大的特点是大幅度缩短了现场施工的时间，且对工期有更高的可预测性。

预制建筑的项目能够节省时间，工厂制造和现场施工可以同时进行。在建筑工程中很少使用预制基础，因此现场在建造基础的同时，工厂可以加工生产结构、构造构件及服务系统和室内集成模块。传统的现场施工方法是一个线性过程，各阶段分包商需要等前面的工作完成后再进行各自的部分，而在工厂生产，整个项目的过程可以允许同时由多个分包商团队进行不同的工作。此外，多个制造商可以分别制造组件，完成后汇集到现场进行安装。这对工期压力大的项目来说是很有意义的。

通过预制能够提高一个项目在施工过程中的安全性。在预制建筑项目中，大部分工人的工作地点从现场转移到工厂内，降低了工人发生意外事故的概率，减少了开发商和承包商的损失，节约了时间。工人在施工现场工作的危险系数高，是因为现场条件总在不断变化，高空作业以及人数太多造成的人员混杂、操作空间小。然而在工厂预制建筑构件后再到现场安装，可以减少施工现场的人数和工作量，有效地避免了这些不利影响，提供一个安全、高效的工作环境。

（五）质量方面

由于我国建筑业迅速发展，大批农民工进入建筑行业从事施工生产，他们受到的培训往往得不到保证，因此建筑工人素质参差不齐，导致在传统的现场施工方式中，安全和质量事故时有发生。而预制装配式建筑中，可以将这些人为因素的影响降到最低。大量的预制构件都是在预制工厂生产，而构件预制工厂车间中的温度、湿度、专业工人的操作熟练程度包括模板、工具的质量都优于现场施工方式，使构件质量更容易得到保证，现场结构的安装连接则遵循固定的流程，采用专业的工作安装队更能有效保证工程质量的稳定性。

（六）成本方面

采用装配式建筑施工较常规施工可以缩短工期 1/3 以上，降低管理成本、加快资金周转、提高资金使用效率；大幅度减少现场施工中的模板、钢筋、混凝土工程量及浪费；随着质量的提高，使用过程中的维修成本也大幅度减少。

（七）劳动力方面

我国逐步步入老龄化，劳动力今后将成为稀缺资源，劳动力成本逐年增加，影响建筑业企业的生存，制约行业的发展。装配式建筑施工采取工厂化生产、流水线作业，运到现场预制拼装，不需要传统建筑业那样需要大量的劳动力，可以应对即将到来的劳动力稀缺的窘境，确保国民经济的正常发展。

（八）能源方面

在工厂内完成的大部分预制构件生产，可以降低现场作业量，使生产过程中的建筑垃圾大量减少，生产用水和模板可以做到循环利用，能大量减少施工现场的湿作业，降低资源和能源消耗，由于湿作业产生的如废水污水、建筑噪声、粉尘污染等也会随之大幅度地降低。在建筑材料的运输、装卸以及堆放等过程中，选用装配式建筑的房屋，可以大量地减少扬尘污染。在现场预制构件不仅可以去掉泵送混凝土的环节，有效减少固定泵产生的噪声污染，而且装配式施工高效的施工速度、夜间施工时间的缩短可以有效减少光污染。

三、装配式建筑的不足

（一）前期一次性成本高

在大规模工业化的基础上，工业化生产能够极大程度地提升劳动效率，同时节约经济成本。装配式建筑建造前期的一次性投入普遍较传统建筑高。第一，在工业化研究之前，需要投入大量的资金来进行研究开发、流水线建设等，必须确保资金的充足；第二，按制造业纳税的情况来看，在我国，建筑工业化产品的增值税税率是很高的，高达 17%，这与建筑企业按工程造价 3%纳税相比，相去甚远；第三，未来收益存在不确定性。综上所述，即便是从长远发展来看，绝大多数的开发商认为对工业化的投入性价比偏低。

（二）技术水平要求高且高度注重专业协作

装配式建筑适用于精细化的生产方式，工厂化的生产方式和机械化的施工建造，必须确保构件的精确性，同时建筑从头脑中的三维到图纸中的二维再到建筑实体中的三维的转换离不开现代信息技术的支持。然而，我国现在的构件生产工艺发展缓慢，管理及安装技术、检测手段不能满足要求，另外，我国建筑业的信息化水平不高，国际的IFC标准并不符合我国的建设标准，通用的标准体系尚未构建。各部门缺乏专业协作，各专业间的信息不能流通，容易形成信息孤岛。

（三）需制定相关标准与构造图集

现在建筑结构形式多种多样，千篇一律的建筑形式已经不能满足人们对于建筑设计的需求，但我国目前装配式建筑构件生产能力不高、产品类型单一、设备工艺落后，构件标准不能满足大规模生产，现在主要用于商品房、经济性住房以及保障性住房建设。虽然很多省份已经出台了一系列的地方性标准体系及技术规程，然而大部分的技术规程多数只适用于特定的施工工法和结构，通用性不好，所以制定通用性较强的相关标准势在必行。

（四）社会认可程度有待提升

装配式建筑相比传统现浇建筑高额的赋税落差和一系列其他相关因素，加大了企业的一次性投入成本，使得建筑部品企业的生产积极性极大降低。同时在开发商心目中对装配式建筑的认可度比较低，不愿意开发装配式住宅，即便个别开发商愿意开发装配式住宅，消费者也会因为普及率不高，对装配式建筑的概念和优势含糊不清，对其采取保守态度，不愿意购入。研究发现，装配式建筑的各个相关因素是相互制约的关系，工业化程度低会影响装配式建筑的一次性投入成本，一次性投入成本又会制约装配式建筑的公众认可度。

第三节　装配式建筑的分类

装配式建筑结构所包含的结构类型，主要按照材料的不同，分为装配式混凝土结构、装配式钢结构、木结构和各种组合结构。

一、装配式混凝土结构

（一）概述

装配式混凝土结构指由预制混凝土构件通过各种可靠的连接方式装配而成的混凝土结构，包括装配整体式混凝土结构和全装配混凝土结构。其中，装配整体式混凝土结构是由预制混凝土构件通过后浇混凝土、水泥基灌浆料等可靠连接方式形成整体的装配式结构，而全装配混凝土结构是由预制混凝土构件通过连接部件、螺栓等方式装配而成的混凝土结构。作为混凝土结构的一种，装配式混凝土结构的建造工艺有别于现浇混凝土结构，但对其设计仍需满足国家现行标准《混凝土结构设计规范》GB 50010的基本要求，此外，还需注意采取有效措施加强结构的整体性，并确保连接节点和接缝构造可靠、受力明确，且结构的整体计算模型应根据连接节点和接缝的构造方式及性能确定。由于我国属于多地震国家，对螺栓、焊接等干式连接节点的研究尚不充分，对于高层建筑的应用以装配整体式混凝土结构为主，包括装配整体式混凝土框架结构、装配整体式混凝土剪力墙结构、装配整体式框架现浇剪力墙结构和装配整体式框架现浇筒体结构等结构类型。装配整体式混凝土结构的可靠性、耐久性和整体性等性能要求等同现浇混凝土结构，也称为“等同现浇”的设计方法（图 2-4）。

图 2-4　装配式混凝土建筑

装配整体式混凝土结构中，结构预制构件有叠合板、叠合梁、预制柱、预制剪力墙、预制楼梯和预制阳台等，非结构构件则有预制外挂墙板、预制填充墙、预制女儿墙和预制空调板等。预制构件设计时，需要遵循少规格、多组合的原则。预制构件的连接部位一般设置在结构受力较小的部位，其尺寸和形状的确定原则主要有：应满足建筑使用功能、模数、标准化的要求，并应进行优化设计；应根据预制构件的功能、安装和制作及施工精度等要求，确定合理的公差；应满足制作、运输、堆放、安装及质量控制要求。预制构件的设计计算包括持久设计状况、地震设计状况和短暂设计状况。其中，持久设计状况，主要对预制构件进行承载力、变形、裂缝控制验算；地震设计状况，需对预制构件进行承载力验算；制作、运输、堆放、安装等短暂设计状况下的预制构件验算，应符合国家现行标准《混凝土结构工程施工规范》GB 50666 和《装配式混凝土结构技术规程》JGJ 1 的有关规定。此外，叠合梁、叠合板等水平叠合受弯构件，需按照施工现场支撑布置的具体情况，进行整体计算或二阶段受力验算。

国内目前广泛应用的装配整体式的混凝土结构，其连接节点的构造具有以下主要特点：①连接节点区域钢筋构造与现浇混凝土结构的要求一致，都需要满足混凝土结构的基本要求；②连接节点区域的混凝土后浇部分或纵向受力钢筋采用灌浆套筒连接、浆锚搭接连接等连接方式；③结构设计遵循“强接缝弱构件”的原则，一般采用叠合式楼盖系统，以加强楼盖整体刚度。

钢筋套筒灌浆连接是装配整体式混凝土结构中竖向构件的主要连接方式之一，系指在预制混凝土构件内预埋的金属套筒中插入钢筋并灌注水泥基灌浆料而实现的钢筋连接方式。另外，在装配整体式混凝土结构设计和施工时，还应注意不能机械化地照搬现浇混凝土结构的构造措施，应充分考虑对装配结构的特点，并形成与之相适应的现场施工组织管理模式。

我国在装配式混凝土结构的设计、制作、施工和验收等方面已形成相对完善的标准规范体系，可有效指导装配式混凝土结构的建造。装配式混凝土结构相关的国家现行技术标准有《装配混凝土建筑技术标准》GB/T 51231、《装配式混凝土结构技术规程》JGJ 1、《混凝土结构设计规范》GB 50010、《混凝土结构工程施工规范》GE 50666、《建筑抗震设计规范》GB 50011、《混凝土结构工程施工质量验收规范》GB 50204、《钢筋套筒灌浆连接技术规程》JGJ 355 以及《高层建筑混凝土结构技术规程》JGJ 3 等。

（二）装配式混凝土楼盖

1. 技术概述

装配整体式混凝土结构的楼盖宜采用叠合楼盖，包括叠合梁和叠合板。预制混凝土叠合梁、板系指预制底板、预制梁作为楼盖的一部分配置底部钢筋，在施工阶段作为后浇混凝土叠合层的模板承受荷载，与后浇混凝土叠合层形成整体的混凝土构件。其中，预制底板按照受力钢筋种类可以分为预制混凝土底板和预制预应力混凝土底板。桁架钢筋混凝土底板是目前最为流行的预制混凝土底板，对于大跨度楼盖，还会采用预应力混凝土空心板、预应力混凝土双 T 板。

2. 技术内容

(1) 叠合受弯构件的受力机理

叠合受弯构件的特点是两阶段成型，两阶段受力，其受力机理与施工工艺有很大关联性。当施工阶段设有可靠支撑时，预制构件在叠合层后浇混凝土的重量和施工荷载下，不至于发生影响内力的变形，叠合受弯构件受力机理与整体受弯构件基本相同。当施工阶段无支撑时，预制构件承受叠合层后浇混凝土重量和施工荷载作用，在未形成叠合构件之前受力钢筋已经产生了拉应力且预制构件受压区产生了压应力，这使得受拉钢筋中的应力比假定用叠合构件全截面承担同样荷载时大，即发生了“受拉钢筋应力超前”现象，同时当预制构件受压区处于叠合构件受拉区时，叠合构件受力时还会抵消预制构件原有压应力，形成混凝土应变滞后效应。因此施工阶段无支撑时，叠合构件应考虑两阶段受力的性能。

(2) 结合面

叠合楼板由预制底板和后浇混凝土叠合层两部分组成，其结合面是薄弱环节，因此保证结合面的受力性能是保证预制底板和后浇混凝土两部分共同受力的关键。《混凝土结构设计规范》GB 50010—2010 (2015 年版)、《装配式混凝土结构技术规程》JGJ 1—2014 规定预制底板与后浇混凝土叠合层之间的结合面应设置粗糙面，粗糙面的面积不宜小于结合面的80%，粗糙面凹凸深度不应小于 4mm。粗糙面可采用冲刷露出骨料、拉毛等做法。

(3) 预制底板选型

跨度不大于 3m 的叠合板，可采用平板式预制普通钢筋底板；跨度不大于 6m 的叠合板，宜采用桁架钢筋混凝土预制底板，也可采用平板式预应力混凝土底板；跨度大于 6m 的叠合板，宜采用预应力混凝土预制底板，如预制带肋底板、空心板、双 T 板等。板厚大于180mm 的叠合板，宜采用减轻自重的措施，采用预应力混凝土空心板底板，或在后浇混凝土叠合层内设置轻质填充材料形成叠合式混凝土空心楼盖。

3. 技术指标

叠合楼盖由预制底板和上部后浇混凝土叠合层组成，两阶段成型，两阶段受力，其预制底板应对制作、运输、堆放、吊装等短暂设计状况进行预制构件验算，叠合楼盖应对持久设计状况进行承载力、变形、裂缝控制验算，还应通过合理的构造措施保证楼盖的整体性。

预制底板厚度不宜小于 60mm，后浇混凝土叠合层厚度不应小于 60mm。预制底板作为叠合板的一部分，其配筋应满足持久设计状况下承载能力极限状态、正常使用极限状态的设计要求。除此之外，还应对生产、施工过程短暂设计状况进行设计，主要考虑的工况包括脱模、堆放、运输、吊装、混凝土叠合层浇筑等。应按《混凝土结构工程施工规范》GB 50666—2011 选取相应的等效荷载标准值，并根据各工况下预制底板的吊点、临时支撑等设置情况简化受力模型，验算预制底板正截面边缘混凝土法向压应力、正截面边缘混凝土法向拉应力或开裂截面处受拉钢筋应力。

桁架钢筋混凝土预制底板中桁架钢筋应由专用焊接机械加工，腹杆钢筋与上、下弦钢筋的焊接采用电阻点焊；桁架钢筋应沿短暂设计状况的主要受力方向布置；桁架钢筋距板边距离不应大于300mm，间距不宜大于600mm；桁架钢筋弦杆钢筋直径不宜小于8mm，腹杆钢筋直径不宜小于4mm，且弦杆混凝土保护层厚度不应小于15mm。

（三）装配整体式混凝土框架结构

1. 技术概述

装配整体式混凝土框架结构（简称装配式框架结构）指全部或部分框架梁、柱采用预制构件建成的装配整体式混凝土结构，主要用于学校、办公、物流、仓储等公共建筑，在大跨度居住建筑中也有应用。根据框架节点连接方式的不同，装配整体式混凝土框架结构主要包括框架节点后浇混凝土和框架节点预制两大类。框架节点为后浇混凝土的连接方式，其主要技术特点是：预制构件为一字形，预制柱竖向受力钢筋主要采用套筒灌浆连接，梁采用预制叠合梁，在梁柱节点处的钢筋构造与现浇框架结构的要求相同，通过后浇混凝土连接，实现节点设计强接缝、弱构件的原则，使装配整体式混凝土结构的整体性、稳定性和延性等结构性能等同于现浇混凝土结构。另外，工程中也有采用多层节段柱的情况，也称“莲藕柱”，即在节点处柱的钢筋是连续的，而框架梁底纵向钢筋则通过搭接进行连接。

框架节点为预制方式，其主要技术特点是：预制构件有十字形、T形、一字形等，连接节点位于框架柱、梁中部，预制柱、梁受力钢筋采用套筒灌浆连接，在梁、柱连接节点处通过后浇混凝土连接，形成整体的装配式结构。由于该种连接方式的预制构件为多维构件，框架节点在工厂制作，质量可控，但预制框架节点制作、运输、现场安装难度较大，施工技术要求高，现阶段工程较少采用。

2. 一般要求

装配式框架结构的设计应符合国家现行标准《混凝土结构设计规范》GB 50010、《装配式混凝土建筑技术标准》GB/T 51231和《装配式混凝土结构技术规程》JGJ 1等的相关规定。如果房屋层数为10层及10层以上或者高度大于28m，还应符合现行行业标准《高层建筑混凝土结构技术规程》JGJ 3的有关规定。对于采用预应力技术的框架，还应符合现行行业标准《预制预应力混凝土装配整体式框架结构技术规程》JGJ 224的有关规定。当采取了可靠的节点连接方式和合理构造措施后，装配式框架结构可按现浇混凝土框架的结构进行设计。装配式框架结构中，预制柱水平缝处不宜出现拉力，高层装配式框架结构宜设置地下室并采用现浇混凝土，首层柱宜采用现浇混凝土。

3. 结构分析

装配整体式框架结构可采用与现浇混凝土框架结构相同的方法进行结构分析，其承载力极限状态及正常使用极限状态的作用效应分析可采用弹性分析方法。对于采用螺栓、焊接等干连接的装配式框架结构的分析，需根据节点和接缝的受力特性进行节点和接缝的模拟。按弹性方法计算的风荷载或多遇地震标准值作用下的楼层层间最大水平位移与层高之比不宜大于1/550。在结构内力与位移计算时，对现浇楼盖和叠合楼盖，均可假定楼盖在自身平面内为无限刚性。

4. 构件设计

装配式框架结构中的构件类型包括框架柱、梁、楼板、外挂墙板以及楼梯等。其中，当采用叠合梁时，框架梁的后浇混凝土叠合层厚度不宜小于150mm，次梁的后浇混凝土叠合层厚度不宜小于120mm。对于框架叠合梁的箍筋，抗震等级为一级、二级的叠合框架梁的梁端箍筋加密区宜采用整体封闭箍筋，其他情况下的框架叠合梁和次梁的箍筋可采用封闭箍筋形式。组合封闭箍筋可使梁面纵向钢筋由上往下放置，提高钢筋安装效率。此外，预制楼梯也是常用的预制构件。预制楼梯与支撑构件之间宜采用简支连接。预制楼梯一端设置固定铰，另一端设置滑动铰，其转动及滑动变形能力应满足结构层间位移的要求。

5. 连接设计

装配式框架结构中预制构件的连接是通过后浇混凝土、灌浆料和坐浆材料、钢筋及连接件等实现预制构件间的接缝以及预制构件与现浇混凝土之间结合面的连续，满足设计需要的内力传递和变形协调能力以及其他结构性能要求。装配式框架结构常见的连接包括框架柱的竖向连接、框架梁的水平连接以及叠合梁（板）结合面与后浇混凝土连接等。

钢筋连接以及锚固是连接设计的重要内容。节点和接缝处的纵向钢筋连接宜根据接头受力、施工工艺等要求选用机械连接、套筒灌浆连接、浆锚搭接连接、焊接连接、绑扎搭接连接等连接方式，并应符合国家现行有关标准。其中，套筒灌浆连接是预制构件竖向连接主要形式。预制构件与后浇混凝土结合面应根据现行行业标准《装配式混凝土结构技术规程》JGJ 1 的要求设置粗糙面或键槽。

（四）装配整体式混凝土剪力墙结构

1. 技术概述

装配整体式混凝土剪力墙结构（简称装配式剪力墙结构）指全部或部分剪力墙采用预制墙板构建成的装配整体式混凝土结构。由于装配式剪力墙结构对建筑空间的合理利用，以及较好的抗震性能，在我国居住建筑中得到了广泛应用。装配整体式混凝土剪力墙结构的技术关键是预制剪力墙的水平接缝和竖向接缝的连接构造，其中竖向接缝的构造与现浇剪力墙结构相同，而水平接缝主要采用钢筋套筒灌浆连接或浆锚搭接连接。

2. 一般规定

装配式剪力墙结构的设计应符合国家现行标准《混凝土结构设计规范》GB 50010、《装配式混凝土建筑技术标准》GB/T 51231 和《装配式混凝土结构技术规程》JGJ 1 等的相关规定。装配式剪力墙结构的最大适用高度、最大高宽比、平面布置、竖向布置及抗震等级的要求按《装配式混凝土建筑技术标准》GB/T 51231 的相关规定确定。装配式剪力墙结构应沿两个方向布置剪力墙，剪力墙的截面宜简单、规则，预制墙的门窗洞口宜上下对齐、成列布置。对于高层建筑装配式剪力墙结构，一般要设置现浇混凝土的地下室，且底部加强部位宜采用现浇混凝土，当采取可靠技术措施后，也可采用预制混凝土。

3. 结构分析

在各种设计状况下，装配式剪力墙结构可采用与现浇剪力墙混凝土结构相同的方法进行结构分析，其承载力极限状态及正常使用极限状态的作用效应分析可采用弹性分析方法。对于采用螺栓、焊接等干连接的装配式剪力墙结构的分析，需根据节点和接缝的受力特性进行节点和接缝的模拟。对同一层内既有现浇墙肢也有预制墙肢的装配式剪力墙结构，考虑到预制剪力墙的接缝对墙的抗侧刚度有一定的削弱作用，还应考虑对弹性计算的内力进行调整，适当放大现浇墙肢在水平地震作用下的剪力和弯矩，将其乘以不小于 1.1 的增大系数，而预制剪力墙的剪力、弯矩不减小，偏于安全。按弹性方法计算的风荷载或多遇地震标准值作用下，装配式剪力墙结构的楼层层间最大水平位移与层高之比不宜大于 1/1000。

4. 预制构件设计

装配式剪力墙结构中的预制构件类型主要包括：剪力墙外墙板、剪力墙内墙板、内隔墙板、外挂墙板、梁、柱、楼板、楼梯等。预制剪力墙板宜采用一字形，当有可靠的设计、生产和施工经验时，也可以采用L形、T形或U形等形状的构件。梁、板、楼梯等构件设计同装配式框架结构，但应注意框架梁、楼面梁在构造上与剪力墙结构连梁的区别。当剪力墙外墙板采用夹心墙板时，内叶墙板应按剪力墙进行设计，外叶墙板厚度不应小于50mm、保温层的厚度不宜大于120mm，外叶墙板与内叶墙板应通过拉结件可靠连接。

5. 连接设计

预制构件的连接技术是装配式剪力墙结构最为重要的内容。上、下楼层间预制剪力墙之间形成水平缝连接节点，同楼层相邻剪力墙之间形成竖向缝连接节点。竖向墙体水平接缝宜设置在楼面标高处，一般采用钢筋套筒灌浆或浆锚搭接连接，而相邻预制墙体之间的竖向接缝一般采用后浇混凝土段进行连接。预制剪力墙的侧面、顶面和底面与后浇混凝土的结合面应设置粗糙面或键槽。预制剪力墙与现浇节点构造设计、钢筋连接方式应符合国家现行标准《装配式混凝土建筑技术标准》GB/T 51231、《装配式混凝土结构技术规程》JGJ 1的相关规定。

装配式混凝土剪力墙的后浇竖向接缝是设计和施工的重点、难点，应考虑施工的易操作性。当接缝位于纵横墙交接处的约束边缘构件区域时，约束边缘构件的阴影区域宜全部采用后浇混凝土，并应在后浇段内设置封闭箍筋。

二、装配式钢结构建筑

（一）装配式钢结构概述

装配式钢结构建筑是指建筑的结构系统由钢构件、部品通过可靠的连接方式装配而成的建筑。装配式钢结构建筑具有安全、高效、绿色、环保、可重复利用的优势，尤其是具有良好的抗震性能、施工安装速度快、建造质量好、施工精度高、布局灵活、使用率高等特点和优势。钢结构建筑主要应用于工业建筑和民用建筑（图2-5）。

图2-5　轻钢结构

1. 钢结构工业建筑

工业建筑主要包括大跨度工业厂房、单层和多层厂房、仓储库房等。钢结构厂房主要的承重构件是由钢构件组成。包括钢柱子、钢梁、钢结构基础、钢屋架等。由于钢结构厂房具有质量轻、跨度大、结构整体性能好、装配化施工、施工工期短、投资成本低等优点，目前我国大量的工业厂房一般采用钢结构技术体系。

2. 钢结构民用建筑

民用建筑包括两类，一类是学校、医院、体育场馆、机场、大跨度会展中心、超高层建筑等公共建筑。据统计，目前在建和已建成的200m以上钢结构超高层建筑已达千余座，我国钢结构公共建筑正在向着更高、更广、更轻的方向发展。

另一类是居住类建筑，即低层轻钢体系住宅和高层钢结构住宅，钢结构住宅是钢结构建筑的重要类别，其具有钢结构建筑的一系列特性，同时又具备一般住宅建筑的共性。在居住类建筑领域，装配式钢结构建筑发展相比公共建筑较为缓慢，但是近几年在国家政策的大力支持下，住房和城乡建设部在全国积极推广钢结构住宅的应用和发展。相关企业在钢结构住宅技术方面得到大力发展，钢结构住宅建筑的相应配套技术基本完善，目前钢结构住宅建筑正处于蓬勃发展的初期。

3. 钢结构建筑技术特点

装配式钢结构建筑是一个系统工程，由钢结构系统、外围护系统、设备与管线系统、内装系统四大系统组成，是将预制部品部件通过模数协调、模块组合、接口连接、节点构造和施工工法等集成装配而成的，在工地高效、可靠装配并做到主体结构、建筑围护、机电装修一体化的建筑。装配式钢结构建筑应以完整的建筑产品为研究对象，以系统集成为方法，体现加工和装配需要的标准化设计。以工厂精益化生产为主的部品部件，以装配和干式工法为主的工地现场，以提升建筑工程质量安全水平、提高劳动生产效率、节约资源能源、减少施工污染和建筑的可持续发展为目标。以基于BIM技术的全链条信息化管理，实现设计、生产、施工、装修、运维的一体化。钢结构建筑性能优越，工厂加工制作，现场装配施工，是适合我国装配式建筑发展的结构技术体系。

（二）装配式钢结构体系分类

装配式钢结构体系主要根据建筑功能、建筑高度以及抗震设防烈度等分为以下几种类型：钢框架结构、钢框架-支撑结构、钢框架-延性墙板结构、筒体结构、巨型结构、交错桁架结构、门式钢架结构、底层冷弯薄壁型钢结构等。

1. 结构技术体系

（1）低层冷弯薄壁轻钢结构技术体系

我国低层冷弯薄壁轻钢结构住宅的应用，是在20世纪80年代末至90年代初引进的欧美及日本轻钢结构住宅。该结构体系主要采用以镀锌冷弯薄壁轻钢作为龙骨的承重体系，建筑体系主要采用轻钢龙骨、复合板材组成的内分隔墙体和外维护结构，主要适用于1～3层的低层装配式轻钢结构住宅，不适用于强震区的高层住宅。该体系具有构件尺寸较小，可将其隐藏在墙体内部，有利于建筑布置和室内美观；结构自重轻，地基费用较为节省；梁柱均为铰接，节省了现场焊接及高强螺栓的费用；受力墙体可在工厂整体拼装，易于实现工厂化生产；易于装卸，加快施工进度；楼板采用楼面轻钢龙骨体系，上覆刨花板及楼面面层，下部设置石膏板吊顶，既可便于管线的穿行，又满足了隔声要求等优点。该体系所有建筑部品、构件全部由工厂制作，现场装配完成，是典型的装配式建筑。代表性企业是日本积水株式会社的低层轻钢结构住宅。

（2）低层轻钢框架结构技术体系

低层轻钢框架结构技术体系在日本和欧美等国家经过几十年的发展，已具备非常完善的技术生产体系和配套部品体系。该体系采用的轻型钢梁柱框架结构，均为工厂生产的高精度高强度的钢结构构件，外墙板运用挤塑成型水泥墙板，此类墙板不仅具备优异的耐久耐火等性能，独特的工艺造就了丰富的表面肌理。除此之外，锁定工法及墙壁内通气工法的使用提升了墙体性能及耐久性。一般适用于6层以下的多层建筑。代表性企业是日本大和株式会社的低层轻钢框架结构住宅。

（3）框架结构技术体系

钢框架体系受力特点与混凝土框架体系相同，竖向承载体系与水平承载体系均由钢构件组成。钢框架结构体系是一种典型的柔性结构体系，其抗侧移刚度仅由框架提供。该体系具有开间大、使用灵活，充分满足建筑布置上的要求；受力明确，建筑物整体刚度及抗震性能较好；框架杆件类型少，可以大量采用型材，制作安装简单，施工速度较快等优点。但该体系在强震作用下，抵抗侧向力所需梁柱截面较大，导致其用钢量大；相对于围护结构梁柱截面较大，导致室内出现柱楞，影响美观和建筑功能。装配式钢结构建筑框架柱可选用异型组合截面。

（4）钢框架-支撑体系

在钢框架体系中设置支撑构件以加强结构的抗侧移刚度，形成钢框架-支撑结构。支撑形式分为中心支撑和偏心支撑。中心支撑根据斜杆的布置形式可分为十字交叉斜杆、单斜杆、人字形斜杆、K形斜杆体系。与框架体系相比，钢框架-中心支撑体系在弹性变形阶段具有较大的刚度，但在水平地震作用下，中心支撑容易产生侧向屈曲。偏心支撑中每一根支撑斜杆的两端，至少有一端与梁相交（不在柱节点处），另一端可在梁与柱交点处进行连接，或偏离另一根支撑斜杆一段长度与梁连接，并在支撑斜杆杆端与柱子之间构成一耗能梁段，或在两根支撑斜杆的杆端之间构成一耗能梁段。偏心支撑框架与剪力墙结构相比在达到同样的刚度重量要小，用于高层住宅结构时经济性好。

（5）钢框架-核心筒体系

钢框架-核心筒体系是由外侧的钢框架和混凝土核心构成。钢框架与核心筒之间的跨度一般为8～12m，并采用两端铰接的钢梁，或一端与钢框架柱刚接、另一端与核心筒铰接的钢梁。核心筒的内部应尽可能布置电梯间、楼梯间等公用设施用房，以扩大核心筒的平面尺寸，减小核心筒的高宽比，增大核心筒的侧向刚度。体系中的柱子可采用箱形截面柱或焊接的H形钢，钢梁可采用热轧H形钢或焊接H形钢。钢框架-核心筒体系的主要优点：①侧向刚度大于钢框架结构；②结构造价介于钢结构和钢筋混凝土结构之间；③施工速度比钢筋混凝土结构有所加快，结构面积小于钢筋混凝土结构。

（6）钢框架-剪力墙技术体系

钢框架-剪力墙体系可细分为框架-混凝土剪力墙体系、框架-带竖缝混凝土剪力墙体系、框架-钢板剪力墙体系及框架-带缝钢板剪力墙体系等。剪力墙体系常在楼梯间或其他适当部位采用剪力墙作为结构主要抗侧力体系，由于剪力墙抗侧移刚度较强，可以减少钢柱的截面尺寸，降低用钢量，并能够在一定程度上解决钢结构建筑室内空间的露梁露柱问题。该体系将钢材的强度高、重量轻、施工速度快和混凝土的抗压强度高、防火性能好、抗侧刚度大的特点有机地结合起来，适合用于高层办公类和住宅类建筑。

（7）钢板组合剪力墙技术体系

钢板组合剪力墙的墙体外包钢板和内填混凝土之间的连接构造可采用栓钉、T形加劲肋、缀板或对拉螺栓，也可混合采用这四种连接方式。钢板组合剪力墙抗压和抗剪承载力高，延性好；钢和混凝土组合作用可靠；加工制作方便；现场混凝土浇筑方便，不需支模；钢板组合剪力墙技术体系抗侧刚度大，适合用于超高层办公及住宅体系。目前针对钢板组合剪力墙体系形成的有钢管束剪力墙体系及组合箱型剪力墙体系等。

（8）钢混组合结构技术体系

钢混组合结构主要是指受力构件由 H 形钢作为骨架，翼缘间焊接 C 形钢筋或扁钢，并根据受力需要配置纵向钢筋，最终浇筑混凝土而形成的一种钢混组合结构构件。钢混组合结构技术体系较好地将钢与混凝土组合在一起，彼此很好地协同工作，钢与混凝土完美结合，互为约束，混凝土提高了开口截面钢的局部稳定性，通过增加整个截面的抗弯和抗扭刚度提高纯钢构件的整体稳定性。钢的外包约束一定程度上抑制混凝土裂缝早期开裂，使得构件具有较高的竖向承载力，又具有较好的抗震性能。组合构件在工厂预制，可实现标准化设计、工厂化生产、装配化施工，降低了现场劳动强度，大幅度缩短工期。同时有效解决了装配式钢结构的防火、防腐、隔音、结构震颤、保温等问题，具有较好的安全性、适用性、耐久性和经济性。

2. 围护结构体系

围护结构系统的设计使用年限是确定外围护系统性能要求、构造、连接的关键，设计时应明确。装配式钢结构建筑中外围护系统的设计使用年限应与主体结构相协调，装配式钢结构建筑中外围护系统的基层板、骨架系统、连接配件的设计使用年限应与建筑物主体结构一致。为满足使用要求，外围护系统应定期维护，接缝胶、涂装层、保温材料应根据材料特性，明确使用年限，并应注明维护要求。

为了减轻结构自重，充分发挥钢结构的优势，围护墙体宜采用轻质复合材料。外墙材料主要采用蒸压轻质加气混凝土板、预制钢筋混凝土墙、钢丝网架聚苯夹心板、纤维水泥挂板、聚氨酯复合外墙板、金属面压花复合板等。钢结构住宅的围护墙体材料应该具有以下特点。

① 从传统的既围护又承重体系变为纯围护体系，钢框架建筑的荷载由梁柱传递，墙体不起承重作用，这是钢结构住宅墙体与传统的砖混或内浇外砌剪力墙住宅的根本区别。这一特点使钢结构住宅墙体成为纯围护结构，不再受结构空间的限制，可以根据居住空间的要求灵活分隔。

② 墙体材料应具有质量轻、强度高等物理化学特性和良好的保温隔热性。钢结构的特征之一是轻质高强，钢结构建筑的墙体材料也应具备这一特质，否则重型墙体增加结构的荷载，丧失了钢结构的优势。此外，重型墙体对于负担重量的结构体系要求也较高，必须有结构梁的支撑，无法达到灵活布置的要求。良好的保温隔热、防火防渗漏和隔声性能是达到居住环境健康舒适的必要条件。

③ 墙体类型适宜于工厂化生产，现场装配化建造。建筑材料工业化生产是住宅产业化的重要标志。钢结构住宅属于高度工业化生产制作和安装，统筹一栋几千平方米的多层住宅，钢结构吊装只需要一到两个月。钢结构住宅也因此具备装配式建筑的基本条件。墙体材料是住宅建筑的重要组成部分，数量多、作用大，只有采用高度工业化生产制作和现场装配式施工，才能真正发挥钢结构住宅的工业化优势。

④ 连接部位的构造节点处理变得尤为重要。工业化定型生产的墙体材料，在施工安装过程中的节点构造类型比传统砌筑式墙体复杂得多。居住建筑对于墙体材料物理性能方面的较高要求使得节点构造的妥善处理成为解决问题的关键。一种成熟的可大量投产使用的墙体建材产品必须在材料本身和连接构造上都有令人满意的效果。

（三）装配式钢结构建筑设计

1. 技术集成设计

装配式钢结构建筑不仅仅是钢结构本身，而是以钢结构作为承重结构的装配式建筑技术系统集成。钢结构“先天”就是装配式的，所以应该着眼于构成整个建筑的部品与技术系统，而不仅仅只是钢结构。钢结构建筑是一个系统工程，除了钢结构系统外，还包括外围护系统、设备与管线系统、内装系统等，装配式钢结构建筑在设计时应考虑不同系统、不同专业之间的协同，包括结构构件与围护部品、设备管线之间的预留、预埋和连接。应做到下列要求。

① 装配式钢结构建筑应采用系统集成的方法统筹设计、生产运输、施工安装和使用维护，实现全过程的协同。

② 装配式钢结构建筑应按照通用化、模数化、标准化的要求，以少规格、多组合的原则，实现建筑及部品部件的系列化和多样化。

③ 部品部件的工厂化生产应建立完善的生产质量管理体系，设置产品标识，提高生产精度，保障产品质量。

④ 装配式钢结构建筑应综合协调建筑、结构、设备和内装等专业，制定相互协同的施工组织方案，并应采用装配式施工，保证工程质量，提高劳动效率。

⑤ 装配式钢结构建筑应实现全装修，内装系统应与结构系统、外围护系统、设备与管线系统一体化设计建造。

⑥ 装配式钢结构建筑宜采用建筑信息模型（BIM）技术，实现全专业、全过程的信息化管理。

⑦ 装配式钢结构建筑宜采用智能化技术，提升建筑使用的安全、便利、舒适和环保等性能。

⑧ 装配式钢结构建筑应进行技术策划，对技术选型、技术经济可行性和可建造性进行评估，并应科学合理地确定建造目标与技术实施方案。

⑨ 装配式钢结构建筑应采用绿色建材和性能优良的部品部件，提升建筑整体性能和品质。

2. 建筑设计方法

① 钢结构建筑的设计过程应包括技术策划、方案设计、初步设计、施工图设计、构件深化设计、室内装修设计等相关内容。

② 钢结构建筑应进行模数化、模块化、标准化设计，遵循少规格、多组合的原则，保证建筑部品和部件标准化、定型化，重复使用率高，符合工厂加工、现场装配的要求。

③ 钢结构建筑设计应满足建筑功能和性能要求，兼顾工厂生产和施工安装的要求，各专业、各生产阶段之间要相互协同。

④ 钢结构建筑设计应综合考虑钢结构的材料特点，满足防火、防腐、隔声、热工及楼盖舒适度等要求。

⑤ 平面设计应在模数协调的基础上，以具有使用功能的空间为标准模块，进行分解、组合设计。模块应具备可组合、可分解和可更换的功能。

⑥ 立面设计应简洁，上下贯通，无局部大尺寸凹凸，并对各专业进行集成化设计。立面元素应规格化、定型化、通用化。

⑦ 钢结构构件深化设计应满足工厂制作、施工装配等相关环节承接工序的技术和安全要求，各种预埋件、连接件设计应准确、清晰、合理。

3. 结构设计

① 装配式钢结构建筑结构设计应符合国家现行标准《装配式钢结构建筑技术标准》

GB/T 51232、《建筑抗震设计规范》GB 50011、《钢结构设计规范》GB 50017 和《高层民用建筑钢结构技术规程》JGJ 99 中的相关要求。

② 装配式钢结构建筑平面、立面应尽量规则、整齐、简单，避免因局部突变或者结构的扭转效应形成薄弱部位，对可能出现的薄弱部位应采取有效加强措施。

③ 装配式钢结构建筑应设置多道防线，避免因部分结构或者构件的破坏而导致整体结构丧失承受载能力。装配成钢结构建筑应具有良好的整体性、必要的承载能力、足够的刚度、良好的变形能力和消耗地震作用的能力。

④ 装配式钢结构建筑节点设计应做到安全可靠、方便施工，连接节点宜采用螺栓连接，宜尽量避免或减少现场焊接。

⑤ 装配式钢结构建筑的结构自振周期，应根据非承重填充墙体的刚度影响适当考虑折减。

⑥ 装配式钢结构建筑的结构体系，宜根据建筑层数、抗震设防烈度等因素选用钢框架结构体系或钢框架-支撑结构体系或方钢管混凝土格构柱结构体系或巨型结构等。

4. 结构选型

装配式钢结构体系选择应依据安全、适用、经济、美观、绿色的原则，重点设防类和标准设防类多高层装配式钢结构建筑适用的最大高度应符合规定。

三、木结构建筑

（一）木结构建筑概述

木结构是人类文明史上最早的建筑形式之一，这种结构形式以优良的性能和美学价值被广泛推广应用。我国木结构历史可以追溯到 3500 年前，其产生、发展、变化贯穿整个古代建筑的发展过程，也是我国古代建筑成就的主要代表。最早的木框架结构体系采用榫卯连接梁柱的形式，到唐代逐渐成熟，并在明清时期进一步发展出统一标准，如《清工部工程做法则例》。1949 年中华人民共和国成立后，因木结构具有突出的就地取材、易于加工优势，当时的砖木结构占有相当大的比重。中国加入 WTO 后，与国外木结构建筑领域的技术交流和商贸活动迅速增加。1999 年，我国成立木结构规范专家组，开始全面修订《木结构设计规范》GBJ 5—88。近年来，随着人们生活水平的提高，崇尚自然、注重健康、提倡环保的消费观念越来越被认同，木结构得到了前所未有的青睐。尤其是，目前在国家发展装配式建筑的推动下，木结构作为典型的装配式建造结构，得到了大力推广和应用。木结构的旺盛需求，促生了很多专业的木结构企业，我国木结构逐步走上了产业化的道路，经过将近 20 年的发展，已初具规模（图 2-6）。

图 2-6　木结构

目前日本、芬兰、瑞典、美国、加拿大等发达国家都普遍采用现代木结构住宅建筑。日本在新建住宅中，木结构住宅所占居住建筑比例达45%左右；在北欧的芬兰、瑞典木结构住宅所占居住建筑比例达80%左右；美国、加拿大木结构住宅所占比例达75%左右，尤其是高档别墅建筑几乎全部采用木结构。从日本木结构住宅类型来看，梁柱式木结构仍占绝对比例，既吸收了传统木结构的精髓，也有自己独特的风格和个性。在这些国家的木结构建筑产业中，各种新型材料、现代技术得到了广泛应用，木结构建筑体系已相对成熟，除了建造一些新颖别致的木质别墅外，还向公共建筑、多层和高层混合结构建筑方向发展。加拿大的木材工业是国家支柱产业之一，其木结构住宅的工业化、标准化和配套安装技术非常成熟。当然，这些国家的优势是他们大都属于木材生产量超过使用量的国家。但是，近年来为了应对全球气候变化，减少建筑能耗与碳排放，中国开始发展建筑用木材基地，并且已经找到了解决现代建筑用木材的途径。

（二）现代木结构建筑的分类与特点

1. 现代木结构建筑分类

现代木结构建筑的主要结构构件均采用标准化的木材或工程木产品，构件连接节点采用金属连接件连接。相对于传统木结构，现代木结构建筑对木材的材性要求较低，不需要大量使用优材和大材。现代加工工艺可将劣材、小材，经过层压、胶合、金属连接等工艺，变成结构性能远超原木的产品，极大地提高了木材利用效率，也更加有利于木材的循环利用，应用于建筑领域的工程木主要有：层板胶合木（Glulam）、平行木片胶合木（PSL）、单板层积胶合木（LVL）、层叠木片胶合木（LSL）、正交胶合木（CLT）。

其中，层板胶合木（Glulam）是由20～50mm木板经干燥、顺纹胶合而成，可用作梁、柱等结构构件；单板层积胶合木（LVL）则是由2.5～6mm的原木旋切成单板，单板顺纹组坯胶合而成，一般用作梁、柱等构件；正交胶合木（CLT）采用层板正交叠放胶合成实木板材，叠层数量可根据用户需求或建筑需要设置为3层、5层、7层和9层，可用作承重墙体与楼板，建设多、高层木结构建筑。

常见现代木结构体系包括：井干式木结构（木刻楞）、轻型木结构、梁柱-剪力墙、梁柱-支撑、CLT剪力墙、框架-核心筒木结构。

① 井干式木结构（木刻楞），采用原木、方木等实体木料，逐层累叠、纵横叠垛而构成。特点：连接部位采用榫卯切口相互咬合，木材加工量大、木材利用率不高。应用领域：这类房屋在我国东北地区大量使用。

② 轻型木结构，用规格材、木基结构板材或石膏板等制作的木构架墙体、楼板和屋盖系统构成的单层或多层建筑结构。特点：安全可靠、保温节能、设计灵活、建造快速、建造成本低。应用领域：主要用于低层住宅。

③ 梁柱-剪力墙木结构，在胶合木框架中内嵌木剪力墙的一种结构体系。特点：既改善了胶合木框架结构的抗侧力性能，又比剪力墙结构有更高的性价比和灵活性。应用领域：用于多、高层木结构建筑。

④ 梁柱-支撑木结构，在胶合木框架中设置（耗能）支撑的一种结构体系。特点：体系简洁、传力明确、用料经济、性价比高。应用领域：可用于多、高层木结构建筑。

⑤ CLT剪力墙木结构，以正交胶合木作为剪力墙的一种结构体系。特点：以CLT木质墙体为主承受竖向和水平荷载作用，保温节能、隔声及防火性能好、结构刚度较大，但用料不经济。应用领域：可用于多、高层木结构建筑。

⑥ 框架-核心筒木结构，是以钢筋混凝土或CLT核心筒为主要抗侧力构件，加外围梁柱框架的结构形式。特点：以核心筒为主要抗侧力构件、木梁柱为主要竖向受力构件；结构体系分工明确，需注意两种结构之间的协调性。应用领域：主要用于多、高层木结构建筑。

2. 现代木结构建筑特点

现代木结构建筑作为天然环保材料，在节能环保、绿色低碳、防震减灾、工厂化预制、施工效率等方面凸现更多的优势。整体结构性能远超原木的现代木结构体系，相比混凝土建筑、钢结构建筑，可以大幅度降低施工扬尘和噪声，减少建筑垃圾和污水排放，具有绿色建造、低碳发展的特点，节能减排效果十分显著。

① 设计布置灵活。轻型木结构因其材料和结构的特点，使得平面布置更加灵活，为建筑师提供了更大的想象空间，木结构房屋的墙体比标准混凝土墙体薄20%，因而其室内空间更大。同时还能够轻易将基础设置（电线、管道及通风管）埋入地板、天花板和墙体内，除木结构外没有任何其他建筑体系能够提供和建筑本身结合天衣无缝的室内碗柜、隔板和衣橱，从而大幅度节省购买家具的费用，使其成为定制结构或装饰性设计的最佳选择。而且木结构房屋还能够轻易地进行重新设计，以满足需求的变化。

② 建造工期短。木结构采用装配式施工，这样施工对气候的适应能力较强，不会像混凝土工程一样需要很长的养护期，另外，木结构还适应低温作业，因此冬期施工不受限制。

③ 节能效果显著。建筑物的节能效果是由构成该建筑物的结构体系和材料的保温特性决定的。木结构的墙体和屋架体系由木质规格材料、木基结构覆面板和保温棉等组成，测试结果表明，150mm厚的木结构墙体，其保温能力相当于610mm厚的砖墙，木结构建筑相比混凝土结构可节能50%～70%。

④ 保护资源环境。与钢材和水泥相比，木材的生产只产生很少的废物，可持续发展的林业可提供永不枯竭的森林资源。锯材产生的废料可以用来制造纸浆、刨花板或作为燃料。木材同时又是100%可降解材料。如果不做处理，它可很简单地解体融入土壤，并使土壤肥沃。

⑤ 居住舒适健康。由于木结构优异的保温特性，人们可以享受到木结构住宅冬暖夏凉的优点。另外，木材为天然材料，绿色无污染，不会对人体造成伤害，材料透气性好，易于保持室内空气清新及湿度均衡。

⑥ 结构安全可靠。轻型木结构房顶韧性大，对于瞬间冲击载荷和周期性疲劳破坏有很强的抵抗能力，而且由于自身结构轻，木结构又有很强的弹性回复性，

地震时吸收的地震力少，结构在基础发生位移时可由自身的弹性复位而不至于发生倒塌。在地震时的稳定性已经得到反复验证，即使强烈的地震使整个建筑物脱离其基础，而其结构也能完整无损。木结构在各种极端的负荷条件下，其结构的抗地震稳定性能和结构的完整性也十分优越。

⑦ 隔声性能优越。基于木材的低密度和多孔结构，以及隔声墙体和楼板系统，使木结构也适用于有隔声要求的建筑物，创造静谧的生活、工作空间。另外，木结构建筑没有混凝土建筑常有的撞击性噪声传递问题。

⑧ 耐久性能良好。精心设计和建造的现代木结构建筑，能够面对各种挑战，是现代建筑形式中最经久耐用的结构形式之一，能历经数代而状态良好，包括在多雨、潮湿以及白蚁高发地区。

（三）现代木结构建筑的应用

1. 大跨木结构建筑

（1）中小型体育馆

以工程复合木为主的现代木结构被大量地应用于中小型体育馆建筑，如篮球馆、网球馆、羽毛球馆及健身中心等。工程复合木主要用于体育馆建筑，除了具有承载能力高、外观优美、亲切舒适、节能环保等优良特性以外，木质材料的天然隔声效果也使体育馆拥有良好的声学效果。

（2）游泳馆和溜冰场

经过特殊处理的木材，在建造游泳馆及溜冰场等场馆时具有其他材料不可比拟的优势。因为在游泳馆中水汽蒸发严重，水池中的消毒成分在蒸发后会严重腐蚀馆内的金属材料，因此若采用钢结构，就需要定期维护，这将增加建筑成本。而木结构材料经过处理后，可以很好地抵御水蒸气的侵蚀，保护场馆的结构不受损失。

目前在发达国家，木结构用于公共或高校内的游泳馆及溜冰场建筑的例子比比皆是，如美国俄勒冈州波特兰市的哥伦比亚公园游泳馆，其屋面结构亦采用胶合木拱与木结构板材，直径达到40m，梁板构件均进行了加压防腐处理以提高其耐久性。美国加利福尼亚州安纳海姆市的迪士尼溜冰场，整个溜冰场总面积为8175m^2，而木结构部分占了5300m^2，其屋顶结构是由曲线形胶合木大梁和胶合板构成，而原先的方案是采用钢结构，但由于超出预算而改用胶合木结构。胶合木梁的截面尺寸为222mm×1292mm，间距为6.7m，跨度为35.4m，天然裸露的木质构件会给溜冰场带来暖意。

（3）大型体育馆

木结构用于大型体育馆具有很多优势，如节能环保、音响效果优良、防火安全性高等，同时其外观优美，给人以自由开放、亲切舒适的感觉。由于其节能效果好、结构及构件质量轻、施工方便且周期短，所以整个结构的造价较低，从而降低了建造成本。

1981年，在美国华盛顿州塔科马市建成的一座大型多用途体育馆——塔科马体育馆，馆内可举办足球、网球和篮球等不同规模的赛事，其主体结构为胶合木穹顶结构，它由许多三角形单元木架构组成。穹顶直径162m，穹顶距地面45.7m，屋顶共有414个高度为762mm的弧形胶合木梁，大厅面积13900m^2，最多可容纳26000名观众，号称世界上最大的木结构穹顶。该设计方案由于在外观、环保、性能等方面的领先优势而被采纳。在经济方面，它可以同充气屋顶结构、混凝土结构方案相媲美，如木结构、充气穹顶结构和混凝土穹顶结构的造价分别为3.02亿美元、3.55亿美元和4.38亿美元。

（4）研发办公楼

河北省建筑科技研发中心1号楼木屋，首次采用了“一托三”的结构形式，其中一层为混凝土框架结构，二至四层为木结构。木结构部分又包括了轻型木结构、重木结构及轻重木混合结构三种木结构形式。该工程桁架设计形式复杂，由胶合木拼装组成的桁架最大跨度达23m，居全国之首。大会议室桁架在施工场地外拼装完成，然后吊运安装至相应位置。咖啡厅桁架胶合木在施工现场逐个拼装，这就要求胶合木和相应的钢配件加工尺寸准确无误，施工难度较大。作为中国和加拿大合作节能示范项目，项目采用了很多现代的节能技术和节能材料，主要包括地源热泵、太阳能光伏发电、太阳能热水系统、Low-e玻璃、STP新型保温材料等。

2. 多高层建筑

近年来，高层木结构建筑在欧美悄然兴起，在已建成的木结构建筑中，最高达 14 层。

2008 年，Murray Grove 项目在伦敦建成，它对全木结构建筑的发展起到了极大的促进作用。这幢 9 层高的居住建筑所使用的材料为正交胶合木，这是 20 世纪末在欧洲出现的一种工程木材。

在加拿大，除了广泛用于低层建筑的轻型木结构以外，近年来在多高层木结构领域也有较大发展。已建成的加拿大大不列颠哥伦比亚大学 UBC 校园 CLT 木结构公寓高达 18 层。

在挪威，14 层全木结构建筑 Treet 已于 2015 年建成使用，结构体系采用胶合木框架+CLT 剪力墙体系，建筑高达 45m。

四、盒子结构体系

盒子结构体系是与上述几种结构体系差别最大的体系，90%的工作都是在工厂中完成的，工业化程度高。这种结构体系不仅将楼板和墙体在工厂中连接，甚至连室内门窗、厨卫、家电也统统装配完成，形成一个箱形整体。这样不仅可以将混凝土消耗量降到最低，也可以减少建筑整体质量。但是，这种结构体系也存在着自身的问题，由于较高的预制化程度，使得生产和运输成本急增，这就需要通过扩大预制工厂的规模来促进盒子结构体系的发展。盒子结构出现于 20 世纪 50 年代，它把一个房间连同设备装修，按照定型模式，在工厂中依照盒子形式完全做好，然后在现场一次吊装完毕，因为它是属于一种立体预制构件，六面形体，恰似盒子状，所以称为盒子结构。这是一种新的工业化建筑体系，其工厂预制程度可达 70%～80%，有的高达 90%，一切水暖电设备均不需在现场安装，均可在工厂预制完毕，甚至一部分固定式家具也可一起预制，然后在现场吊装即可。其施工周期可以大大缩短，比大板建筑还要缩短 50%～70%。此方法在英国被称为“心脏单元”(图 2-7)。

图 2-7　装配式盒子结构

目前，美、日、北欧国家都在大力发展盒子结构。世界上已有 30 多个国家建造了盒子构件房屋，盒子构件的使用范围也已由低层发展到多层和高层。现在 9～12 层的设有承重骨架的盒子结构已相当普遍，有的已达 15～20 层以上。

(一) 盒子结构建筑按构造划分

1. 骨架结构盒子

通常用钢、铝、木材或钢筋混凝土来制造承重框架或刚架，然后再以围护材料作墙体，这种盒子体系属于轻型盒子。

2. 薄壁盒子

通常用钢筋混凝土整体浇筑或用预制板拼装而成，薄壁盒子一般壁厚仅为 3～7cm，目前各国都把这种整浇成型的盒子视为是薄壁空间结构，这种盒子结构的应用最广。

（二）盒子结构建筑按其承重特性划分

1. 无承重骨架结构

多用于低层和多层，一般多由盒子本身来承重，不另设骨架。当前各国已建成的12层以下的盒子结构多属此类，其特点是全部由盒子构件叠置而成。根据叠置方法，又分为柱状叠置、品字形叠置和盒-板结构三种形式。

柱状叠置形式构造简单，应用较广，整幢房屋全靠盒子本身的自重及摩擦力保持稳定与平衡；品字形叠置形式，因按“品”字形布置，这样可以避免相邻面的重复，因而可以节省材料；至于盒-板结构，是盒子与大板相结合的形式，此方式比前两种灵活，可以根据不同功能需要，不同开间，自由灵活处理。例如，在一般情况下，则单纯采用盒子形式，如需要大开间时，就需采用大板结构，相互配合使用，十分灵活。

2. 承重骨架盒子结构

采用这种方法的特点是先建造一个空间承重骨架，然后再镶嵌围护墙板，从而形成盒子，其水平荷载和垂直荷载均由此独立的骨架来承担，适用于高层建筑。

（三）盒子结构建筑按大小划分

1. 单间盒子

以一个基本房间为单位，其长度即进深方向，一般为4～6m，宽度即开间方向，一般为2.4～3.6m，高度为一层，每个单间盒子自重约为10t。

2. 单元盒子

以一个居住单元为单位，其长度包括2～3个进深，一般为9～12m，宽度为1～2个开间，一般为3～6m，高度也是一层。

总之，盒子建筑是近几十年中在建筑科技的发展中出现的一种独特的建筑形式，也是当代机械化、装配化程度最高的一种建筑形式，它比装配式大板建筑更为先进。据统计，盒子建筑每平方米用工仅为10人，比传统的常规建筑节约用工2/3以上。在用料上，每平方米仅用混凝土0.3m^3，比传统常规建筑可节约水泥22%，节约钢材20%左右。

此外，盒子建筑自重轻，与传统常规建筑相比，建筑自重可减轻55%。鉴于盒子建筑的很多优点，所以各国都在大力研究并加以发展。

五、升板和升层建筑

板柱结构体系的一种，但施工方法有所不同。这种建筑是在底层混凝土地面上重复浇筑各层楼板和屋面板，竖立预制钢筋混凝土柱子，以柱为导杆，用放在柱子上的油压千斤顶把楼板和屋面板提升到设计高度，加以固定。外墙可用砖墙、砌块墙、预制外墙板、轻质组合墙板或幕墙等，也可以在提升楼板时提升滑动模板、浇筑外墙。升板建筑施工时大量的操作在地面进行，减少高空作业和垂直运输，节约模板和脚手架，并可减少施工现场面积。升板建筑多采用无梁楼板或双向密肋楼板，楼板同柱子连接节点常采用后浇柱帽或采用承重销、剪力块等无柱帽节点。升板建筑一般柱距较大，楼板承载力也较强，多用于商场、仓库、工场和多层车库等。

升层建筑是在升板建筑每层的楼板还在地面时先安装好内外预制墙体，一起提升的建筑。升层建筑可以加快施工速度，比较适用于场地受限制的地方。

第四节 装配式建筑的阶段划分

与传统建筑业生产方式相比，工业化生产在设计、施工、装修、验收、工程项目管理等各个方面都具有明显的优越性。

一、设计阶段

（一）预制装配式建筑设计特征

预制装配式建筑的兴起与发展，正在逐步改变和取代传统意义上的住房生产模式与建设方式。预制装配式建筑在实际施工中受诸多因素的影响，如建筑施工的技术水平和管理水平、施工工地的运输条件和生产工艺、建设的周期等。同时预制装配式建筑施工是一项复杂系统的工程，其实际施工过程中需要施工单位、生产部门、设计单位、建设管理部门等所有相关的建筑工程单位通力协作与全力配合。预制装配式建筑的设计工作与传统的现浇结构建筑的设计工作相比，主要有以下五个方面的特征。

1. 精细化的流程

更加全面化的预制装配式建筑施工流程，在建筑设计的过程中也更加精细化。与传统的建筑设计流程相比，预制装配式建筑设计流程中增设了预制构件加工图设计和前期技术策划两项设计工作。

2. 模数化的设计

预制装配式建筑设计中部品、构件、建筑之间的统一，通过对建筑模数的控制实现，并使模数化协调发展为模块化组合，从而使设计迈向标准化。

3. 一体化的配合

预制装配式建筑设计成果的优化，需充分配合各专业和构配件厂家，以实现施工组织工作与装修部品、设备管线、主体构件及预制构件协作的一体化。

4. 精确化的成本

构配件的生产加工直接以预制装配式建筑设计成果为依据，不同的预制构件拆分方案在相同的装配率条件下，投入的成本差异较大。建筑设计方案越合理，预制装配式建筑工程的成本控制就越精确。

5. 信息化的技术

预制构建设计的精确度与完成度的提升，可通过在建筑设计中利用 BIM（建筑信息模型）技术实现。BIM 技术是将建筑项目的功能信息、物理以及几何信息通过数字信息技术呈现，用以支持建筑工程全生命周期内的运营、建设、管理和决策。

（二）预制装配式建筑设计流程及要点

1. 技术策划阶段

建筑设计流程中进行技术策划时，设计单位应对建筑项目的规模、建筑项目的定位、成本投入、生产目标以及外部施工环境进行充分的了解和考察，以保证技术路线制定的合理性以及预制构件的标准化程度。同时技术实施的具体方案，需由建筑单位和设计单位共同讨论决定，并以此技术方案为基础和依据，进行后续的设计工作。

2. 方案设计阶段

立面设计方案与平面设计方案需以前期的技术策划为设计依据。立面设计方案应对构件生产加工的可能性进行考虑，立面多样化与个性化设计需以装配式建造方式的特点为根据。平面设计方案需首先满足和保证建筑的使用功能，再依照“多组合、少规格”的预制构件设计原则，尽可能地实现系列化和标准化的住宅套型设计。

3. 初步设计阶段

在预制装配式建筑的初步设计阶段应强调协同设计，设计时应结合不同专业的技术要点进行全面、综合地考虑。建筑底部的现浇加强区的层数需符合相关规范条例。对预制构件种类进行优化，设备专业管线的预埋及预留需进行充分考虑。项目的经济性应进行专项评估，对影响成本投入的因素进行分析，制定的技术措施需科学合理。

4. 施工图设计阶段

施工图的设计必须以上一设计阶段制定的技术措施为基础和依据。由生产企业提供设施设备、内装部品、预制构件等设计参数，各专业须以此为根据，在施工图设计过程中充分考虑不同专业所要求的预埋预留方案。此外，建筑连接点处的隔声、防火、防水等设计事项需要建筑专业考虑和完成。

5. 构件加工图设计阶段

预制构件加工企业可与设计单位配合完成构件加工图纸的设计，若需要预制构件的尺寸控制图，可让建筑单位提供。除了预埋预留临时的固定设施安装孔、考虑现场安装和生产运输时的吊钩外，还应精确地定位预制构件中的机电管线、门窗洞口。

二、生产阶段

（一）预制构件钢筋绑扎、连接套筒定位

在钢筋绑扎区，根据预制 PC 构件图，按与连接套筒连接的钢筋直径、长度下料，在钢筋的一端车螺纹，拧入连接套筒，根据图纸要求进行钢筋的配料、加工，并绑扎成型，将绑扎好的钢筋笼吊至预制构件生产区，在与连接套筒固定的模具端板上覆盖发泡塑料，用螺钉将连接套筒固定在模具端板上，使其精确定位在模具端板上，再连接套筒安装灌浆塑料管等预埋件。

（二）模具组装与检查

生产建筑 PC 构件的模具一般由模数化、有较高精度的固定底模和根据施工要求设计的侧模板组成。这类模板在我国的建筑构件生产中具有较好的制作通用性、加工简易性和市场通用性。在生产前要用电动钢丝刷清理模具底板和侧板，按尺寸安放两侧板，模板组装时应先敲紧销钉，控制侧模定位精度，拧紧侧模与底模之间的连接螺栓。组装好的模板按图纸要求进行检查，模板组装就位时，要保证模板截面的尺寸、标高等符合要求。验收合格后方可转入下一道工序。

（三）涂刷脱模剂

将模具表面除锈并清理干净，在模板表面涂上防锈蚀的脱模剂，涂抹擦拭均匀，使得脱

模剂的极性化学键与模具表面相互作用形成具有再生力的吸附型薄膜。

（四）预埋件安装、钢筋入模

将绑扎好的钢筋笼放在通用化的底模模板上，入模时应按图纸严格控制位置，放置端板，装入使钢筋精确定位的定位板，拧紧钢筋端部的紧定螺钉，以防钢筋变形，安装固定模具上部的连接板，埋件安装位置要准确、牢固。

（五）浇筑混凝土

运用混凝土输送设备在预支好的模板中进行混凝土浇筑，浇筑到适宜位置后，用振捣设备振捣密实，达到图纸尺寸的标准与精度。

（六）浇筑构件的养护

对浇筑的构件按标准进行静停、升温、恒温、降温四个阶段的低热养护。

三、运输阶段

（一）装配式建筑构件配送特性

建筑工业化下 PC 构件的供应过程从物流角度看属于物流配送，且目前生产企业的自营配送是装配式 PC 构件的主要配送模式。其最终的目标是通过合理的配送车辆安排，以最低的企业物流配送成本，将 PC 构件从生产企业运送到需求工地。虽然关于传统的制造业、零售业、应急物流配送方面的研究已经很多。但是，装配式混凝土 PC 构件配送的特殊性，使得装配式 PC 构件的配送形式与一般制造业、零售业的物流配送形式不同，进而使得装配式预制构件厂的配送作业比一般建筑材料要复杂，主要表现为以下几点。

1. 各工地需求总量确定，按需配送

目前，装配式建筑中常用的混凝土预制构件类型主要有预制外墙、内墙、柱、梁、楼板、预制楼梯、飘窗、阳台板等，对于一个施工项目而言，各类装配式预制构件的总数目根据设计图纸可以计算得出，所以 PC 构件需求数量是确定的。根据各个施工工地的施工组织安排，按照项目需要，分批次多次供应。因此，PC 构件的物流配送都是按照施工工地的需求量与要求的时间进行配送的。

2. 配送周期短且时间要求严格

相较于传统的现浇建造方式，装配式建筑的显著优点之一就是施工速度快，这使得装配式建筑施工过程中，对于各种装配式 PC 构件的需求速率大大提高，再加上施工单位为了减少自身对构件的库存压力要求构件厂及时配送，使得装配式混凝土预制构件的运送周期比一般的建筑材料要短得多。预制率较高的装配式建筑施工现场每天需要的构件数量达到上百件之多，因而，施工方对预制构件的配送时间要求也更严格。装配式混凝土预制构件如外墙板、内墙板、柱、梁等构件单件重量能达到运载车辆载重的限制，所以一个需求施工工地单个配送周期内可能有多辆车配送，使得配送车次比制造业、零售业要频繁得多，这更是对预制构件的配送作业提出更高的要求。另外，装配式 PC 构件装车卸车花费的时间可能也比普通制造业、零售业商品货物长。使得传统物流配送车辆调度不适用于装配式混凝土预制构件企业。

3. 配送区域范围受限

由于装配式 PC 构件的运送是典型的大宗运输，具有单件预制构件质量大、运输次数频繁、预制构件种类多、运输车辆载重大的特点，由预制构件厂到施工工地需要一定的运输时间，所以运输车辆的启动与可变成本较高，加大了配送过程中出现因为车辆调度不合理引起的运载车辆早到等待卸货以及晚到受到相关惩罚的风险，所以，预制构件厂到各个施工工地的距离一般比较近，大都是周边区域，相对较近距离的配送，这样更能保证在满足时间窗的时间约束下以最低的配送成本完成 PC 构件的运送。

4. 配送环节相对简单

根据目前的预制构件厂配送模式与基本配送流程，预制构件生产企业到各个需求施工工地的配送过程包含的基本环节比较简单，不包含广义物流配送中备货、仓储、流通加工环节。主要由装卸货、运输环节两部分组成，装卸货又可以分为装卸货、预制构件简易保护环节。在运输环节中，为防止运输过程中装配式 PC 构件振动损坏，需要做一定的基础的保护与支撑措施。

（二）装配式建筑构件配送流程

通过对现实的预制构件厂的配送业务的观察分析，总结出预制构件的车辆配送大致分为四个主要的工作流程。

① 配送车辆接到配送安排命令后在预制构件加工厂的构件仓库利用吊装设备进行装车作业。

② 预制构件配送车辆按照预定的运送路线运送装配式 PC 构件前往预定的施工工地。

③ 预制构件配送车辆到达指派的施工工地后，在施工方相关负责接收人员的组织下进行预制构件的吊装卸车。

④ 预制构件配送车辆卸车完毕后返回预制构件加工厂。

这四个基本作业流程，形成配送车辆的主要行走路径。受交通情况、路程远近、载重与否、预制厂内是否有可供调度车辆、施工工地是否能及时接货的影响，四个工作流程所花费的时间是不同的。除了这四个基本过程之外，由于装配式建筑施工进度常受施工技术人员、吊装机械设备资源以及其他条件限制，预制构件生产企业受自身的吊装设备、运输工具等约束，极有可能会出现由于调度不合理或者施工方原因引起的配送车辆等待与施工方等待 PC 构件现象。因此，在进行配送车辆调度安排时，必须考虑构件厂内可供调配的车辆数目、施工方的开始工作时间、施工方的时间要求等因素。

四、施工阶段

（一）装配式建筑施工特点

装配式建筑的施工方法和施工工艺与传统建筑有较大差别，其特点总结如下。

1. 施工人员数量大大减少

装配式建筑构件生产地点为工厂，施工现场吊装机械化程度较高，人工作业较少，能够大量减少施工人员数量。人员数量的减少更便于管理，减少施工不安全因素，降低发生安全事故的可能。

2. 建筑外立面工作量减少

装配式建筑一般使用 PC 混凝土预制外墙构件，无需进行砌体抹灰，工厂生产构件时已经完成涂刷、保温层、门窗安装等外立面工作，危险多发的建筑外立面的工作量和材料堆放量得以大量减少，施工安全更有保证，钢筋作业及混凝土作业量明显减少。

3. 垂直运输机械标准高需求大

预制构件单件质量大且预制构件数量多，选用的垂直运输机械性能要有保证，选择起重机的主要依据是构件的重量及安装高度，施工垂直运输机械的选用要兼顾费用支出。在施工过程中，要计算构件的安装强度，必要时对构件要采取加固措施。

4. 施工现场堆放构件量较大

工程所需预制构件量大件多，现场堆放地点需经过仔细认真规划，保证堆放的安全性，不影响正常施工材料的运输，堆放位置的调取便利性是正常装配施工的保证。

5. 施工中预制构件连接固定精度要求高

构件连接牢固程度不仅决定了建筑的质量也影响着施工安全，所以要保证构件连接的施工工艺，外墙构件临时支撑设备（即斜向支撑钢管、三角定位件）的质量及使用方法需有指导说明，施工过程中每个连接处都要细致地检查。

6. 施工工序复杂且难度大

装配式建筑施工主要有两种工序，一种是装配式构件随结构施工同步安装施工，另一种是先进行结构施工再安装混凝土构件。

装配式构件随结构施工同步安装施工首先吊装外墙构件再对现浇柱、梁进行施工，预制构件安装时的临时固定对技术有一定的要求，技术成熟才能对吊装误差有良好的控制。同一楼层施工完成，下一楼层的预制构件随后进行安装。先进行结构施工，再安装混凝土构件，先对部分梁柱进行施工，再安装预制外墙板及楼梯。

7. 安全防护措施更加严格

装配式建筑的外墙构件在工厂生产时已完成外饰面砖的铺设，所以外立面的装饰不需要传统操作的脚手架，采用非常规安全技术措施。采用先结构施工再安装构件的施工顺序，需要使用安全操作架完成柱梁先行施工的施工工序。

（二）装配式建筑施工工序

将传统的混凝土工程拆分成若干个混凝土预制构件，充分利用钢结构安装及连接的方式，对预制完的混凝土构件进行拼装，按标准化设计，将拆分的柱子、梁、楼板、楼梯、阳台等构件在工厂内预制生产好，再将构件批量运至拟建的施工现场，利用塔式起重机等起重设备进行构件的拼装，形成房屋的建筑部分。

产业化生产将建筑物拆分的预制构件加工完毕后，运输至施工现场，结合钢结构安装知识，进行组装，如图 2-8 所示。

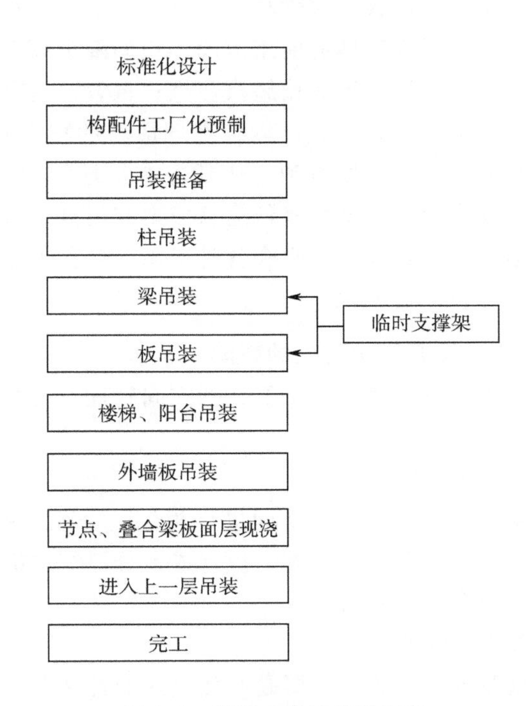

图 2-8　装配式建筑施工工序

五、运营维护阶段

（一）运营维护管理的含义

运营维护管理可以简称为运维管理，国外称为设施管理。运维管理是基于传统的房屋管理经过演变而来的。近几十年来，随着全球经济的快速发展和城市化建设的持续推进，人们的生活和工作环境越来越丰富多样，建筑实体功能呈现出多样化的发展现状，使得运维管理成为一门科学，发展成为整合人员、设备以及技术等关键资源的管理系统工程。到目前为止，运维管理在国内还没有完整的定义，有些学者给出“运维管理是整合人员、设施和技术，对人员工作、生活空间进行规划、整合和维护管理，满足人员在工作中的基本需求，支持公司的基本活动过程，增加投资收益”的解释。国外对运维管理也没有得到一个广泛认可的定义，几个比较有权威性的协会分别给出了运维管理的定义。

国际运营管理协会和美国国会图书馆：运维管理是以保持业务空间高品质的生活和提高投资效益为目的，以最新的技术对人类生活环境进行有效的规划、整理和维护管理的工作，它将人们的工作场所和工作任务有机地结合起来，是一门综合了工商管理、建筑科学和工程技术的综合学科。

英国运营管理协会：运维管理是通过整合组织流程来支持和发展其协议服务，用以提高其基本活动的有效性。

澳大利亚运营管理协会：运维管理是一种商业实践，它通过使人、过程、资产和工作环境最优化来实现企业的商业目标。

这些定义虽然看起来各不相同，但存在着一些共同认可的、涉及本质的内容。首先，运维管理是一个包含了多学科，综合人、地方、过程以及科技以确保建筑物环境功能的专门行业；其次，运维管理的应用范围不止局限于商业建筑、政府、医院等公用设施，它也包括工业园区、物流港等工业设施及住宅；再者，运维管理的目的在于保持业务空间高品质的生活和提高投资效益；最后，运维管理最新的技术对生活、工作环境进行规划、整合和维护管理，将人们的工作场所和工作任务有机地结合起来，其任务是通过简化企业的日常运营流程，协助客户最大幅度降低运营成本和提高运营收益。

运维管理就是通过整合各种资源，使各种资源达到最优化来满足使用者的各种需求，实现组织利益的最大化。

（二）运营维护管理的范畴

运维管理的范畴，主要包括空间管理、资产管理、维护管理、公共安全管理、能耗管理这五个方面。

1. 空间管理

空间管理主要是对空间进行规划、分配、使用等管理，满足企业在空间方面的各种需求，并计算空间相关成本，执行成本分摊等内部核算，增强企业各部门控制非经营性成本的意识，提高企业收益。

2. 资产管理

这里的资产管理主要是对建筑内的各种资产进行经营运作，降低资产的闲置浪费，减少和避免资产流失。

3. 维护管理

维护管理的任务主要包括建立设施设备基本信息库与台账，定义设施设备保养周期等特殊信息，建立计划对设施设备进行周期维护；对设施设备运行状态进行巡检管理并建立运行记录等信息；对出现故障的设备从维修申请到派工、维修、完工验收等实现全程管理。

4. 公共安全管理

公共安全管理需要应对火灾、自然灾害、非法侵入、重大安全事故和公共卫生事故等危害人们生命财产安全的各种突发事件，建立起应急及长效的技术防范保障体系。

5. 能耗管理

能耗管理主要是对建筑正常运行时数据采集、数据分析、报警管理等进行管理，采集统计各种数据，通过分析，当采集数据超过限值时，会发生报警，指导运维管理。

（三）运营维护管理与物业管理的关系

人们往往将生活中经常接触到的物业管理等同于运维管理，其实，现代的建筑运维管理与物业管理之间存在着本质上的区别。首先，两者面向的对象不同。物业管理面向的是建筑设施，而运维管理面向的对象则是组织的管理有机体，包括了人们日常生活和工作空间所涉及的所有活动，这是两者最重要的区别。其次，管理目标不同。物业管理的目标主要是为服务对象创造优质的办公和生活环境、保持资产的价值，而运维管理的目标是通过对组织的所有运维管理活动进行整合，在创造效益的同时，为所在组织的战略以及核心业务的发展服务。除此之外，两者在管理定位、管理方式等方面也存在着区别。

现代建筑运维管理与物业管理并不是完全孤立、毫无联系的。简单来说现代建筑运维管理中包含了物业管理的所有内容，同时又加入了一些新的内容，是比物业管理更全面、更深入、更高端的管理活动。

装配式建筑设计

第一节 装配式建筑设计理念

装配式建筑与一般的建筑有着根本性差异。一般建筑以钢筋、水泥等原材料和砌块等初级建筑材料为基础，设计具有很大的随意性，几乎不受限制，但这种无限可能的代价是最终交付成果的质量问题多、生产效率低、建筑寿命短。装配式建筑是诸多工业化建造方式中的一种，是一种高度集成的建造类型，装配式建筑的设计是基于工厂制造的部品部件（或称为构件）。这种原材料的差别，必然要求用创新的理念进行装配式建筑的设计，同时也必须创新设计方法、优化设计流程。

要做好装配式建筑，应建立以最终交付建筑物为成品的系统化和产品化理念；要做好装配式建筑，应采用系统化、一体化的设计方法。也就是说，在工程设计中应该全面地应用装配式建筑设计方法，而不是局部的、碎片化的设计，否则，必然会导致设计、生产、施工的矛盾和冲突。因此，对于装配式建筑的设计，必须要从装配式建筑的设计理念、方法、流程、要点及设计阶段和专业划分等方面全面学习和掌握装配式建筑设计。

一、系统工程理论

（一）系统理论概述

系统工程理论是工业化的思维和方法，是实现系统工程最优化的管理工程技术。21 世纪以来我国大型飞机、高铁、智能制造等重大工程，都是我国制造业全面和深入应用系统工程理论和方法的成功案例。今天，我们发展装配式建筑，就是要向制造业学习，建立起工业化的系统工程理论基础和方法，将装配式建筑作为一个完整的建筑产品进行研究和实践。

多年以来，我国的建筑设计行业与建筑部品生产、施工安装之间一直存在着脱节的问题。在近二十年的房地产大发展的过程中，这种现象越来越严重。建筑设计对规范和标准考虑得多，对加工生产、施工安装的需要考虑得少，这就导致在建设过程中出现很多问题，主要表现为生产效率低、材料浪费大、建筑质量不高。从系统角度看，主要原因有两个方面：

一方面，我国早期实行行业划分，建筑设计、加工制造、施工建造分属不同行业，分业管理，造成互相分隔、各自为政，产业链在技术和管理上整体呈现碎片化的特征；另一方面，受专业分工的影响，建筑、结构、机电设备、装饰装修等各专业之间协同不足，设计文件的完成度不高，专业之间错漏碰缺的问题十分普遍。另外，房地产快速发展推出的大量毛坯房，导致建筑设计成果也基本是半成品，更加拉低了建筑设计的质量。由于缺少整体的协同优化设计，无法提供功能完整的建筑产品，因此也阻碍了规模化、工业化、社会化的供应。总之，现有的建筑工程，没有形成真正完整的系统，子系统之间不连续、不协同加剧了问题的程度。另外，现行的建设管理体制缺少系统性，不适应新时代发展要求，直接影响了建设领域的高质量发展。

综上分析，当前建筑行业发展的主要问题在于系统性与碎片化的矛盾。制约建筑业向高质量发展的关键是各种技术要素均处于碎片化状态，缺乏系统性的整合，其发展的核心是如何实现系统性问题。因此，我们应将建筑作为一个复杂系统，以达到总体效果最优为目标，用系统集成的理论和方法，融合设计、生产、装配、管理及控制等要素手段，才能实现我国建筑工程的高效率、高效益、高质量和高品质。

装配式建筑是建造方式的重大变革。装配式建造方式具有工业制造的特征，所以需要建立以建筑为最终产品的系统工程理念，用工业化的设计思维和方法来建造房屋。装配式建筑的建造过程是一个产品生产的系统流程，要通过建筑师对建造全过程的控制，进而实现工程建造的标准化、一体化、工业化和高度组织化。毫无疑问，发展装配式建筑既是一场建造方式的大变革，也是生产方式的革新，更是实现我国建筑业转型和创新发展的必由之路。

（二）系统设计理念

系统工程理论是装配式建筑设计的基本理论。在装配式建筑设计过程中，必须建立整体性设计的方法，采用系统集成的设计理念与工作模式。系统设计应遵循以下原则。

1. 要建立一体化、工业化的系统方法

设计伊始，首先要进行总体技术策划，要先决定整体技术方案，然后进入具体设计，即先进行建筑系统的总体设计，然后再进行各子系统和具体分部设计。

2. 要把建筑当作完整的工业化成品进行设计

装配式建筑设计应实现各专业系统之间在不同阶段的协同、融合、集成、创新，实现建筑、结构、机电、内装、智能化、造价等各专业的一体化集成设计。

3. 要以实现工程项目的整体最佳为目标进行设计

通过综合各专业的系统，进行分析优化，采用信息化手段来构建系统模型，优化系统结构和功能质量，使之达到整体效率、效益最大化。

4. 要采用标准化设计方法，遵循“少规格、多组合”的原则进行设计

需要建立建筑部品和单元的标准化模数模块、统一的技术接口和规则，实现平面标准化、立面标准化、构件标准化和部品标准化。

5. 要充分考虑生产、施工的可行性和经济性

设计要充分考虑构件部品生产和施工的可行性因素，通过整体的技术优化，进而保证建筑设计、生产运输、施工装配、运营维护等各环节实现一体化建造。

（三）系统构成与分类

按照系统工程理论，装配式建筑需要进行全方位、全过程、全专业的系统化研究和实

践。应该把装配式建筑看作一个由若干子系统集成的复杂系统。

装配式建筑系统构成主要包括：主体结构系统、外围护系统、内装系统、机电设备系统四大系统。

① 主体结构系统按照材料不同分为混凝土结构、钢结构、木结构和各种组合结构；

② 外围护系统分为屋面子系统、外墙子系统、外门窗子系统和外装饰子系统等，外墙子系统按照材料与构造的不同，也可分为幕墙类、外墙挂板类、组合钢（木）骨架类和三明治外墙类等多种装配式外墙系统；

③ 内装系统主要由集成楼地面子系统、隔墙子系统、吊顶子系统、厨房子系统、卫生间子系统、收纳子系统、门窗子系统和内装管线子系统等 8 个子系统组成；

④ 机电设备系统包括给排水子系统、暖通空调子系统、强电子系统、弱电子系统、消防子系统和其他子系统等，按照装配式的发展思路，机电设备系统的装配化应着重发展模块化的集成设备系统和装配式管线系统。

装配式建筑涉及规划设计、生产制造、施工安装、运营维护等各个阶段，需要全面统筹设计方法、技术手段、经济选型。

二、系统设计方法

（一）标准化设计

标准化设计是装配式建筑工作中的核心部分。标准化设计是提高装配式建筑的质量、效率、效益的重要手段，是建筑设计、生产、施工、管理之间技术协同的桥梁，是装配式建筑在生产活动中能够高效率运行的保障。因此，发展装配式建筑必须以标准化设计为基础。

发展装配式建筑是建造方式的重大变革，是以标准化、信息化的工业化生产方式代替粗放的半手工、半机械建造方式。装配式建筑通过设计标准化、生产工厂化、建造装配化，实现建造全过程工业化，优化整合产业链的各个环节，实现项目整体效益最大化。

标准化设计方法的建立，是实现建筑标准化、系列化和集约化的开始，有利于建筑技术产品的集成，实现从设计到建造，从主体到内装，从围护系统到设备管线全系统、全过程的工业化。

标准化设计是实现社会化大生产的基础，专业化、协作化必须在标准化设计的前提下才能实现。装配式建筑是以房屋建筑为最终产品，其生产、建造过程必须实行多专业的协作，并由不同的专业生产企业协作完成，协调统一的基础就是标准化设计。同时，部品部件的生产、制作也必须标准化，才有可能达到较高的精细化程度。因此，只有建立以标准化设计为基础的工作方法，装配式建筑的工程建设才能更好地实现专业化、协作化和集约化，这是实现社会化大生产的前提。

标准化设计有助于解决装配式建筑的建造技术与现行标准之间的不协调、不匹配、甚至相互矛盾的问题；有助于统一科研、设计、开发、生产、施工和管理等各个方面的认识，明确目标，协调行动，进而推动装配式建筑的持续、健康发展。

（二）一体化设计

一体化设计，也叫作系统集成设计，是指以设计的房屋建筑为完整的建筑产品对象，通过建筑、结构、机电、内装、幕墙、经济等各专业实现一体化协同设计，并统筹建筑设计、部品生产、施工建造、运营维护等各个阶段，充分考虑建筑全生命周期的问题。

一体化协同设计采用建筑信息模型（BIM）技术，能够实现各专业之间的高效协同与配合。一方面，一组协同的BIM模型可被各个专业共同使用，能够完整地描述工程设计对象，真实反映建筑产品的信息。BIM技术为建筑工程提供了一种基于计算机模拟的可视化建筑模型，帮助各专业改进和优化设计，提高设计、施工和运维的质量，减少浪费，创造价值。另一方面，BIM技术可以作为沟通协同的工作方式，为建筑产品提供多方可以在同一个平台上协作的工作平台，创造一种新型的项目管理和协作模式。

一体化设计在工程项目的各个设计阶段，应充分考虑装配式建筑的设计流程特点及项目技术经济条件，对建筑、结构、机电设备及室内装修进行统一考虑，保证室内装修设计、建筑结构、机电设备及管线、生产、施工形成有机结合的完整系统，实现装配式建筑的各项技术系统得到协同和优化。

（三）系列化设计

系列化设计是标准化设计的延展。通过分析同类建筑的规律，分析其功能、需求、构成要素和技术经济指标，归纳总结出结构基本形式、空间组合关系、立面构成逻辑、机电设备选型和内装部品组合，并做出合理的选择、定型、归类和规划，这一过程即为系列化设计。系列化设计包括模数协调系列、建筑标准系列等内容。

装配式建筑的系列化设计与工业产品的系列化设计相比，内容更加宽泛，既可以是整体的系列化设计，也可以是部分的系列化设计。比如，保障性住房基于面积划分的套型系列，既包括住宅面积、空间、配套等的系列化，也包括机电设备、装饰装修等的系列化。许多房地产开发企业会界定不同的投资标准、建设标准和售价标准，制定不同的产品系列。

建筑系列化首先需要选择对建设对象起到主导作用的参数，如造价、性能、配置等，然后对这些参数进行分档、分级，确定合理的规格、形制和建设标准，以满足建设和使用的需要，为指导用户选择提供依据，并用于指导设计、生产、施工和销售。系列化设计就是实现建筑系列化的设计过程。

（四）多样化设计

纵观建筑发展史，建筑多样化是人类的不同种群在多样化的自然环境中发展演变而形成的。最早的“巢居”“穴居”“棚屋”“干栏式房屋”等作为庇护所的建筑，均是人类的祖先利用其现有的生存条件，因地制宜发展起来的。人类生存环境的多样化，造就了古代建筑的多样化。以古希腊、古罗马、古代中国等为代表的经典建筑，就是这些地区受到气候、水文、地理、建材、资源环境等物理条件和战争、灾害等历史条件的影响而产生的建筑多样化典范。

近现代以来，随着人类社会的发展进步，在工业化、信息化和互联网等的冲击下，以地球村为特点的全球化浪潮，削弱了人类文化的多样性。在此背景下，日益活跃的全球化建筑活动，形成了“国际式”“千城一面”“千篇一律”等与建筑多样化相对立的建筑现象。因此，建筑创作需要更加关注地域性、历史性、民族性、人文性的元素，在全球化浪潮中保持建筑的本土性和多样化。

在装配式建筑发展中，多样化与标准化是对立统一的矛盾体，既要坚持建筑标准化，又要做到建筑多样化，的确不易。梁思成先生在《千篇一律与千变万化》一文中的论述，比较清楚地说明了标准化和多样化的辩证关系，“在艺术创作中，往往有一个重复和变化的问题，只有重复而无变化，作品就必然单调枯燥；只有变化而无重复，就容易陷于散漫零乱”。在建筑创作中，标准化就像七个音符和各种音调，多样化就像用这些音符和音调谱成的乐章，既有标准和规律，又能做到千变万化。建筑标准化包括建筑功能多样化、空间多样化、风格多样化、平面多样化、组合多样化和布局多样化等。

第二节　装配式建筑设计流程

一、装配式建筑与一般建筑的区别

（一）一般建筑的设计流程

一般的建筑设计过程可以分为三个阶段——前期阶段、设计阶段和服务配合阶段。前期阶段主要是确认设计任务，一般以签订设计合同为标志，是本阶段的结束，同时也是设计阶段的开始。设计阶段一般分为方案设计、初步设计（扩大初步设计）、施工图设计三个阶段，这个阶段以交付完成的施工图纸为标志。服务配合阶段一般指交付正式的施工图纸到竣工验收之间，配合工程招标、技术交底、确定样板、分部分项验收，直至竣工验收等一系列的设计延伸服务工作，如图 3-1 所示。

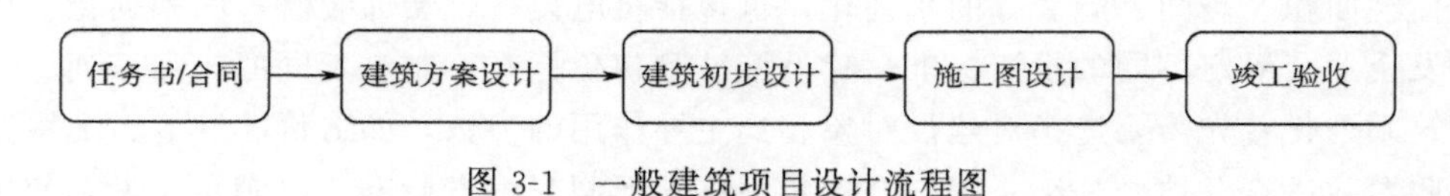

图 3-1　一般建筑项目设计流程图

在实际工作中，许多建筑项目被切割成多个不同的段落（图 3-2），不同的设计单位负责不同的任务。如果项目的管理者有很强的组织和统筹能力，这样的建筑项目往往能够取得不错的结果。但是，很多项目的统筹管理并不理想，结果管理的碎片化导致大量的冲突，重复工作、大量变更的情况比比皆是，项目超支、质量低下也是普遍现象。

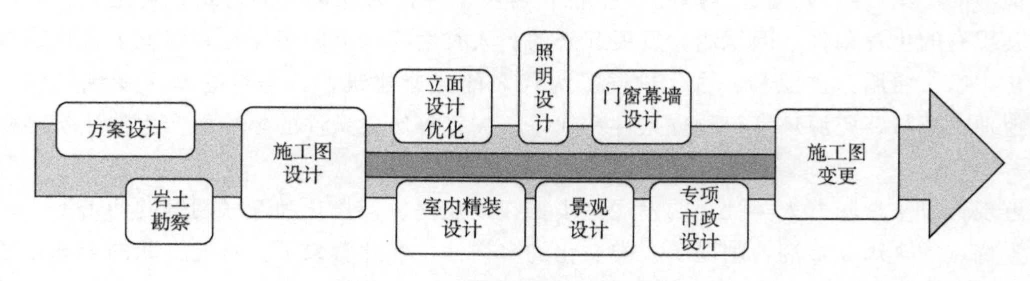

图 3-2　建筑项目设计管理碎片化图

（二）装配式建筑设计流程

装配式建筑与一般建筑相比，在设计流程上多了两个环节——建筑技术策划和部品部件深化与加工设计，如图 3-3 所示。

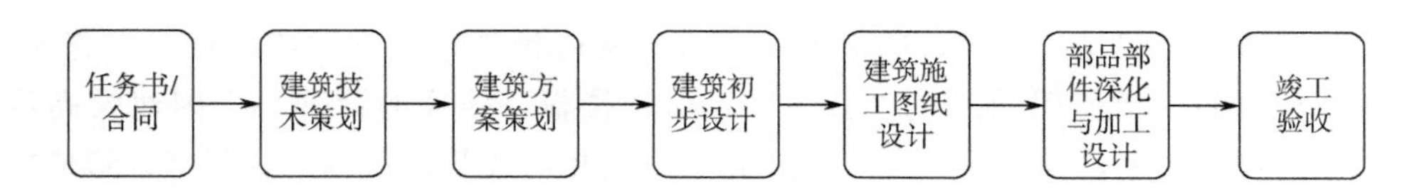

图 3-3　装配式建筑设计流程

二、技术策划

技术策划是装配式建筑建造过程中必不可少的部分，也是与一般建筑设计项目相比差异最大的内容之一。以往的实践中，对此重视不足，或者就没有做技术策划，结果导致建设过程中出现许多问题难以解决。技术策划应当在设计的前期进行，主要是为了能够全面、系统地统筹规划设计、部件部品生产、施工安装和运营维护全过程，对装配式建筑的技术选型、经济可行性和施工安装的可行性进行评估，从而选择一个最优的方案，用于指导建造过程。所以，技术策划可以说是装配式建筑的建设指南。

（一）技术策划总体目标

技术策划的总体目标是在满足工程项目的建筑功能、安全适用、经济合理和美观的前提下，实现经济效益、环境效益和社会效益最大化。技术策划应以保障安全、提高质量、提升效率为原则，通过综合分析和比较，确定可行的技术配置和适宜的建设标准。

相对传统建造方式而言，装配式建筑的技术约束条件更多、更复杂，因此在项目启动前期做全面的技术策划十分必要。

项目前期技术策划最好在项目规划审批立项之前启动，在方案设计的过程中不断优化和完善。

全面协调的技术策划能够实现节约劳动力成本，缩短建造工期，提升建筑工程的质量、效率和效益的目的，切实发挥工业化建造的优势。因此，对于项目技术实施方案的经济性与合理性，生产组织和施工组织的计划性，设计、生产、运输、存放、施工等工序衔接的协同性，在前期技术策划过程中要全面系统地进行研究和评估，并制定完整的技术策划方案。

（二）技术策划主要内容

技术策划应对项目定位、技术路线、成本控制、效率目标等做出明确要求，对项目所在区域的构件生产供应能力、施工装配条件与能力、现场运输与吊装条件等进行技术评估，技术策划的具体内容主要包括以下几方面。

1. 结构选型的合理性

一般来说，技术策划要首先满足建筑使用功能的要求，还要符合标准化设计的要求。结构选型是技术策划的最核心的内容之一，合理的结构选型对提高建筑的适用性和经济性非常重要。

以装配式混凝土结构为例，结构形式分为装配式框架结构、装配式剪力墙结构、装配式框架-剪力墙结构等。高层住宅建筑选用装配式剪力墙结构是当前最通行的做法，但也不是唯一的选择，可以根据项目需要选择框架或框剪结构。公共建筑多采用框架结构或框架-剪力墙结构。装配式混凝土建筑，应在技术合理、经济可行、提高效率的前提下，尽可能提高预制构件的比例，减少现浇工法的比例，减少施工过程中干湿两种施工工法造成的工种增加、工序烦琐的问题，充分发挥装配化施工的优势。

对装配式剪力墙结构的住宅，应优先采用水平构件预制，充分发挥厚板、大跨的优势，为住宅内部空间的灵活使用和改造创造条件。由于楼板、楼梯的荷载不会因建筑高度而改变，生产工艺相对简单，具备标准化、通用化、系列化的优势，可以统一规格，形成标准图集，进行跨项目的社会化生产，有利于生产厂家有效利用空余产能，也有利于建设企业提高采购效率、降低采购成本。其次，采用预制剪力墙的住宅，应优先进行外墙预制，发挥预制外墙质量好、精度高、耐久性好的优势。同时，避免造成外墙施工出现预制和现浇两种工艺，工序复杂，互相干扰，难以降低成本。

2. 部品部件生产和运输的可行性

结构预制构件的体积和重量一般都比较大，因此，需要综合分析预制构件的种类，根据本地区的生产条件、生产规模、生产能力的实际情况，确定预制构件的结构形式、几何尺寸、重量、连接方式。

要综合考虑预制构件厂与项目的距离及运输条件，一般合理的运输半径在 150～200km 范围内，同时要充分考虑市政道路的运输条件，以及项目进出场地的便利条件。

3. 施工组织过程的计划与易建性

施工组织计划的制定，要充分考虑设计与施工的协调配合，科学组织安排施工流程，合理安排施工工期，保证各工序的穿插作业和有序衔接，提高施工效率。

主体结构施工方案的制定，要在保证结构安全的前提下，首先服从施工的便利性，充分考虑施工的易建性，优化结构的合理性。

要充分考虑施工现场具备构件临时存放场地和运输条件，确定预制构件现场堆放方案以及吊装作业的可行性。

4. 工程造价与项目整体效益的平衡

目前阶段，装配式建造方式与一般的现浇建造方式相比会产生一定的增量成本，这也是当前发展装配式建筑遇到的最大瓶颈和障碍。因此，全面科学地认识装配式建筑的增量成本和项目效益问题，对促进装配式建筑的发展非常重要。

装配式建筑的直接成本增加有其必然性。首先，由于社会和经济的全面发展，人工成本不断上涨，长期来看，这是不可逆转的趋势，一些地区和企业近年来遭遇的用工荒是这个问题的写照。现浇方式的建筑安装成本也在逐年上涨，只是还没有到达与装配式建筑持平的交叉点。从我国东部一线城市的情况看，现在距交叉点的到来已经不远了，这也是为什么许多建设企业考虑转型升级的原因。其次，装配式建筑因为精度高、质量好，实际的建设标准比现浇建筑高，因此，造价的增加是质量提升的反映。最后，由于装配式混凝土建筑的结构构件是在工厂中生产的，与在现场施工的方式相比，构件要考虑脱模、养护、堆放、运输、安装等各种不同的工况，钢筋和混凝土的材料用量一定会比现浇施工的单一工况略有增加，另外生产环节的税费也是增量成本中的新增部分。综合以上因素，装配式建筑的建筑安装成本是不可能比现浇建筑更低的。

另一方面，从施工角度看，虽然装配式建筑在预制构件的生产和运输上产生了部分增量成本，但也要看到由于建筑质量好，使得现场人工、抹灰量、外脚手架、材料浪费等成本大大减少。这些减量成本，随着人工费用的增加，对抵消装配式建筑的一部分增量成本的作用也越来越大。

那么，是不是意味着装配式建筑工程造价高，项目的整体效益就差呢？评价项目的效益不能单看建筑安装成本，必须考虑资金的时间因素。装配式建筑的生产效率高、工期短，占用资金少，对提高项目效益具有更大作用。因此，装配式建筑提升项目效益的首要因素是缩短项目建设期，围绕着这一目标，通过标准化设计降低实施难度，做好项目的设计、生产、施工组织管理，提高协同效率，通过施工组织穿插提效，力争缩短建设周期，提高资金的利用效率，提升项目效益。

另外，评价项目的综合效益不仅要考虑建设期间的投入，还要考虑运营维护的支出和收益。从建筑全生命周期来看，如果将运营维护阶段的费用一起计算的话，建设阶段的费用仅占总支出的30%～40%。因此，提高建筑的耐久性，降低维修维护的费用具有重要的意义。装配式建筑在建设阶段的投入相对较大，但由于建造精度高，质量好，相比采用现浇工法的建筑，能够大大提高建筑的耐久性。从这个角度来讲，装配式建筑更省钱。

因此，评估项目的经济性，不能只看到构件的增量成本，就片面地断言装配式建筑成本高，更应该重视装配式建筑带来的质量提升、寿命提高，应重点研究如何缩短工期，节约资金占用，降低资金成本。装配式建筑对提高项目综合效益的作用不是一般建筑所能做到的。

另外，在装配式建筑发展初期，建筑安装成本较高的一个重要原因是行业处于学习曲线的初期，企业还没有完全掌握技术，缺乏专业队伍和熟练工人，没有建立现代化企业管理模式。当行业有了一定规模，企业具备了这些能力，装配式建筑的综合效益一定会优于传统的建造方式。

三、部品部件深化设计

部品部件深化设计是装配式建筑设计独有的设计阶段，其主要作用是将建筑各系统的结构构件、内装部品、设备和管线部件以及外围护系统部件进行深化设计，完成能够指导工厂生产和施工安装的部品部件深化设计图纸和加工图纸。

目前国内外围护系统中的幕墙设计相对比较成熟，形成了以专业幕墙设计单位和幕墙生产厂家提供深化设计服务的格局，以湿法作业为主的传统装修也有相对成熟的设计服务。而结构构件的深化加工设计、装配式内装的深化设计、设备和管线装配化加工和安装的深化设计还处于起步阶段，尤其是结构构件的深化设计，具备此设计能力的设计单位不多，做得比较好的更少。这是制约装配式建筑发展的一个瓶颈。

部品部件和预制构件的深化设计，是装配式建筑设计区别于一般建筑设计，具有高度工业化特征，更加类似于工业产品的设计，因而具有独特的制造业特征。要想做好深化设计，必须了解部品部件和预制构件的加工工艺、生产流程、运输安装等各环节的要求。因此大力加强深化设计的能力、培养深化设计的专门人才是装配式建筑发展紧要的任务。

在部品部件深化设计之后，部品部件生产企业还应根据深化设计文件，进行生产加工的设计，主要根据生产和施工的要求，进行放样、预留、预埋等加工前的生产设计。

四、装配式建筑协同设计

与一般建筑的设计相比，装配式建筑设计涉及的专业更多，除了建筑、结构、给排水、暖通、电气五个专业外，还需要增加室内、幕墙、部品部件和造价等四个专业，进行同步协同设计。

装配式建筑的设计应按照项目管理的理论，采用项目管理的工具和方法进行组织和协调。由于装配式建筑的部品部件主要在工厂生产，这就要求在生产之前部品部件的设计必须完成。而一旦启动了生产，临时的变更就会因为代价高昂而不具备可行性。因此，部品部件的设计成为生产之前最重要的一个制约因素。相反，一般的现浇建筑，只要还没有施工，更改就有可能。装配式建筑不能随意更改的特点，恰恰是工业化生产的基本要求。因此，设计工作必须协同进行。

对于装配式混凝土建筑来说，预制混凝土构件受到设备管线预埋的制约，就要求在构件深化设计进行之前，室内装修的施工图设计应该完成。同样在主体结构上需要为外墙部件预留和预埋的连接件，也应在预制混凝土构件生产前做好设计，这就要求外墙的深化设计也要在结构构件的深化设计之前确定下来。一般来说，在建筑概念方案设计时，室内装修和外墙的设计工作就要启动，建筑初步设计开始前，室内装修方案应该确定。

装配式建筑设计组织可以利用专门的项目管理软件，将多个专业的工作流程进行协同管理。重点需要关注的是专业之间的互提条件接口，控制好这些关键点，装配式建筑的设计就会比较顺畅，反之，工作很容易陷入“打乱仗”的状态。

第三节　装配式建筑设计方法

一、标准化设计方法

（一）总体概述

标准化是工业化的基础，没有标准化就无法实现规模化的高效生产。同理，设计的标准化也是实现装配式建筑目标的起点。一些建筑为了追求所谓的个性化，漠视工业化生产的规律，造成构件种类多、模具利用效率低，建设成本居高不下；也有一些项目，在标准化设计方面做得很好，取得了良好的效益。这些经验和教训从两方面证明，要想做好装配式建筑，必须先做好标准化设计。

那么，什么是标准化设计呢？标准化设计是一个设计方法，即采用标准化的构件，形成标准化的模块，进而组合成标准化的楼栋，在构件、模块、楼栋等各个层面上进行不同的组合，形成多样化的建筑成品，这种具有工业化特征的建筑成品也可以叫作建筑产品。

标准化设计首先要坚持少规格、多组合的原则。少规格的目的是提高生产的效率，减少工程的复杂程度，降低管理的难度，降低模具的成本，为专业之间、企业之间的协作提供一个相对较好的基础。多组合是为了提升适应性，以少量的部品部件组合形成多样化的产品，以满足不同的使用需求。

（二）标准化设计方法

标准化设计可从以下三个层面进行。

1. 楼栋单元标准化

许多建筑具有相似或相同体量和功能，可以对建筑楼栋或组成楼栋的单元采用标准化的设计方式。住宅小区内的住宅楼、教学楼、宿舍、办公、酒店、公寓等建筑物，大多具有相同或相似的体量、功能，采用标准化设计可以大大提高设计的质量和效率，有利于规模化生产，合理控制建筑成本。

2. 功能模块标准化

许多建筑，如住宅、办公楼、公寓、酒店、学校等，建筑中许多房间的功能、尺度基本相同或相似，如住宅厨房、住宅卫生间、楼电梯交通核、教学楼内的盥洗间、酒店卫生间等，这些功能模块适合采用标准化设计。

3. 部品部件标准化

部品部件的标准化设计主要是指采用标准的部件、构件产品，形成具有一定功能的建筑系统，如储藏系统、整体厨房、整体浴房、地板系统等。结构构件中的墙板、梁、柱、楼板、楼梯、隔墙板等，也可以做成标准化的产品，在工厂内进行批量规模化生产，应用于不同的建筑楼栋。

部品的标准化是在部件、构件标准化上的集成。功能模块的标准化是在部品部件标准化上的进一步集成，楼栋单元的标准化是大尺度的模块集成，适用于规模较大的建筑群体。

（三）标准化设计内容

装配式建筑标准化设计应贯穿工程建造的全过程、全系统。

1. 从工程设计的全过程看标准化设计内容

① 方案阶段的标准化设计应着重于建筑功能的标准化和功能模块的标准化，确定标准化的适用范围、内容、量化指标和实施方案。

② 初步设计阶段的标准化设计应着重于建筑单体或功能模块标准化，并就建筑结构、围护结构、室内装修和机电系统的标准化设计提出技术方案，并进行量化评估。

③ 施工图阶段的标准化设计应着重优化建筑材料、做法、工艺、设备、管线，并对构件部品的标准化进行量化评价，并进行成本的优化。

④ 构件部品加工的标准化设计应着重提高材料利用率、提高构件部品的质量、提高生产效率、控制生产成本。

⑤ 施工装配的标准化设计应着重提高施工质量、提高施工效率、保障建筑安全。

2. 从装配式建筑全系统看标准化设计内容

标准化设计从建筑全系统看，主要包括平面、立面、构件和部品四个方面的标准化设计。其中，平面标准化是实现其他标准化的基础和前提条件。

① 建筑平面标准化。建筑平面标准化的组合实现各种功能的户型。平面设计的标准化是通过平面划分，形成若干标准化的模块单元（简称标准模块），然后将标准模块组合成各种各样的建筑平面，以满足建筑的使用需求。最后通过多样化的模块组合，将若干标准平面组合成建筑楼栋，以满足规划和城市设计的要求。

② 建筑立面标准化。建筑立面标准化通过组合实现立面多样化。建筑立面是由若干立面要素组成的多维集合，通过利用每个预制墙所特有的材料属性，通过层次和比例关系表达建筑立面的效果。装配式建筑的立面设计，要分析各个构成要素的关系，按照比例变化形成一定的秩序关系，一旦形成预期的秩序，立面的划分也就确定下来，建筑自然也就获得了自己的形式。在立面设计中，材料与构件的特性往往成为设计的出发点，也是建筑形式表达的重要手段（图 3-4）。

图 3-4　装配式建筑立面

装配式建筑的立面设计，可以选择几种不同尺寸的预制外墙标准构件，选择装饰混凝土、清水混凝土、涂料、面砖或石材反打等不同的工艺，进行排列组合，就能够形成千变万化的效果。预制阳台也是立面的重要元素，可以通过进深、面宽、空间位置的变化，提供多种选择。由于部品部件和构件在工厂预制，一些个性化要求高或现场难以实现的构件，在工厂制作难度低、质量高，很容易满足建筑的个性化要求，建筑师完全可以将这样的一些构件进行个性化的创作，形成独特的效果，打破装配式建筑千篇一律的刻板印象，满足城市对建筑形式的多样化和个性化需求。

③ 预制构件标准化，装配式建筑的构件设计可以采用信息化手段进行分类和组合，建立构件系统库，对优化房屋的设计、生产、建造、维修、拆除、更新等流程，提高工程项目管理的效率大有帮助。构件分类系统库能够使建筑设计和建造流程变得更加标准化、理性化、科学化，减少各专业内部、专业之间因沟通不畅或沟通不及时导致的错漏碰缺，提升工作效率和质量。

以标准构件为基础进行建筑设计，可以优化房屋的设计、生产、装配流程，并使整个工程项目管理更加高效。在方案修改过程中替换相应的构件，构件之间的逻辑关系并不发生根本性的改变。在技术设计环节中，可以从构件分类系统库里选取真实的构件产品进行设计，可以大大提高设计准确性和效率。当构件分类系统库中的构件不能满足相应的建筑要求时，可以通过市场调研，和相关企业合作研发新构件，在通过相关专业规范验证和产品技术论证后，存入构件分类系统库中，以备下次使用。在新构件研发之初，也会通过实际工程项目来验证其合理性。在施工环节中，由于构件分类系统库中的构件都是成熟的建筑产品，施工企业提取相应的技术图纸进行标准化的建造与装配。在生产环节中，生产单位按照相配套的技术图纸和产品说明书进行标准化的生产。在管理过程中，管理人员参照构件分类系统库里每个构件相匹配的技术图纸和产品说明书来管理工程项目中的设计、建造、装配、生产环节。

④ 建筑部品标准化，建筑部品标准化使生产、施工高效便捷。建筑部品标准化要通过集成设计，用功能部品组合成若干小模块，再组合成更大的模块。小模块划分主要是以功能单一部品部件为原则，并以部品模数为基本单位，采用界面定位法确定装修完成后的净尺寸。部品、小模块、大模块以及结构整体间的尺寸协调通过“模数中断区”实现。在此原则基础上，采用部品标准化的设计方法。

二、模数与模数协调

模数和模数协调是建筑工业化的基础，用于建造过程的各个环节，在装配式建筑中显得尤其重要。没有模数和模数协调，就不可能实现标准化。建筑模数不仅用于协调结构构件与构件之间、建筑部品与部品之间以及预制构件与部品之间的尺寸关系，还有助于在预制构件的构成要素（钢筋网、预埋管线、点位等）之间形成合理的空间关系，避免交叉和碰撞。通过模数协调可以优化部品部件的尺寸，使设计、制造、安装等环节的配合趋于简单、精确，使得土建、机电设备和装修的一体化集成与装修部品部件的工厂化制造成为可能。

（一）模数基本概念

模数是为了使不同材料、不同形式和不同制作方法的建筑构配件、部品和组合件实现工业化大规模生产，具有一定的通用性和互换性，并作为设计、生产、施工的协调尺寸依据所规定的尺寸基数。

1. 基本模数

建筑模数协调统一标准中的基本数值，用 M 表示，1M=100mm。

2. 扩大模数

它是导出模数的一种，其数值为基本模数的倍数。为了减少类型、统一规格，扩大模数一般按 2M、3M 选用。其中，水平扩大模数为 3M、6M、12M、15M、30M、60M 等 6 个，其相应的尺寸分别为 300mm、600mm、1200mm、1500mm、3000mm、6000mm。竖向扩大模数的基数为 3M、6M 两个，其相应的尺寸为 300mm、600mm。

3. 分模数

它是导出模数的另一种，其数值为基本模数的分数倍。为了满足细小尺寸的需求，分模数选用 M/2（50mm），M/10（10mm），主要用于截面尺寸、缝隙尺寸和制品尺寸。模数数列如表 3-1 所示。

表 3-1　模数数列

数列名称	模数	幅度	进级/mm	数列/mm	适用范围
水平基本模数数列	1M	1～20M	100	100～20000	门窗构配件截面
竖向基本模数数列	1M	1～36M	100	100～3600	建筑物的层高、门窗和构配件截面
水平扩大模数数列	3M	1～75M	300	300～7500	开间、进深；柱距、跨度；构配件尺寸、门窗洞口
	6M	1～96M	600	600～9600	
	12M	1～120M	1200	1200～12000	
	15M	1～120M	1500	1500～12000	
	30M	1～360M	3000	3000～36000	
	60M	1～360M	6000	6000～36000	
竖向扩大模数数列	3M	不限			建筑物的高度、层高、门窗洞口
	6M	不限			
分模数数列	1/10M	1/10～2M	10	10～200	缝隙、节点构造、构配件截面
	1/5M	1/5～4M	20	20～400	
	1/2M	1/2～10M	50	50～1000	

4. 标志尺寸

标志尺寸是符合模数数列的规定，用以标注建筑物定位轴线之间的距离（开间、进深、柱距、跨度、层高等），以及建筑构配件、建筑组合件、建筑制品、有关设备位置界限之间的尺寸。

5. 构造尺寸

构造尺寸是建筑构配件、建筑组合件、建筑制品等的设计尺寸。一般情况下，标志尺寸减去缝隙或加上支撑尺寸即为构造尺寸。缝隙尺寸的大小宜符合模数数列的规定。

6. 实际尺寸

实际尺寸是建筑构配件、建筑组合件、建筑制品等生产制作后的实有尺寸，实际尺寸与构造尺寸之间的差数应符合建筑公差的规定。

（二）模数协调方法

模数协调是指应用模数及模数数列，达到生产活动各环节之间的尺寸协调。协调不仅是一个过程，还包括建设、管理、设计、施工等各方共同认同的尺寸定位结果。模数协调还有利于实现建筑部件的通用和互换，使通用化的部件可用于多个不同的建筑。同时，规格化、定型化部件的大批量生产有助于提高质量，降低成本。

装配式建筑要实现结构系统、外围护系统、内装系统、设备和管线系统的一体化，需要进行集成设计，集成设计的基础就是模数协调。不论是建筑的外围护系统还是内部空间，其界面大都处于二维模数网格中，简称平面网格。不同的空间界面按照装配部件的不同，采用不同参数的平面网格。平面网格之间通过平、立、剖面的二维模数整合成空间模数网格。主要的二维模数协调方法有以下几种。

1. 平面设计的模数协调

建筑的平面设计应采用基本模数或扩大模数，实现建筑主体结构和建筑内装修之间的整体协调，做到构件部品设计、生产和安装等相互尺寸协调。为降低构件和部品种类，便于设计、加工、装配的互相协调，楼板厚度的优先尺寸为130mm、140mm、150mm、160mm、170mm、180mm，长度和宽度模数与开间、进深模数相关；内隔墙厚度优先为100mm、150mm、200mm，高度与楼板的模数数列相关。

过去我国在平面设计上模数多采用3M（300mm），设计的灵活性和建筑的多样化受到了较大的限制。目前为了适应建筑多样化的需求，增加设计的灵活性，模数多选择2M（200mm）、3M（300mm）。但是在住宅的设计中，根据国内墙体的实际厚度，结合装配整体式住宅的特点，建议采用2M+3M（也可以替换为1M、2M、3M）灵活组合的模数网格，以满足住宅建筑平面功能布局的灵活性及模数网格的协调。

2. 立面设计的模数协调

建筑沿高度方向的部件应进行模数协调，采用适宜的模数及优先尺寸。建筑物的高度、层高和门窗洞口的高度宜采用竖向模数或竖向扩大模数数列，且竖向扩大模数数列应选用nM。部件优先尺寸的确定应符合层高和室内净高的优先尺寸系列宜为nM的规定。建筑沿高度方向的部件或分部件定位应根据不同条件确定基准面，同时建筑层高和室内净高宜满足模数层高和模数室内净高的要求。

立面高度的确定涉及预制构件及部品的规格尺寸，应在立面设计中认真贯彻建筑模数协调的原则，定出合理的设计参数，以保证建设过程在功能、质量和经济效益方面获得优化。

室内净高应以地面装修完成面与吊顶完成面为基准面来计算模数高度。为实现垂直方向的模数协调，达到可变、可改、可更新的目标，需要设计成符合模数要求的层高。

3. 部品部件的模数协调

所有的部品部件要集成为一个系统，离不开模数协调。同时，通过模数协调，才能实现部品部件接口的标准化，实现其通用化和互换性。确定部品部件定位及尺寸协调的一般要求如下：

① 对于建筑主体结构宜采用中心线定位法。框架结构柱子间设置的分户墙和分室隔墙一般宜采用中心线定位法，当隔墙的一侧或两侧要求模数空间时宜采用界面定位法。

② 主体结构部件的水平定位宜采用中心定位方式，竖向定位方式宜采用界面定位法。

③ 住宅厨房和卫生间的内装部品（厨具橱柜、洁具、固定家具）、公共建筑的家具式隔断空间、模块化吊顶空间等，宜采用界面定位方式，以净尺寸控制模数化空间，其他空间的部品可采用中心定位来控制。

④ 门窗、栏杆、空调百叶等外围护部品，应采用模数化的工业产品，并与门窗洞口、预埋节点等的模数规则相协调，宜采用界面定位方式。

三、模块和模块组合

（一）模块基本概念

关于模块的定义有很多种，一般认为，模块是系统的组成部分，是具有某种确定功能和接口结构的通用独立单元。对于建筑而言，根据功能空间的不同，可以将建筑划分为不同的空间单元，再将相同属性的空间单元按照一定的逻辑组合在一起，形成建筑模块，单个模块或多个模块经过再组合，这就构成了完整的建筑。模块应具有以下特征。

1. 模块是工程的子系统

模块是构成系统的单元，也是一种能够独立存在的由一些零部件组装而成的部件单元。它不仅可以自成一个小系统，而且可以组合成一个大系统。模块还具备从一个系统中拆卸、分拆和更替的特点。如果一个单元不能够从系统中分离出来，那么它就不能称之为模块。

2. 模块是具有明确功能的单元

虽然模块是系统的组成部分，但并不意味着模块是对系统任意分割的产物。模块应该具有某种独特的、明确的功能，同时这一功能能够不依附其他功能而相对独立存在，也不会受到其他功能的影响而改变自身的功能属性。

3. 模块是建筑单元的一种标准化形式

模块与一般构件的区别在于模块的结构具有典型性、通用性和兼容性，并可以通过合理的组织构成系统。

4. 模块间具有通用性的接口，以便构成系统

模块应具有能够传递功能、组成系统的接口。设计和制造模块的目的就是要用它来组成系统。系统是模块经过有机结合组织而构成的一个有序的整体，其间的各个模块应该既有相对独立的功能，彼此之间又具有一定的联系。

（二）模块组合方法

系统是由若干子系统和系统模块组成，模块组合的过程是一个解构及重构的过程。简言

之就是将复杂的问题自上而下地逐步分解成简单的模块，被分解的模块又可以通过标准化接口进行动态整合重构成一个独立模块。被分解的模块具备以下特征。

1. 独立性

模块可以单独进行设计、分析、优化等。

2. 可连接性

模块可以通过标准化接口进行相互联系，通过组织骨架的联系界面重新构建一个新的系统。接口的可连接性往往是通过逻辑定位来实现的，逻辑定位可以理解为模块的内部特征属性。

3. 系统性

模块是系统的一个组成部分，在系统中模块可以被替代、被剥离、被更新、被添加等，但是无论在什么情形下，模块与系统间仍然存在内在的逻辑联系。

4. 可延展性

模块可以根据需要不断扩充子模块的数量及功能，可以形成一个模块数据库并不断进行更新和管理。通用的模块不断被延展扩充，是解决工业化定制生产的重要前提。

模块及模块组合中，还存在模数协调的问题，现代意义上的模数协调工作是各行各业生产活动中最基本的技术工作，遵循模数协调原则，全面实现尺寸配合，可保证在住宅建设过程中，功能、质量和经济效益方面获得优化，促使住宅建设从粗放型生产转化为集约型的社会化协作生产。模块是复杂产品标准化的高级形式，无论是组合式的单元模块还是结构模块都贯穿一个基本原则，就是用形式和形式尺寸数目很少且又经济合理的统一化单元模块，组合成大量具有各种不同性能的、复杂的非标准综合体，这一原则称为模块化原则。为了实现模块间的组合，保证模块组成的产品在尺寸上的协调，必须建立一套模数系统对产品的主尺度、性能参数以及模块化的外形尺寸进行约束，这就是建筑中的模数协调。

四、系统集成设计方法

建筑系统包括结构系统、外围护系统、内装系统、设备与管线系统等四个部分，装配式建筑就是将以上四大系统进行高度集成的建造方式。系统集成应根据材料特点、制造工法、运输能力、吊装能力的要求等进行统筹考虑，提高集成度、施工精度及施工效率，降低现场吊装的难度。装配式建筑的系统集成设计应遵循以下原则。

（一）结构系统集成设计原则

① 集成设计过程中，部件宜尽可能地对多种功能进行复合，尽量减少各种部件规格及数量。

② 应对构件的生产、运输、存放、吊装规格及重量等过程中所提出的要求进行深入考虑。

（二）外围护系统的集成设计原则

① 屋面、女儿墙、外墙板、外门窗、幕墙、阳台板、空调板、遮阳等部件均需进行模块化设计。

② 构件间应选用合理有效的构造措施进行连接，提高构件在使用周期内抗震、防火、

防渗漏、保温及隔声耐久各方面的性能要求。

③ 应优先选择集成度高并且构件种类少的装配式外墙系统。

④ 建筑外门窗的窗框或附框，宜在墙板生产过程中一同安装，以提高框料和墙板之间的密实度，增强门窗的气密性，避免出现渗漏和冷热桥的情况，同时副框应选用与主体结构相同的使用年限的产品。

（三）内装系统的集成设计原则

① 建筑及设备管线同步进行设计。

② 采用管与线分离的安装方式。

③ 采用高度集成化的厨房、卫生间及收纳等建筑部品。

（四）设备与管线系统的集成设计原则

① 统筹给排水、通风、空调、燃气、电气及智能化设备设计。

② 选用模块化产品，标准化接口，并应预留可扩展的条件。

③ 接口设计应考虑设备安装的误差，提供调整的可能性。

（五）接口及构造设计原则

① 主体结构构件、内装部品及设备管线相互之间应采用有效的连接方式，重点解决构造上的防水排水设计。

② 各类部品的接口应确保其连接的安全可靠，保证结构的耐久性和安全性。

③ 当主体结构及围护结构之间采用干式连接时，宜对预留缝的尺寸进行相关变形的校核计算，确保接缝宽度满足结构和温度变形的要求；当采用湿式连接时，应考虑接缝处的变形协调。

④ 接口构造设计应便于施工安装及后期的运营维护，并应充分考虑生产和施工误差对安装产生的不利影响以确定合理的公差设计值，构造节点设计应考虑部件更换的便捷性。

⑤ 设备管线及相关点位接口不应设置在构件边缘钢筋密集的范围，且不宜布置在预制墙板的门窗过梁处及构件与主体结构的锚固部位。

五、一体化协同设计方法

装配式建筑协同设计应从包括建筑设计、生产营造、运营维护等各个阶段的建筑全生命周期进行考虑。协同设计是指在项目的各个设计阶段，应充分考虑装配式建筑的设计流程特点及项目技术经济条件，对建筑、结构、机电设备及室内装修进行统一考虑，利用信息化技术手段实现各专业间的协同配合，保证室内装修设计、建筑结构、机电设备及管线、生产、施工形成有机结合的完整系统，实现装配式建筑的各项技术要求。为方便理解和操作，按阶段归纳协同设计要点如下。

（一）方案设计阶段协同设计要点

建筑、结构、设备、装修等各专业在设计前期即应密切配合，对构配件制作的经济性、设计是否标准化以及吊装操作可实施性等做出相关的可行性研究。

在保证使用功能的前提下，平面设计要最大限度地提高模块的重复使用率，减少部品部件种类。立面设计要利用预制墙板的排列组合，充分利用装配式建造的技术特点，形成立面的独特性和多样性。在各专业协同的过程中，使建筑设计符合模数化、标准化、系列化的原则，既满足功能使用的要求，又实现装配式建筑技术策划确定的目标。

（二）初步设计阶段协同设计

初步设计阶段，对各专业的工作做进一步的优化和深化，确定建筑的外立面方案及预制墙板的设计方案，结合预制方案调整最终的立面效果，以及在预制墙板上考虑强弱电箱、预埋管线及开关点位的位置。装修设计需要提供详细的家具设施布置图，用于配合预制构件的深化。初步设计阶段要提供预制方案的经济性评估，分析方案的可实施性，并确定最终的技术路线。

1. 初步设计阶段的设计协同工作要点

① 根据前期方案阶段的技术策划，满足国家和地方的相关政策和标准，确定最终的装配化指标。

② 在总图设计中，充分考虑构件运输、存放、吊装等因素对场地设计的影响。

③ 结合塔吊的实际吊装能力、运输能力的限制等多方面因素，对预制构件尺寸进行优化调整。

④ 从生产可行性、生产效率、运输效率等多方面对预制构件进行优化调整。

⑤ 从安装的安全性和施工的便捷性等多方面对预制构件进行优化调整。

⑥ 从单元标准化、套型标准化、构件标准化等多方面对预制构件进行优化调整。

⑦ 结合结构选型方案确定外墙选用的装配方案，从反打面砖、反打石材、预喷涂料等做法中确定预制外墙饰面的做法。

⑧ 结合节能设计，确定外墙保温做法。

⑨ 从建筑与结构两个专业的角度对连接节点的结构、防水、防火、隔声、节能等各方面的性能进行分析和研究。

⑩ 通过优化和深化，实现预制构件和连接节点的标准化设计。

⑪ 结合设备和内装设计，确定强弱电箱、预埋管线及开关点位的预留位置。

2. 施工图阶段协同设计要点

施工图阶段，按照初步设计确定的技术路线进行深化设计，各专业与构件的上下游厂商加强配合，做好深化设计，完成最终的预制构件的设计图，做好构件上的预留预埋和连接节点设计，同时增加构件尺寸控制图、墙板编号索引图和连接节点构造详图等与构件设计相关的图纸，并配合结构专业做好预制构件结构配筋设计，确保预制构件最终的图纸与建筑图纸保持一致。施工图设计阶段的协同设计要点如下。

① 预制外墙板宜采用耐久、不易污染的装饰材料，且需考虑后期的维护。

② 预制外墙板选用的节能保温材料应便于就地取材，满足保温隔热要求。

③ 与门窗厂家配合，对预制外墙板上门窗的安装方式和防水、防渗漏措施进行设计。

④ 现浇段剪力墙长度除满足结构计算要求外，还应符合模板施工工艺和轻质隔墙板的模数要求。

⑤ 根据内装和设备管线图，确定预制构件中预埋管线和预留洞等的位置。

⑥ 对管线较集中的部位进行管线综合设计，同时根据内装施工图纸对整体机电设备管线进行设计，并在预制构件深化设计中预留预埋。

⑦ 对预埋的设备及管道安装所需要的支吊架或预埋件进行定位，支吊架应耐久可靠，

支吊架间距应符合设备及管道安装的要求。穿越预制板、墙体和梁的管道应预留洞口或套管。

3. 构件深化协同设计

预制构件的深化设计是装配式建筑独有的设计阶段，应在施工图完成之后或与施工图同步进行深化设计。设计时，不仅需要建筑、结构、机电、内装等专业之间的协同，也需要与生产加工企业、施工安装企业进行协同。构件深化设计需要注意以下几点。

① 建筑、机电专业应提供预制构件上应预留的给排水管洞、排风洞、燃气管洞、空调洞、排烟洞等洞口的准确定位及尺寸。

② 机电专业宜尽量将电盒预留在现浇混凝土位置，预留在预制构件上的电盒应准确定位。机电管线穿过预制构件时，应预留孔洞。

③ 预制构件中应预留建筑外挂板所需的预埋件。

④ 构件加工及施工过程中需要的吊装、安装、支撑、爬架等预埋件应进行预留预埋。

4. 室内装修协同设计

装配式建筑的内装设计应符合建筑、装修及部品一体化的设计要求。部品设计应能满足国家现行的安全、经济、节能、环保标准等方面的相关要求，应高度集成化，宜采用干法施工。装配式建筑内装修的主要构配件宜采用工厂化生产，非标准部分的构配件可在现场安装时统一处理。构配件需满足制造工厂化及安装装配化的要求，符合参数优化、公差配合和接口技术等相关技术要求，提高构件可替代性和通用性。

内装设计应强化与各专业（包括建筑、结构、设备、电气等专业）之间的衔接，对水、暖、电、气等设备设施进行定位，避免后期装修对结构的破坏和重复工作，提前确定所有点位的定位和规格，提倡采用管线与结构分离的方式进行内装设计。内装设计通过模数协调使各构件和部品与主体结构之间能够紧密结合，提前预留接口，便于装修安装。墙、地面所用块材提前进行加工，现场无需二次加工，直接安装。

第四节　建筑设计要点及深度要求

装配式建筑是采用工厂生产的部品部件在工地装配而成的建筑，其建造方式必然要求采用与之相适应的建筑设计方法，以及与之相适应的设计要点及深度。

一、装配式建筑设计要点

（一）建筑方案设计要考虑全面系统

方案设计要结合工程特点和实际，确定不同的技术路线，为后续的设计工作提供设计依据。在方案设计阶段中要注重以下问题。

1. 技术的系统性

结合工程实际合理确定建筑结构的预制构件类型，相互间要形成完整的建筑系统。

2. 适宜的装配率

方案设计要为主体结构尽可能采用装配化创造条件，并选择适宜的装配化指标（装配率或预制率），要保证工程项目从根本上改变传统建造方式和施工组织形式。

3. 坚持少规格、多组合的原则

比如采用模数协调的方法，使现浇节点的规格尺寸统一化，以减少定型模板和组合模板的规格数量，提高质量，缩短工期。

（二）建筑立面设计要体现工业化的美感

装配式建筑作为建筑工业化建造方式，在建筑立面设计上需要转变传统立面设计手法，深入研究装配化建造技术的表现形式，设计思想回归到技术理性，充分运用主体结构装配化的特点和优势，突出主体结构的唯美。

（三）总平面设计要考虑运输和吊装条件

在装配式工业化建筑的规划设计中，构件运输、存放和吊装是需要特别关注的重要方面，要有适宜构件运输的交通条件，要考虑预制构件的现场临时存放条件，要考虑预制构件吊装设施的安全、经济和合理布置等。

（四）建筑设计要尽可能使空间大、结构连续

装配式住宅建筑宜选用大空间的平面布局方式，合理布置承重墙及管井位置，满足住宅空间的灵活性、可变性。主体结构布置宜简单、规整，应考虑承重墙体上下对应贯通，突出与挑出部分不宜过大，平面凸凹变化不宜过多过深。

（五）预制外墙设计原则

① 综合立面表现形式的需要，应结合结构现浇节点及装饰挂板，合理设计外墙组合方式。

② 注重经济性，通过模数化、标准化、通用化减少板型，节约造价。

③ 预制构件的大小要考虑工程的合理性、经济性、运输的可能性和现场的吊装能力。

（六）建筑节点设计要满足构造要求

装配式剪力墙结构的设计关键在于连接节点的构造设计。建筑预制外墙板的水平缝、垂直缝及十字缝等接缝部位，门窗洞口等构配件组装部位的构造设计及材料的选用，应满足建筑的物理性能、力学性能、耐久性能及装饰性能的要求。预制构件的各类节点设计应构造合理、施工方便、坚固耐久，并结合制作及施工条件进行综合考虑。防水材料主要采用发泡芯棒与密封胶。防水构造主要采用结构自防水＋构造防水＋材料防水。建筑外墙的接缝及门窗洞口等防水薄弱部位设计应采用材料防水和构造防水结合做法。

（七）外墙饰面设计要与预制构件制作相结合

预制外墙板的饰面宜采用装饰混凝土、涂料、面砖、石材等耐久、不易污染的材料，考虑外立面分格、饰面颜色与材料质感等细部设计要求，并体现装配式建筑立面造型的特点。建筑外墙装饰构件宜结合外墙板整体设计，应注意独立的装饰构件与外墙板连接处的构造，满足安全、防水及热工设计等的要求。预制外墙的面砖或石材饰面宜在构件厂采用反打或其他预制工艺完成，不宜采用后贴面砖、后挂石材的工艺和方法。预制外墙使用装饰混凝土饰面时，设计人员应在构件生产前先确认构件样品的表面颜色、质感、图案等要求。

（八）室内装修要与建筑主体一体化设计

室内装修设计要与建筑设计同步进行，与建筑、结构、机电、设备实现一体化装修设

计。要采用一体化的集成技术，通过技术集成，建立装配式建筑技术与部品的标准化、系列化、配套化，实现内装部品、厨卫部品、设备部品和智能化部品的集成系统。

二、建筑方案设计深度要求

（一）装配式建筑的方案设计

方案设计应包括设计说明书、方案设计图纸两大部分。其中设计说明书应包括装配式建筑设计专篇，项目装配式设计要求如装配式结构体系、实施的装配式技术、实施装配式的建筑面积、预制率、装配率等。

（二）方案设计图纸深度要求

方案设计图应包括：采用装配式技术的拟建建筑图示及注明，建筑平面图应表达预制墙板的组合关系，包括构件组合图、各类预制构件组合分析图等。

三、施工图设计要点及深度要求

① 在总平面设计中，需要标识出采用装配式的建筑。

② 平面中注明预制构件位置，并标注构件截面尺寸及其与轴线的关系尺寸，预制构件与主体结构现浇部分的平面构造做法。

③ 立面图中表达立面外轮廓及主要结构和建筑构造部件的位置，预制构件板块划分的立面分缝线、装饰缝和饰面做法，竖向预制构件范围。

④ 剖面图要包含竖向预制构件范围，当为预制构件时，应采用不同图例示意，应在详图中用不同图例注明预制构件，当预制外墙为反打面砖或石材时，应明确表达铺贴排布方式等。

四、构件深化设计与加工图设计要点及深度要求

（一）一般要求

预制构件深化设计与加工图是将各专业需求转换为实际可操作图纸的设计过程。

1. 设计原则

预制构件加工图的设计基本原则是少类型、多组合。

2. 设计目标

设计的目标主要是精准设计、方便制作、利于施工。

3. 技术特点

主要采用标准化、系列化、通用化的预制混凝土构件，将原来大量的模板工程，通过预制与施工分离，在预制阶段高质量、高精度、高效率地完成。

4. 综合因素

预制构件的设计既要考虑结构整体性能的合理性，还要考虑构件结构性能的适宜性；既要满足结构性能的要求，还要满足试用功能的需求；既要符合设计规范，还要符合生产、安装、施工要求；既要受单一构件尺寸公差和质量缺陷的控制，还要与相邻构件进行协调。同

时，构件设计还需考虑材料、环境、部品集成、构件运输、构件堆放等多种因素。

（二）图纸表达内容与要点

1. 图纸表达

构件加工图一般需要表达的内容有：项目名称、设计单位、设计编号、设计阶段、授权盖章、设计日期、图纸目录、设计说明、平面布置图、数量统计表、模板详图、配筋详图、通用节点详图、其他图纸、设计计算书等。

2. 图纸目录

预制构件加工图图纸目录，一般按图纸序号排列，并体现预制构件的相关参数。预制构件加工图设计说明包含工程概括、设计依据、图纸说明、设计构造、材料要求、生产技术要求、堆放与运输要求、现场施工要求、构件连接要求等。

3. 图纸内容

预制构件加工平面布置图，要体现预制构件的平面位置；预制构件加工数量统计表，用于统计各种预制构件的数量；预制构件加工模板详图，用于表达预制构件的外形尺寸；预制构件加工配筋详图，说明预制构件的结构配筋；预制构件加工通用节点详图，阐述预制构件的各种构造节点。预制构件加工其他图纸包括装饰面材料排布图、保温材料排版图、拉结件排布图、填充块排布图等。预制构件加工图设计计算书要能够说明预制构件设计的各种计算过程。

（三）设计深度要求

1. 预制构件设计条件要求

预制构件的深化设计应自前期策划阶段就开始介入。在设计中应充分考虑运输、安装等条件对预制构件的限制，这些限制条件往往影响预制构件的尺寸、重量及构造形式。具体内容包括：

① 桥梁等级限制了通行车辆的满载吨位。自构件生产厂到项目施工现场的运输路线上存在桥梁时，必须了解该桥梁的设计等级，以便规划预制构件的最大设计质量。

② 桥梁、隧道及其他道路上空的构筑物对通行高度的限制要求。自构件生产厂到项目施工现场的运输路线上存在桥梁、隧道及地下通道等有通行高度限制的地方，必须了解其最低净高限值，以便规划预制构件的最大设计高度。

③ 了解道路通行、河道通航对预制构件的宽度限制条件，以便规划单个预制构件的最大设计宽度。

④ 了解运输车辆的规格，机动性、路口转弯半径及相关交通法规，以便规划单个预制构件的最大设计长度。

⑤ 预制构件需要临时堆放的，需要了解场地的存放条件。

2. 预制构件设计标准化要求

在预制构件深化设计中，标准化设计是核心。预制构件标准化是进行工业化生产的基础，预制构件和建筑部品的重复使用率是项目标准化程度的重要指标。在装配式建筑中，以平面设计的标准化、模块化为前提，其标准化设计主要由以下三个方面组成。

① 减少构件种类，预制构件的种类应尽可能地少，既可以降低构件制造的难度，又易于实现大批量的生产及控制成本的目标。在标准层的户型中，基于系列化理念进行设计，减

少同一种功能类型构件的种类数，提高预制构件的通用性，设计完成后，通过预制构件的组合与置换满足多种户型的需求。

② 优化模具数量，模具的数量应尽可能减少，提升使用周转率，确保预制构件生产过程中的高效性，降低模具成本。每增加一种类型的模具，将会增加模具的成本，还会增加构件生产所需的人工成本。同时模具类型增多会降低预制构件的生产效率。

③ 结构单元及连接节点标准化，建筑结构单元的标准化设计包括组成 PC 剪力墙构件的承重及非承重部分。标准结构单元的设计是在构件拆分的过程中确保 PC 构件标准化的重要手段。通过标准节点与非标准部分的组合，实现预制构件的通用性与多样性。

BIM在建筑项目中的应用与协同

第一节　BIM 在项目管理中的应用

在项目实施过程中，各利益相关方既是项目管理的主体，同时也是 BIM 技术的应用主体。不同的利益相关方，因为在项目管理过程中的责任、权利、职责不同，针对同一个项目的 BIM 技术应用，各自的关注点和职责也不相同。例如，业主单位更多的关注整体项目的 BIM 技术应用，设计单位则更多关注设计阶段的 BIM 技术应用，施工单位则更多关注施工阶段的 BIM 技术应用。又比如，对最为常见的管线综合 BIM 技术应用，建设单位、设计单位、施工单位、运维单位的关注点就相差甚远，建设单位关注净高和造价，设计单位关注宏观控制和系统合理性，施工单位关注成本和施工工序、施工便利性，运维单位关注运维便利程度。不同的关注点，就意味着同样的 BIM 技术作为不同的实施主体，一定会有不同的组织方案、实施步骤和控制点。

虽然不同利益相关方的 BIM 需求并不相同，但 BIM 模型和信息根据项目建设的需要，只有在各利益相关方之间进行传递和使用，才能发挥 BIM 技术的最大价值。所以，实施一个项目的 BIM 技术应用，一定要清楚 BIM 技术应用首先为哪个利益相关方服务，BIM 技术应用必须纳入各利益相关方的项目管理内容。各利益相关方必须结合企业特点和 BIM 技术的特点，优化、完善项目管理体系和工作流程，建立基于 BIM 技术的项目管理体系，进行高效的项目管理。在此基础上，兼顾各利益相关方的需求，建立更利于协同的共同工作流程和标准。

BIM 技术应用与传统的项目管理是密不可分的，因此，各利益相关方在进行 BIM 技术应用时，还要从对传统项目管理的梳理、BIM 应用需求、形式、流程和控制节点等几个方面，进行管理体系、流程的丰富和完善，实现有效、有序管理。

一、业主单位与 BIM 应用

（一）业主单位的项目管理

业主单位是建设工程生产过程的总集成者——人力资源、物质资源和知识的集成，也是建设工程生产过程的总组织者。业主单位也是建设项目的发起者及项目建设的最终责任者，业主单位的项目管理是建设项目管理的核心。作为建设项目的总组织者、总集成者，业主单位的项目管理任务繁重，涉及面广且责任重大，其管理水平与管理效率直接影响建设项目的增值。

业主单位的项目管理是所有利益相关方中唯一涵盖建筑全生命周期各阶段的项目管理，业主单位的项目管理在建筑全生命周期项目管理各阶段均有体现。作为项目发起方，业主单位应将建设工程的全生命过程以及建设工程的各参与单位集成然后对建设工程进行管理，应站在全方位的角度来设定各参与方的权责利分工。

（二）业主单位 BIM 项目管理的应用需求

业主单位首先需要明确利用 BIM 技术实现什么目的、解决什么问题，才能更好地应用 BIM 技术辅助项目管理。业主往往希望通过 BIM 技术来控制投资、提高建设效率，同时积累真实有效的竣工运维模型和信息，为竣工运维服务，在实现上述需求的前提下，也希望通过积累实现项目的信息化管理、数字化管理。常见具体应用需求见表 4-1。

表 4-1　业主单位 BIM 管理的应用需求

序号	应用需求	具体内容
1	可视化的投资方案	能反映项目的功能，满足业主的需求，实现投资目标
2	可视化的项目管理	支持设计、施工阶段的动态管理,及时消除差错，控制建设周期及项目投资
3	可视化的物业管理	通过 BIM 与施工过程记录信息的关联,不仅为后续的物业管理带来便利，而且可以在未来进行的翻新、改造、扩建过程中为业主及项目团队提供有效的历史信息

应用 BIM 技术可以实现的业主单位需求如下。

1. 招标管理

在业主单位招标管理阶段，BIM 技术应用主要体现在以下几个方面：①数据共享。BIM 模型的直观、可视化能够让投标方快速而深入地了解招标方所提出的条件、预期目标，保证数据的共通共享及追溯。②经济指标精确控制。控制经济指标的精确性与准确性，避免建筑面积与限高的造假，以及工程量的不确定性。③无纸化招标。能增加信息透明度，还能节约大量纸张，实现绿色低碳环保。④削减招标成本。基于技术的可视化和信息化，可采用互联网平台低成本、高效率的实现招投标的跨区域、跨地域进行，使招投标过程更透明、更现代化，同时能降低成本。⑤数字评标管理。基于 BIM 技术能够记录评标过程并生成数据库，对操作员的操作进行实时的监督，有利于规范市场秩序，有效推动招投标工作的公开化、法制化，使得招投标工作更加公正、透明。

2. 设计管理

在业主单位设计管理阶段，BIM 技术应用主要体现在以下几个方面：①协同工作，基于 BIM 的协同设计平台，能够让业主与各参与方实时观测设计数据更新、施工进度和施工偏差查询，实现图纸、模型的协同。②基于精细化设计理念的数字化模拟与评估。基于

BIM 数字模型，可以利用更广泛的计算机仿真技术对拟建造工程进行性能分析，如日照分析、绿色建筑运营、风环境、空气流动性、噪声云图等，也可以将拟建工程纳入城市整体环境，对周边既有建筑等环境的影响进行数字化分析评估，如日照分析、交通流量分析等，这些对于城市规划及项目规划意义重大。③复杂空间表达。在面对建筑物内部复杂空间和外部复杂曲面时，利用 BIM 软件可视化、有理化的特点，能够更好地表达设计和建筑曲面，为建筑设计创新提供了更好的技术工具。④图纸快速检查。利用 BIM 技术的可视化功能，可以大幅度提高图纸阅读和检查的效率，同时，利用 BIM 软件的自动碰撞检测功能，也可以帮助图纸审查人员快速发现复杂困难节点。

3. 工程量快速统计

目前主流的工程造价算量模式有几个明显的缺点：图形不够逼真；对设计意图的理解容易存在偏差，容易产生错项和漏项；需要重新输入工程图纸搭建模型，算量工作周期长；模型不能进行后续使用，没有传递，建模投入很大但仅供算量使用。

利用 BIM 技术辅助工程计算，能大大减轻工程造价工作中算量阶段的工作强度。首先，利用计算机软件的自动统计功能，即可快速地实现 BIM 算量；其次，由于是设计模型的传递，完整表达了设计意图，可以有效减少错项、漏项，同时，根据模型能够快速统计和查询各专业工程量，对材料计划、使用做精细化控制，避免材料浪费。利用 BIM 技术提供的参数更改技术，能够将更改自动反映到其他位置，从而可以帮助工程师们提高工作效率、协同效率以及工作质量。

4. 施工管理

在施工管理阶段，业主单位更多的是施工阶段的风险控制，包含安全风险、进度风险、质量风险和投资风险等。其中安全风险包含施工中的安全风险和竣工交付后运营阶段的安全风险。同时，考虑不可避免的沟通噪声，业主单位还要考虑变更风险。在这一阶段，基于各种风险的控制，业主单位需要对现场目标的控制、承包商的管理、设计者的管理、合同管理、手续办理、项目内部及周边管理协调等问题进行重点管控。为了有效管控，急需专业的平台来提供各个方面庞大的信息和各个方面人员的管理。

BIM 技术正是解决此类工程问题的首选技术。BIM 技术辅助业主单位在施工管理阶段进行项目管理的优势主要体现在以下几个方面：①验证施工单位施工组织的合理性，优化施工工序和进度计划；②使用 3D 和 4D 模型明确分包商的工作范围，管理协调交叉，施工过程监控，可视化报表进度；③对项目中所需的土建、机电、幕墙和精装修所需要的重大材料进行监控，对工程进度进行精确计量，保证业主项目中的成本控制风险；④工程验收时，用 3D 扫描仪进行三维扫描测量，对表观质量进行快速、真实、可追溯的测量，与模型参照对比来检验工程质量，防止人工测量验收的随意性和误差。

5. 销售推广

利用 BIM 技术和虚拟现实技术、增强虚拟现实技术、3D 眼镜、体验馆等，还可以将 BIM 模型转化为具有很强交互性的三维体验式模型，结合场地环境和相关信息，从而组成沉浸式场景体验。在沉浸式场景体验中，客户可以定义第一视角的人物，以第一人称视角，身临其境，浏览建筑内部，增强客户体验。利用 BIM 模型，可以轻松出具房间渲染效果图和漫游视频，减少了二次重复建模的时间和成本，提高了销售推广系统的响应效率，对销售回笼资金将起到极大的促进作用。同时，竣工交付时可为客户提供真实的三维竣工 BIM 模型，有助于销售和交付的一致性，减少法务纠纷，更重要的是能避免客户在二次装修时对隐蔽机电管道的破坏，降低安全和经济风险。

BIM 辅助业主单位进行销售推广主要体现在以下几个方面：①面积准确。BIM 模型可自动生成户型面积和建筑面积、公摊面积，结合面积计算规则适当调整，可以快速进行面积测算、统计和核对，确保销售系统数据真实、快捷。②虚拟数字沙盘。通过虚拟现实技术为客户提供三维可视化沉浸式场景，体会身临其境的感觉（图 4-1)。③减少法务纠纷。因为所有的数字模型成果均从设计阶段交付至施工阶段、销售阶段，所有信息真实可靠，销售系统提供给客户的销售模型与真实竣工交付成果一致，将大幅减少不必要的法务纠纷。

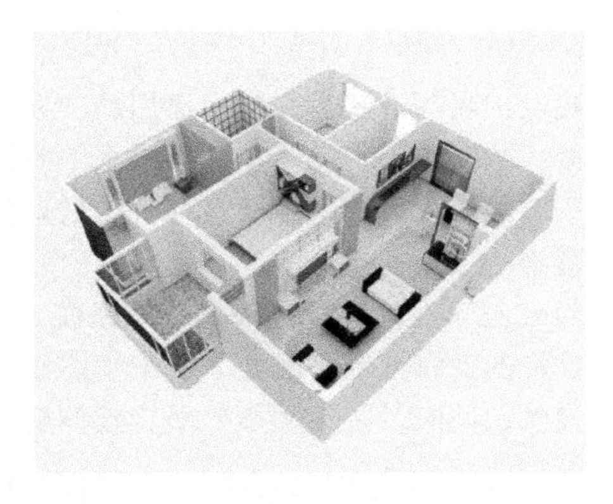

图 4-1 某房屋三维模型图

6. 运维管理

根据我国《城镇国有土地使用权出让和转让暂行条例》第 12 条规定，土地使用权出让最高年限按下列用途确定：居住用地 70 年，工业用地 50 年，教育、科技、文化、卫生、体育用地 50 年，商业、旅游、娱乐用地 40 年，仓储用地 50 年，综合或者其他用地 50 年。

与动辄几十年的土地使用权年限相比，施工建设期一般仅为数年，高达 127 层的上海中心大厦也仅仅用了不到 6 年的施工建设时间。与较长的运营维护期相比，施工建设期则要短很多。在漫长的建筑物运营维护期间，建筑物结构设施（墙、楼板、屋顶等）和设备设施（设备、管道等）都需要不断得到维护。一个成功的维护方案将提高建筑物性能、降低能耗和修理费用，进而降低总体维护成本。

BIM 模型结合运营维护管理系统可以充分发挥空间定位和数据记录的优势，合理制定维护计划，分配专人专项维护工作，以提高建筑物在使用过程中出现突发状况后的应急处理能力。BIM 辅助业主单位进行运维管理主要体现在以下几个方面：①设备信息的三维标注。可在设备管道上直接标注名称规格、型号，三维标注跟随模型移动、旋转。②属性查询。在设备上右击鼠标，可以显示设备具体规格、参数、厂家等信息。③外部链接。在设备上点击，可以调出有关设备设施的其他格式文件，如图片、维修状况、仪表数值等。④隐蔽工程。工程结束后，各种管道可视性降低，给设备维护、工程维修或二次装饰工程带来一定难度，BIM 清晰记录各种隐蔽工程，避免错误施工的发生。⑤模拟监控，物业对一些净空高度，结构有特殊要求，BIM 提前解决各种要求，并能生成 VR 文件，可以让客户互动阅览。

7. 空间管理

空间管理是业主单位为节省空间成本、有效利用空间、为最终用户提供良好工作、生活环境而对建筑空间所做的管理。BIM 可以帮助管理团队记录空间的使用情况，处理最终用户空间变更的请求，分析现有空间的使用情况合理分配建筑物空间，确保空间资源的最大利用率。

8. 决策数据库

决策是对若干可行方案进行决策，即是对若干可行方案进行分析、分析比较、比较判断、判断选优的过程。决策过程一般可分为四个阶段：①信息收集。对决策问题和环境进行分析，收集信息，寻求决策条件。②方案设计。根据决策目标条件，分析制定若干行动方案。③方案评价。进行评价，分析优缺点，对方案排序。④方案选择。综合方案的优劣，择优选择。

建设项目投资决策在全生命周期中处于十分重要的地位。传统的投资决策环节，决策主要依据经验获得。但由于项目管理水平差异较大，信息反馈的及时性、系统性不一，经验数据水平差异较大，同时由于运维阶段信息化反馈不足，传统的投资决策主要依据很难覆盖到项目运维阶段。

BIM 技术在建筑全生命周期的系统、持续运用，将提高业主单位项目管理水平，提高信息反馈的及时性和系统性，决策主要依据将由经验或者自发的积累，逐渐被科学决策数据库所代替，同时，决策主要依据将延伸到运维阶段。

（三）业主单位项目管理中 BIM 技术的应用形式

鉴于 BIM 技术尚未普及，目前主流的业主单位项目管理 BIM 技术应用有四种形式：①咨询方做独立的 BIM 技术应用，由咨询方交付 BIM 竣工模型。②设计方、施工单位各做各的 BIM 技术应用，由施工单位交付 BIM 竣工模型。③设计方做设计阶段的 BIM 技术应用，并覆盖到施工阶段，由设计方交付 BIM 竣工模型。④业主单位成立 BIM 研究中心或 BIM 研究院，由咨询方协助，组织设计、施工单位做 BIM 咨询运用，逐渐形成以业主为主导的 BIM 技术应用。各种应用形式优缺点见表 4-2。

表 4-2 各 BIM 应用形式的优缺点

方案	优　点	缺　点
1	BIM 工作界面清晰	基本 BIM 就是翻模型，仅作为初次接触体验，对工程实际意义不大，业主单位投入较小。真正 BIM 全过程的应用，对 BIM 咨询方要求极高，且需要驻场，由于没有其他业态支撑，所有投入均需业主单位承担，业主单位投入极大
2	成本可由设计方、施工单位自行分担，业主单位投入小。业主单位将逐渐掌握 BIM 技术，这将是最合理的 BIM 应用方式	缺乏完整的 BIM 衔接，对建设方的 BIM 技术能力、协同能力要求较高。现阶段实现有价值的成果难度较大
3	能更好地从设计统筹的角度发起，有助于统筹各专项设计，帮助建设方解决建设目标不清晰的诉求	施工过程需要驻场，成本较高
4	有助于培养业主自身的 BIM 能力	成本最高

（四）业主单位 BIM 项目管理的应用流程

业主单位作为项目的集成者、发起者，一定要承担项目管理组织者的责任，BIM 技术应用也是如此。业主单位不应承担具体的 BIM 技术应用，而应该从组织管理者的角度去参与 BIM 项目管理。

业主单位的BIM项目管理应用流程如图4-2所示。

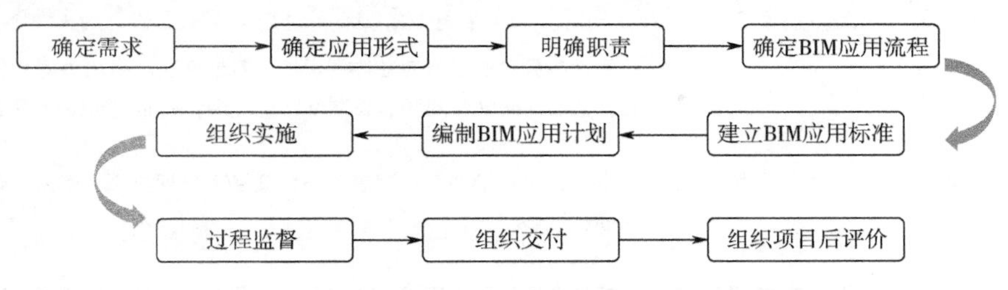

图4-2 业主单位的BIM项目管理应用流程图

（五）业主单位BIM项目管理的节点控制

BIM项目管理的节点控制就是要紧紧围绕BIM技术在项目管理中进行运用这条主线，从各环节的关键节点入手，实现关键节点的可控，从而使整体项目管理BIM技术运用的质量得到提高，实现项目建设的整体目标。一般选择各利益相关方之间的协同点，BIM技术应用的阶段性成果，或与实体建筑相关的阶段性成果作为关键节点。针对关键节点，考核交付成果，并对交付成果进行验收，通过针对关键节点的有效管控，实现整体项目的风险控制。

二、勘察设计单位与BIM应用

（一）设计方的项目管理

作为项目建设的一个参与方，设计方的项目管理主要服务于项目的整体利益和设计方本身的利益。设计方项目管理的目标包括设计的成本目标、进度目标、质量目标和项目建设的投资目标。项目建设的投资目标能否实现与设计工作密切相关。设计方的项目管理工作主要在设计阶段进行，但它也会向前延伸到设计前的准备阶段，向后延伸至设计后的施工阶段、动用前准备阶段和保修期等。

设计方项目管理的内容包括：与设计有关的安全管理（提供的设计文件需符合安全法规）；设计本身的成本控制和与设计工作有关的项目建设投资成本控制；设计进度控制；设计质量控制；设计合同管理；设计信息管理；与设计工作有关的组织和协调。

（二）设计方BIM项目管理的应用需求

在设计方BIM项目管理工作中，一般来说，设计方对于BIM技术应用有以下主要需求，见表4-3。

表4-3 设计单位BIM项目管理应用需求

序号	应用需求	具体内容
1	增强沟通	通过创建模型，更好地表达设计意图，满足业主单位需求，减少因双方理解不同带来的重复工作和项目品质下降
2	提高设计效率	通过BIM三维空间设计技术，将设计和制图完全分开，提高设计质量和制图效率，整体提升项目设计效率

续表

序号	应用需求	具体内容
3	提高设计质量	利用模型及时进行专业协同设计，通过直观可视化协同和快速碰撞检查，把错漏碰缺等问题消灭在设计过程中，从而提高设计质量
4	可视化的设计会审和参数协同	基于三维模型的设计信息传递和交换将更加直观、有效，有利于各方沟通和理解
5	可以提供更多更便捷的性能分析	如绿色建筑分析应用，通过BIM模型，模拟建筑的声学、光学以及建筑物的能耗、舒适度，进而优化其物理性能

应用BIM技术可以实现的设计方需求如下。

1. 三维设计

BIM技术由三维立体模型表述，从初始就是可视化的、协调的，基于BIM的三维设计能够精确表达建筑的几何特征。在传统的设计模式中，方案设计、扩初设计和施工图设计之间是相对独立的。而应用BIM技术之后，模型创建完成后自动生成平立剖面及大样详图，许多工作在模型的创建过程中已经完成。相对于二维绘图，三维设计不存在几何表达障碍，对任意复杂的建筑造型均能准确表现。

2. 协同设计

协同设计是设计方技术更新的重要方向。通过协同技术建立一个交互式协同平台，在该平台上，所有专业设计人员协同设计，不仅能看到和分享本专业的设计成果，而且还能及时查阅其他专业的设计进程，从而减少目前较为常见的各专业之间（以及专业内部）由于沟通不畅或沟通不及时导致的错漏碰缺，真正实现所有图纸信息元的单一性，实现一处修改其他自动修改，提升设计效率和设计质量。同时，协同设计也可以对设计项目的规范化管理起到重要作用，包括进度管理、文件管理、人员管理、流程管理、批量打印、分类归档等。

技术与协同技术是互相依赖、密不可分的整体，BIM的核心就是协同。BIM技术将与协同技术完美融合，共同成为设计手段和工具的一部分，大幅提升协同设计的技术含量。

3. 建筑性能化设计

随着信息技术和互联网思维的发展，促使现阶段的业主和居住者对建筑的使用及维护表现出更多的期望。在这样的环境下，西方发达国家已经逐渐开始推行基于对象的、新式的“基于性能化”的建筑设计理念，使建筑行业变得更加由客户端驱动，提供更好的工程价值及客户满意度。

目前，已逐渐开展的性能化设计有景观可视度、日照、风环境、热环境、声环境等性能指标。这些性能指标一般在项目前期就已经基本确定，但由于缺少技术手段，一般项目很难有时间和费用对上述各种性能指标进行多方案分析模拟。BIM技术对建筑进行了数字化改造，借助计算机强大的计算功能，使得建筑性能分析的普及应用具备了可能。

4. 效果图及动画展示

设计方常常需要效果图和动画等工具辅助设计成果表达。BIM系列软件的工作方式是完全基于三维模型的，软件本身已具有强大的渲染和动画功能，可以将专业、抽象的二维建筑表达直接三维直观化、可视化呈现，使得业主等非专业人员对项目功能性的判断更为明确、高效，决策更为准确。

5. 碰撞检测

BIM技术在三维碰撞检查中的应用已经比较成熟，国内外也都有相关软件可以实现，这些软件都是应用BIM可视化技术，在建造之前就可以对项目的土建、管线、工艺设备等进行管线综合及碰撞检查，不但能够彻底消除硬碰撞、软碰撞，优化工程设计，减少在建筑施工阶段可能存在的错误损失和返工的可能性，而且可以优化净空和管线排布方案。

6. 设计变更

设计变更是指设计单位依据建设单位要求调整或对原设计内容进行修改、完善、优化。设计变更应以图纸或设计变更通知单的形式发出。

在建设单位组织的有设计单位和施工企业参加的设计交底会上，经施工企业和建设单位提出，各方研究同意而改变施工图的做法，属于设计变更，为此而增加新的图纸或设计变更说明都由设计单位或建设单位负责。而引入BIM技术后，利用BIM技术的参数化功能，可以直接修改原始模型，并可实时查看变更是否合理，减少变更后再次变更的情况，提高变更的质量。

（三）设计方BIM技术应用形式

目前，全国设计方BIM技术发展水平并不一致，有的设计方BIM设计中心已发展为数字服务机构，专职为建设方提供信息化咨询和技术服务，包括软件研发和平台研发，有的才刚刚开始了解BIM技术。BIM技术在设计方主营业务领域应用形式主要有：①已成立BIM设计中心多年，基本具备设计人直接使用BIM技术进行设计的能力；②成立了BIM设计中心，由BIM设计中心与设计所结合，二维设计与BIM设计阶段应用同步进行；③刚开始接触BIM技术，由咨询公司提供BIM技术培训、提供二维设计完成后的BIM翻模和咨询工作。

上述三种形式分别称为BIM设计（设计BIM2.0）、BIM同步建模（设计BIM1.5）和BIM翻模（设计BIM1.0）。各种应用形式优缺点见表4-4。

表4-4　设计方各BIM应用形式的优缺点

形式	优　　点	缺　　点
BIM设计	设计师直接用BIM进行设计，模型和设计意图一致，设计质量高、效果好，项目成本低	企业前期需要大量积累，积累应用经验和技术人员，建立流程、制度和标准，前期投入大
BIM同步建模	二维出图流程、时间不受影响，BIM能为二维设计及时提供意见和建议，设计质量较高	二维设计成本没有降低，同时增加BIM设计人员投入，成本较高
BIM翻模	二维出图流程、时间不受影响，投入低	模型和设计意图容易出现偏差

上述三种形式是现阶段设计方BIM技术应用的必经之路，待软件将流程、制度和标准固化到软件模块内，软件成熟以后，设计方有可能直接进入BIM设计的环节。

（四）设计方BIM技术的应用流程

与其他行业相比，建筑物的生产是基于项目协作的，通常由多个平行的利益相关方在较长的生命周期中协作完成。因此，建筑信息模型尤其依赖在不同阶段、不同专业之间的信息传递标准，就是要建立一个在整个行业中通用的语义和信息交换标准，使不同工种的信息资源在建筑全生命周期各个阶段都能得到很好地利用，保证业务协作可以顺利地进行。

BIM 技术的提出给设计流程带来了很大的改变。在传统的设计过程中各个设计阶段的设计沟通都是以图纸为介质，不同设计阶段的不同内容分别体现在不同的图纸中，经常会出现信息不流通、设计不统一的问题。传统的设计流程中各个阶段各个专业之间信息是有限共享的，无法实时更新（图 4-3）。而通过 BIM 技术，从设计初期就将不同专业的信息模型整合到一起，改变了传统的设计流程，通过 BIM 模型这个载体，实现了设计过程中信息的实时共享（图 4-4）。

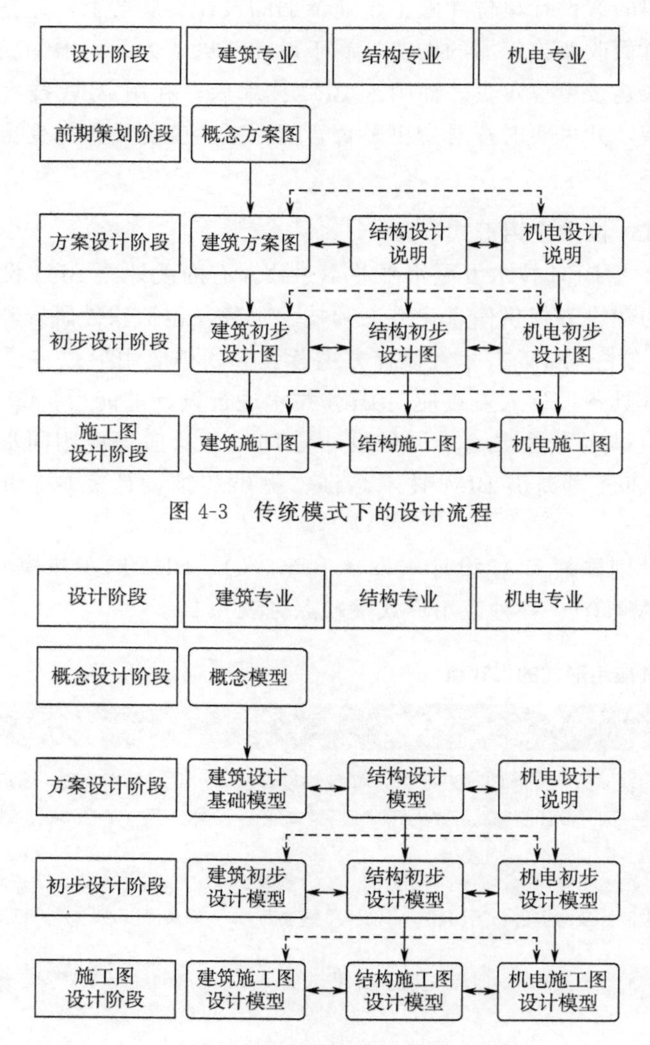

图 4-3 传统模式下的设计流程

图 4-4 BIM 模式下的施工流程

BIM 技术促使设计过程从各专业点对点的滞后协同改变为通过同一个平台实时互动的信息协同方式。这种方式带来的改变不仅仅在交互方式上有着巨大优势，同样也带来了专业间配合的前置，使更多问题在设计前期得到更多的关注，从而大幅提高设计质量。

（五）设计方 BIM 技术应用的核心

设计方无论采用何种 BIM 技术应用形式和技术手段、技术工具，应用的核心都为用 BIM 技术提高设计质量，完成 BIM 设计或辅助设计表达，为业主单位整体的项目管理提供有力有效的技术支撑。所以，设计方 BIM 技术应用的核心是模型完整表达设计意图，与图纸内容一致，部分细节的表达深度，可能模型要优于二维图纸。

（六）勘察单位与 BIM 技术应用

勘察单位主要是野外土工作业与室内试验，与 BIM 技术的衔接主要是勘察基础资料和勘察成果文件提交，目前 BIM 应用于该领域的案例较少，等 BIM 技术应用普及后，勘察单位也会逐渐参与到 BIM 技术应用工作中来。

三、施工单位与 BIM 应用

（一）施工单位的项目管理

施工项目管理是以施工项目为管理对象，以项目经理责任制为中心，以合同为依据，按施工项目的内在规律，实现资源的优化配置，对各生产要素进行计划、组织、指导、控制，取得最佳的经济效益的过程。施工项目管理的核心任务就是项目的目标控制，施工项目的目标界定了施工项目管理的主要内容，就是“三控三管一协调”，即成本控制、进度控制、质量控制、职业健康安全与环境管理、合同管理、信息管理和组织协调。

（二）施工单位 BIM 项目管理的应用需求

施工单位是项目的最终实现者、是竣工模型的创建者，施工单位的关注点是现场实施，关心 BIM 如何与项目结合、如何提高效率和降低成本，施工单位对于 BIM 的需求如表 4-5 所示。

表 4-5 施工单位 BIM 项目管理应用需求

序号	应用需求	具体内容
1	理解设计意图	可视化的设计图纸会审能帮助施工人员更快、更好地解读工程信息，并尽早发现设计错误，及时进行设计联络
2	降低施工风险	利用模型进行直观的“预施工”，预知施工难点，更大程度地消除施工的不确定性，和不可预见性，保证施工技术措施的可行、安全、合理和优化
3	把握施工细节	在设计方提供的模型基础上进行施工深化设计，解决设计信息中没有体现的细节问题和施工细部做法，更直观、更切合实际地对现场施工工人进行技术交底
4	更多的工厂预制	为构件加工提供最详细的加工详图，减少现场作业、保证质量
5	提供便捷的管理手段	利用模型进行施工过程荷载验算、进度物料控制、施工质量检查等

1. 施工模型建立

施工前，施工单位组织设计技术人员先进行详细的施工现场查勘，重点研究解决施工现场整体规划、现场进场位置、卸货区的位置、起重机械的位置及危险区域等问题，确保建筑构件在起重机械安全有效范围作业；施工工法通常由工程产品和施工机械决定，现场的整体规划、现场空间、机械生产能力、机械安拆的方法又决定施工机械的选型；临时设施是为工程施工服务的，它的布置将影响工程施工的安全、质量和生产效率。

鉴于上述原因，施工前根据设计方提供的 BIM 设计模型，建立包括建筑构件、施工现场、施工机械、临时设施等在内的施工模型。基于该施工模型，可以完成以下内容：基于施工构件模型，将构件的尺寸、体积、重量、材料类型、型号等记录下来，然后针对主要构件选择施工设备、机具，确定施工方法；基于施工现场模型，模拟施工过程、构件吊装路径、危险区域、车辆进出现场状况、装货卸货情况等，直观、便利的协助管理者分析现场的限制，找出潜在的问题，制定可行的施工方法；基于临时设施模型，能够实现临时设施的布置及运用，帮助施工单位准确地估算所需要的资源、评估临时设施的安全性、是否便于施工以及发现可能存在的设计错误。整个施工模型的建立，能够提高效率、减少传统施工现场布置方法中存在漏洞的可能，及早发现施工图设计和施工方法的问题，提高施工现场的生产率和安全性。

2. 施工质量管理

一方面，业主是工程高质量的最大受益者，也是工程质量的主要决策人，但由于受专业知识限制，业主同设计人员、监理人员、承包商之间的交流存在一定困难。BIM 为业主提供形象的三维设计，业主可以更明确地表达自己对工程质量的要求，如建筑物的色泽、材料、设备要求等，有利于各方开展质量控制工作。

另一方面，BIM 是项目管理人员控制工程质量的有效手段。由于采用 BIM 设计的图纸是数字化的，计算机可以在检索、判别、数据整理等方面发挥优势。而且利用 BIM 模型和施工方案进行虚拟环境数据集成，对建设项目的可建设性进行仿真试验，可提前发现质量问题。

3. 施工进度管理

在 BIM 三维模型信息的基础上，增加一维进度信息，我们将这种基于 BIM 的管理称为 4D 管理。从目前看，BIM 技术在工程进度管理上有三方面应用。

首先，是可视化的工程进度安排。建设工程进度控制的核心技术，是网络计划技术。目前，该技术在我国利用效果并不理想。在这一方面 BIM 有优势，通过与网络计划技术的集成，BIM 可以按月、周、天直观地显示工程进度计划。另一方面便于工程管理人员进行不同施工方案的比较，选择符合进度要求的施工单位方案，同时也便于工程管理人员发现工程计划进度和实际进度的偏差，及时进行调整。

其次，是对工程建设过程的模拟。工程建设是一个多工序搭接、多单位参与的过程。工程进度总计划，是由多个专项计划搭接而成的。传统的进度控制技术中，各单项计划间的逻辑顺序需要技术人员来确定，难免出现逻辑错误，造成进度拖延。而通过 BIM 技术，用计算机模拟工程建设过程，项目管理人员更容易发现在二维网络计划技术中难以发现的工序间逻辑错误，优化进度计划。

最后，是对工程材料和设备供应过程的优化。当前，项目建设过程越来越复杂，参与单位越来越多，如何安排设备、材料供应计划，在保证工程建设进度需要的前提下，节约运输和仓储成本，正是精益建设要解决的重要问题。BIM为精益建设思想提供了技术手段。通过计算机的资源计算、资源优化和信息共享功能，可以达到节约采购成本，提高供应效率和保证工程进度的目的。

4. 施工成本管理

在4D的基础上，加入成本维度，被称为5D技术，5D成本管理也是BIM技术最有价值的应用领域。在BIM出现以前，在CAD平台上，我国的一些造价管理软件公司已对这一技术进行了深入的研发，而在BIM平台上，这一技术可以得到更大的发展空间，主要表现在以下四个方面。

首先，BIM使工程量计算变得更加容易。在BIM平台上，设计图纸的元素不再是线条，而是带有属性的构件。也就不再需要预算人员告诉计算机它画出的是什么东西了，“三维算量”实现了自动化。

其次，BIM使成本控制更易于落实。运用BIM技术，业主可以便捷准确地得到不同建设方案的投资估算或概算，比较不同方案的技术经济指标。而且，项目投资估算、概算亦比较准确，能够降低业主不可预见费比率，提高资金使用效率。同样，BIM的出现可以让相关管理部门快速准确地获得工程基础数据，为企业制定精确的“人材机”计划提供有效支撑，大大减少了资源、物流和仓储环节的浪费，为实现限额领料、消耗控制提供了技术支撑。

再次，有利于加快工程结算进程。工程实施期间进度款支付拖延的一个主要原因是工程变更多、结算数据存在争议。BIM技术有助于解决这个问题。一方面，BIM有助于提高设计图纸质量，减少施工阶段的工程变更；另一方面，如果业主和承包商达成协议，基于同一BIM进行工程结算，结算数据的争议会大幅度减少。

最后，多算对比及有效管控。管理的支撑是数据，项目管理的基础就是工程基础数据的管理，及时、准确地获取相关工程数据就是项目管理的核心竞争力。BIM数据库可以实现任一时点上工程基础信息的快速获取，通过合同、计划与实际施工的消耗量、分项单价、分项合价等数据的多算对比，可以有效了解项目运营是盈是亏、消耗量有无超标、进货分包单价有无失控等问题，实现对项目成本风险的有效管控。

5. 施工安全管理

BIM具有信息完备性和可视化的特点，BIM在施工安全管理方面的应用主要体现在以下三个方面。

首先，将BIM当作数字化安全培训的数据库，可以达到更好的效果。对施工现场不熟悉的新工人在了解现场工作环境前都有较高遭受伤害的风险。BIM能帮助他们更快和更好地了解现场的工作环境。不同于传统的安全培训，利用BIM的可视化和与实际现场相似度很高的特点，可以让工人更直观和准确地了解现场的状况，从而制定相应的安全工作策略。

其次，BIM还可以提供可视化的施工空间。BIM的可视化是动态的，施工空间随着工程的进展会不断地变化，它将影响工人的工作效率和施工安全。通过可视化模拟工作人员的施工状况，可以形象地看到施工工作面、施工机械位置，并评估施工进展中这些工作空间的可用性、安全性。

最后，仿真分析及健康监测。对于复杂工程，在施工中如何考虑不利因素对施工状态的影响并进行实时的识别和调整、如何合理准确地模拟施工中各个阶段结构系统的时变过程、如何合理地安排施工和进度、如何控制施工中结构的应力应变状态处于允许范围内，都是目前建筑领域所迫切需要研究的内容与技术。通过 BIM 相关软件可以建立结构模型，并通过仪器设备将实时数据传回，然后进行仿真分析，追踪结构的受力状态，杜绝安全隐患。

（三）施工单位的 BIM 技术应用形式

目前，全国施工单位的 BIM 技术发展水平并不一致，有的施工单位经过多年多个项目的 BIM 技术应用，已经找到了 BIM 技术的应用方向，将 BIM 中心升级为施工深化设计中心，具体的项目管理应用由中心配合项目管理部组织，各分包分别应用，最终集成的服务方式，但还有的企业才刚刚开始了解 BIM 技术。BIM 技术施工常见应用形式见表 4-6。

表 4-6　BIM 技术施工常见应用形式

序号	应用形式
1	成立施工深化设计中心，由中心负责承建设计 BIM 模型或搭建 BIM 设计模型，基于 BIM 技术进行深化设计，由中心配合项目部组织具体施工过程 BIM 技术实施
2	成立集团协同平台，对下属项目提供软、硬件及云技术协同支持
3	委托 BIM 技术咨询公司，同步培训并咨询，在项目建设过程中摸索 BIM 技术对于项目管理的支持
4	完全委托 BIM 技术咨询公司，进行投标阶段 BIM 技术应用，被动解决建设方 BIM 技术要求
5	提供便捷的管理手段，利用模型进行施工过程荷载验算、进度物料控制、施工质量检查等

上述几种形式都是现阶段施工单位 BIM 技术应用的常见形式，具体采用何种形式，可根据施工单位企业规模、人员规模、市场规模等因素，综合判断确定。

四、监理咨询单位与 BIM 应用

项目管理过程中常见的监理咨询单位有监理单位、造价咨询单位和招标代理单位等，也有新兴的 BIM 咨询单位。这里仅介绍与 BIM 技术应用更为紧密的监理单位、造价咨询单位、BIM 咨询单位。

（一）项目管理中的监理单位工作特征

工程监理的委托权由建设单位拥有，建设单位为了选取有资格和能力并且与施工现状相匹配的工程监理单位，一般以招标的形式进行选择，通过有偿的方式委托这些机构对施工进行监督管理。工程监理工作涉及范围大，监理单位除了工程质量之外，还需要对工程的投资、工程进度、工程安全等诸多方面进行严格监督和管理。监理范围由工程监理合同、相关的法律规定、相对应的技术标准、承发包合同决定。工程监理单位在建立过程中具有相对独立性，维护的不仅仅是建设单位的利益，还需要公正地考虑施工单位的利益。工程监理是施工单位和建设单位之间的桥梁，各个相关单位之间的协调沟通离不开工程监理单位。

（二）监理方 BIM 项目管理的应用需求

从监理单位的工作特征可以看出，监理单位是受业主方委托的专业技术机构，在项目管理工作中执行建设过程监督和管理的职责。如果按照理论的监理业务范围，监理业务包含了设计阶段、施工阶段和运维阶段，甚至包含了投资咨询和全过程造价咨询，但通常的监理服务内容往往仅包含建造实施阶段的监督和管理。

正因为监理单位不是实施方，而技术目前尚在实践、探索阶段，还未进入规范化应用、标准化应用的环节，所以，目前 BIM 技术在监理单位的应用还不普遍。但如果按照项目管理的职责要求，一旦 BIM 技术规范开始应用，监理单位仍将代表建设方监督和管理各参建单位的 BIM 技术应用。

鉴于目前已有大量项目开始应用 BIM 技术，监理单位目前在 BIM 技术应用领域应从两个方向开展技术储备工作：①大量接触和了解 BIM 应用技术，储备 BIM 技术人才，具备 BIM 技术应用监督和管理的能力。②作为业主方的咨询服务单位，能为业主方提供公平公正的 BIM 实施建议，具备编制 BIM 应用规划的能力。

（三）造价咨询单位的 BIM 技术应用

工程造价咨询是指面向社会接受委托，承担工程项目的投资估算和经济评价、工程概算和设计审核、标底和报价的编制和审核、工程结算和竣工决算等业务工作。

造价咨询单位的服务内容，总体而言，包含两部分：一是具体编制工作，二是审核工作。这两部分内容的核心都是工程量与价格（价格包含清单价、市场价等）。其中工程量包含设计工程量和施工现场实际实施动态工程量。

BIM 技术的引入，将对造价咨询单位在整个建设全生命周期项目管理工作中对工程量的管控发挥质的提升。

1. 算量建模工作量将大幅度减少

因为承接了设计模型，传统的算量建模工作将变为模型检查、补充建模（钢筋、电缆等），传统建模体力劳动将转变为对基于算量模型规则的模型检查和模型完善。

2. 大幅度提高算量效率

传统的造价咨询模式是待设计完成后，根据施工图纸进行算量建模，根据项目的大小，少则一周，多则数周，计价出件。算量建模工作量减少后，将直接减少造价咨询时间，同时，算量成果还能在软件中与模型构件一一对应，便于快捷直观地检验成果。

3. 将减轻企业负担，形成以核心技术人员和服务经理组成的企业竞争模式

传统造价咨询行业，算量建模人员数量占据了企业主要人员规模。BIM 技术应用推广以后，算量建模将不再是造价咨询企业的人力资源重要支出，丰富的数据资源库、项目经验积累、资深的专业技术人员，将是造价咨询企业的核心竞争力。

4. 单个项目的造价咨询服务将从节点式变为伴随式

BIM 技术推广应用后，造价咨询行业的参与度将不再局限于预算、清单、变更评估、结算阶段。项目进度评估、项目赢得值分析、项目预评估，均需要造价咨询专业技术支持。同时，项目管理、计价是一项复杂的工程，涵盖了定额众多子项和市场信息调价，必须有专业的软件应用人员和造价咨询专家技术支持。造价咨询行业将延伸到项目现场，延伸到项目建设全过程，与项目管理高度融合，提供持续的造价咨询技术服务。

（四）BIM 咨询顾问的 BIM 技术应用

在 BIM 技术应用初期，BIM 咨询顾问多由软件公司担当，在 BIM 技术推广应用方面功不可没。从长远来看，以 CAD 甩图板为例，纯 BIM 技术的咨询顾问公司将不再独立存在，但在相当长的一段时间内，两种类型的 BIM 咨询顾问，仍将长期存在（图 4-5）。

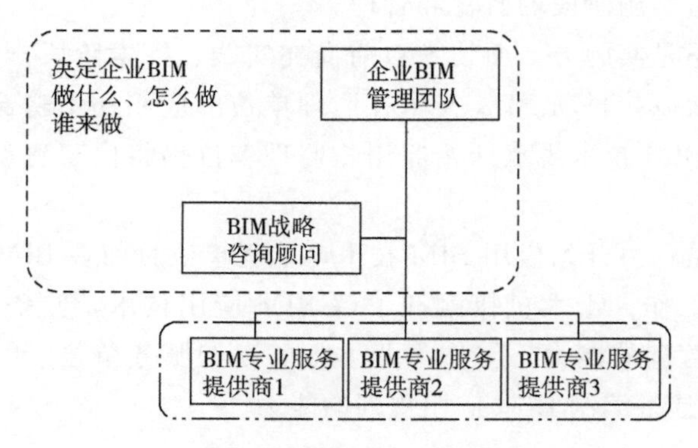

图 4-5　BIM 咨询类型

第一类 BIM 咨询顾问可以称之为 BIM 战略咨询顾问，其基本职责是企业自身 BIM 管理决策团队的一部分，和企业 BIM 管理团队一起帮助决策层决定该企业的 BIM 应该做什么、怎么做、找谁来做等问题，通常 BIM 战略咨询顾问只需要一家，如果有多家，虽然理论上可行但实际操作起来可能比没有还麻烦。BIM 战略咨询顾问对企业要求高，要求其对项目管理实施规划、BIM 技术应用、项目管理各阶段工作、各利益相关方工作内容，均要精通且熟练。

第二类 BIM 咨询顾问是根据需要帮助企业完成企业自身目前不能完成的各类具有 BIM 任务的 BIM 专业服务提供商，一般情况下企业需要多家 BIM 专业服务提供商。首先因为没有一家 BIM 咨询顾问能在每一项 BIM 应用上都做到最好，再者同样的 BIM 任务通过不同 BIM 专业服务提供商的比较，企业可以得到性价比更高的服务。

目前，BIM 咨询顾问尚无资质要求，理论上，可对项目管理任意一方提供 BIM 技术咨询服务，但在实际操作过程中，企业往往根据 BIM 咨询顾问的人员技术背景、人员技术实力、企业业绩，选择合适的 BIM 咨询顾问合作。

五、供货单位与 BIM 应用

（一）供货单位的项目管理

供货单位作为项目建设的一个参与方，其项目管理主要服务于项目的整体利益和供货单位本身的利益。其项目管理的目标包括供货单位的成本目标、供货的进度目标和供货的质量目标。

供货单位的项目管理工作主要在施工阶段进行，但它也涉及设计准备阶段、设计阶段、动用前准备阶段和保修期。

供货单位项目管理的任务包括：供货的安全管理；供货单位的成本控制；供货的进度控

制；供货的质量控制；供货合同管理；供货信息管理；与供货有关的组织与协调。

（二）供货单位项目管理的 BIM 应用需求

在建筑全生命周期项目管理流程中，供货单位的 BIM 应用需求主要来自以下四个方面，见表 4-7。

表 4-7 供货单位 BIM 项目管理应用需求

序号	应用需求	具体内容
1	设计阶段	提供产品设备全信息 BIM 数据库，配合设计样板进行产品、设备设计选型
2	招投标阶段	根据设计的 BIM 模型，匹配符合设计要求的产品型号，并提供对应的全信息模型
3	施工建造阶段	配合施工单位，完成物流追踪；提供合同产品、设备模型，配合进行产品、设备吊装或安装模拟；根据施工组织设计 BIM 指导，配送产品、货物到指定位置
4	运维阶段	配合维修保养，配合运维管控单位及时更新 BIM 数据库

六、运维单位与 BIM 应用

（一）运维单位与项目管理

常规项目开发建设最长 3～5 年，而运维单位管理工作则长达 50～70 年，甚至上百年。工程建设与物业管理是密不可分的，正确处理好工程建设与物业管理的关系，搞好建管衔接是确保建筑在使用周期内长治久安的大事。在一些新建住宅小区，之所以出现“一年新、二年破、三年乱”的现象，业主入住初期就有大量的投诉和报修，以及物业管理前期介入开发建设的全过程难以落实，从根本上讲，是因为还没有找到开发建设与物业管理有效衔接的途径和手段。

建筑物作为耐用不动产，其使用周期是所有消费商品中寿命最长的一种。它在长期的使用过程中具有自身需要维护、保养的特点，又有其居住主人（物业所有权人和物业使用权人）不断接受服务（特殊商品）的需求，同时，它还具有美化环境和装点城市的功能。这些远不是作为物质形态的房产可以独立完成的，必须辅之以管理、服务。这种服务并不是简单的维修和保养，而是一种综合的、高层次的管理和服务。尤其重要的是，管理服务必须是经常性的。

以下就住宅小区物业管理与开发建设过程中一些主要环节，介绍运维单位与项目管理之间的关系。

1. 规划设计阶段的物业前期介入

规划设计作为住宅小区开发建设前期工作的重要环节，对于住宅小区的形成起着决定性作用。在进行规划时，不仅要从住宅区的总体布局、使用功能、环境布置来安排，而且要对物业管理所涉及的问题加以考虑。现状是开发商在规划设计时较少考虑日后物业管理的因素，往往导致住宅小区设施配套不全、安全管理不善，给管理带来了许多不便。一些发达城市小区管理得好，首先是规划设计搞得好，如小区封闭管理的形式、垃圾点的设置、监控防盗系统的配置、园林绿化和硬化美化的设计、物业管理办公和经营性用房的定位等，都考虑得非常周到，为日后的物业管理提供了极为有利的条件，只有这样才能使住宅小区在几十年的使用周期内实现物业管理运营的良性循环。

2. 工程建设阶段的物业监督

在住宅小区建设阶段，施工质量直接关系到小区将来使用功能的正常发挥。抓好小区建设的施工质量不仅关系到住户的切身利益，也关系到日后物业管理的难易，是物业管理的重要内容，所以物业需配合工程建设参与工程监督：物业是以住户的身份代表业主利益检验工程质量，避免为验收而验收；能及早地从今后管理的角度监督建设施工单位严格地按规划设计原意进行建设，及时制止一些建设单位不顾小区今后管理的难度和广大业主的利益而随意改变规划设计现象的发生；能使物业了解房屋建设结构及各种管线的埋设，收集整理好小区建设的基本情况和有关资料，在业主入住前，为住宅区的装修管理和水电、土建维修提供方便，使建设寓于管理之中，为全面管理好小区打好基础。

3. 接管前的承接查验

物业管理单位参加单项工程验收和小区综合竣工验收是住宅小区整体物业接管前对建设单位的最后一个制约环节，对未按规划设计建设配套设施和物业管理设施的行为，物业管理单位有权要求建设单位补建或完善，从而确保物业管理前提条件的落实。在物业验收中严格把关，对即将接管的小区认真做好使用功能的核查，对各种设备、管线都逐一检查并做好登记，办理交接手续，建立移交档案，与开发建设单位签订《前期物业管理服务协议》，从法律上完成建管交接。验收的主要内容包括分户验收、设备验收、配套验收、公区验收等。

4. 综合竣工验收后的项目移交接管

住宅小区综合竣工验收后标志着开发建设单位的工程建设任务的完成，物业管理单位在这个阶段要全面的介入前期管理。前期物业管理是指从房屋竣工交付使用销售之日至业主委员会成立之日的管理，按照有关规定新建住宅小区入住率达到50%以上时才具备成立业主委员会的条件。因此从小区竣工到业主委员会成立一般要2～3年的时间，在这期间物业管理企业实施前期物业管理是避免建管脱节的重要举措。首先要做好与开发建设单位的移交工作，移交主要包括资料移交、物品移交、工程移交等。其次，在小区竣工交付后的前期物业管理阶段，虽然开发建设单位的工程建设任务完成了，但一般情况下，其住宅销售正值高峰期，实施优质的物业管理服务一方面能够增强购房者的信心，另一方面已经购房的业主对物业管理的满意度也能够对相关群体产生潜在的购房消费需求，起到促销的作用，并能加快开发建设单位投资回收的速度。这也体现了物业管理反作用于开发建设的特性。

综上所述，住宅小区的物业管理与开发建设的各个环节有着内在的联系，开发建设单位为购房人提供了住宅产品消费，物业管理单位为购房人提供了物业服务消费，从维护消费者权益的角度无论是提供住宅产品的开发商还是提供服务行为的物业管理，其根本目的是一致的，那就是让业主（消费者）享有优良的产品和优质的服务，因此住宅小区的开发建设和物业管理是相互依存、相互促进的关系。

（二）运维单位 BIM 项目管理的应用需求

结合运维单位在建筑全生命周期项目管理流程中的特点，运维单位的 BIM 应用需求主要来自以下四个方面，见表 4-8。

表 4-8　运维单位 BIM 项目管理应用需求

序号	应用需求
1	BIM 技术可以用更好更直观的技术手段参与规划设计阶段
2	BIM 技术应用帮助提高设计成果文件品质，并能及时地统计设备参数，便于前期运维成本测算，从运维角度为设计方案决策提供意见和建议
3	施工建造阶段，运用 BIM 技术直观检查计划进展、参与阶段性验收和竣工验收，保留真实的设备、管线竣工数据模型
4	运维阶段，帮助提高运维质量、安全、备品备件周转和反应速度，配合维修保养，及时更新 BIM 数据库

第二节　BIM 在项目管理中的协同

一、BIM 与协同

（一）概述

1. 协同的定义

协同最早源于古希腊，通俗地讲就是协调合作。安索夫从经济学意义上借用投资收益率确立了协同的含义，即为什么企业整体价值有可能大于各部分价值的总和，形成协同效应。可以这样说，协同的定义往往限定于一个特定的环境，协同涉及两个或两个以上的人（或个体）彼此之间交互，为了实现共同的工作目标，从事单一事件或一系列工作的活动。需要注意的是，信息不充分、信息缺失或信息扭曲都会引发协同方面的问题，信息不完全或不对称加大了行为与决策过程的不确定性。因此，信息处理、信息集中和信息共享是协同战略或协同机制中不可缺少的组成部分。综上，将 BIM 与协同的结合使得建筑行业提升工作效率成为可能。

2. BIM 环境对协同管理的影响

自 2003 年以来，BIM 的使用被认为是为 AEC 行业的合作提供了实质性的改进。使用 BIM 的数据显示，在一定程度上仍存在实施 BIM 的大量障碍，特别是大规模学科之间共享信息的缺陷。即使在过去的几年中，BIM 的采用得到显著性增长，但在不同组织和学科之间的共享模型一直没有取得实质性进展，传统的 CAD 模型所表达的 AEC 行业合同文件没有得到根本性的改变，协同项目环境的建设任务仍然非常艰巨。苏卡将协同项目环境中 BIM 活动分为过程、政策和技术相交的维恩图，认为在不同的领域中 BIM 活动相对独立，领域之间交互性不足，即使在各个领域内部，由于不同参与主体 BIM 应用的角度和范围的不同，利益诉求点存在较大的分歧，协同意识淡薄。

苏卡通过对早期的 BIM 采纳者的一系列访谈发现，几乎所有的访谈者均认为，在大多数情况下，BIM 模型文件共享仍然被限制成传统的 2D 文档，虽然 BIM 软件在未来将继续增长和持续使用，但所面临的挑战很多。其中就包括大多数业主或客户缺乏相应 BIM 的知识和经验。此外，许多受访者还表示，越来越多的工作绩效与自己学科之外整个系统开发的期望值息息相关，不同专业之间的工作协同显得越来越密切。例如，建筑机械专业设计师如果需要开发一个建筑信息模型，当他们在设计开发基础计算确定的空间体积时，这可能需要一个产品构件之间的文件共享，或期望增加不同学科之间的合作，以提升对模型的理解水平。如果行业能够更好地利用跨组织 BIM 增强协同工作，必将极大地缩短设计与施工过程，有助于提高建设项目的整体设计与施工质量，促进项目不同专业之间的交叉与合作。

3. BIM 协同管理效应具有差异性

BIM 在不同项目应用过程中，其应用范围、应用阶段、应用技术、应用组织及应用方式等都会有所不同，从而对跨组织协同的要求是不同的，这会引起 BIM 跨组织协同效应的差异性。要有效实现基于 BIM 的协同效应，项目各参与方需要加强跨组织间功能活动的协调与管理。不同项目参与方有着不同的 BIM 应用范式，项目各参与方的跨组织范式实践的差异性也将增加 BIM 跨组织协同效应的差异性。

作为建筑业的跨组织技术，BIM 在建设项目中应用，权力较大的一方（如业主）可以使用激励或是强迫其他参与方采用 BIM，但却无法命令项目其他参与方为 BIM 成功应用相互合作或相互配合。如何鼓励建设项目各参与方有效应用 BIM，成为 BIM 情境下建设项目管理的重要议题之一。

4. BIM 协同应用管理的意义

（1）组织运行层面的意义

BIM 作为建设项目信息共享中心，更是团队成员的合作平台。首先，基于 BIM 应用平台，项目成员可以实现信息的及时交流和在线通信，避免合作在时间和空间上存在着隔阂，有利于组织效率的提高和合作气氛的形成。其次，应用 BIM 可以避免设计和施工信息的分离，使分离的信息集合起来，集中存取、统一管理，通过设计考虑施工的可行性来提高设计与施工的协调度和受控度，降低现场操作难度。最后，基于 BIM 协同应用的工程项目交付和运营，在海量的信息支撑下使得交付流程和运营工作变得简化、高效，可以克服传统模式下交付过程二维图纸抽象、不完善、信息存储分散无关联的缺点，建筑设施的空间位置、数量大小、使用性能等基本信息得到了很好的集成，避免了交付时项目信息的缺失和离散。

（2）技术支撑层面的意义

BIM 协同应用支持多项设计与施工整合技术的实现。首先，基于业主需求，BIM 可实现精益建造建筑、结构、装饰、机电等设计过程的高度集成，使专业工程师能够在同一平台上同时进行设计工作、消除模型冲突。通过场地分析、方案论证、可视化管控、动态优化来避免重复设计、减少设计变更和大量返工。其次，BIM 的 VDC 技术及匹配软件可实现精益建造的建筑性能、碰撞检测、规范验证、系统协调等可视化分析，在信息完整的设计模型上模拟现场施工。最后，利用 BIM 的直观虚拟动画，可提前安排施工场地布置、具体施工操作演示，实现施工流程与关键工序在设计阶段的优化及改进，减少施工阶段的浪费。总之，BIM 能够按照顾客的需求协同应用于设计与施工的整合，使设计流与施工流得到持续优化，实现价值链的不断增值。

（二）BIM 与工程参与主体的协同

工程建造活动能否顺利进行，很大程度上取决于各参与方之间信息交流的效率和有效性，许多工程管理问题如成本的增加、工期的延误等都与项目组织中各参与方之间的信息沟通损失有关。工程项目全生命周期一般由策划、设计、施工和运营等阶段构成，传统管理模式按照全生命周期的不同阶段来划分，即每个阶段由不同的项目参与方来完成。在建设过程中，不同参与方的管理是分割的。然而，由于专业分工及各参与方介入工程项目的时间差等问题，上游的决策往往不能充分考虑下游的需求，而下游的反馈又不能及时传达给上游，造成了信息管理中的孤岛现象，使项目参与方处于孤立的生产状态，不同参与方的经验和知识难以有效集成，不同阶段产生的大量资料和信息难以得到及时地传递和沟通，容易出现信息失效、内容短缺、信息内容扭曲、信息量过载、信息传递延误、信息沟通成本过高等一系列问题，加大了项目控制难度，造成工期拖延、成本增加及工程质量得不到保证等众多问题。传统模式下分工合作导致的问题主要包括设计过程的建筑、结构、设备等各专业间缺乏协调，设计深度不够，施工过程各参与方信息交流不畅，工程变更频繁等。

基于 BIM 的工程项目管理，以 BIM 模型为基础，为建筑全生命周期过程中各参与方、各专业合作搭建了协同工作平台，改变了传统的组织结构及各参与方的合作关系，为项目业主和各参与方提供项目信息共享、信息交换及协同工作的环境，从而实现了真正意义上的协同工作。

1. 设计-施工协同

在设计施工总承包模式下，施工单位在施工图设计阶段就可以介入项目，根据以往的施工经验，与设计单位共同商讨施工图是否符合施工工艺和施工流程的要求等问题，提出设计初步方案的变更建议，然后设计方做出变更以及进度、费用的影响报告，由业主审核批准后确定最终设计方案。

2. 各专业设计协同优化

基于 BIM 的项目管理在设计过程中，各个专业，如建筑、结构、设备（暖通、电、给排水），在同一个设计模型文件中进行，多个工种在同一个模型中工作，可以实时地进行不同专业之间以及各专业内部间的碰撞检测，及时纠正设计中的管线碰撞、几何冲突问题，从而优化设计。因此，施工阶段依据在 BIM 指导下的完整、统一的设计方案进行施工，就能够避免诸多工程接口冲突、施工、变更、返工问题。

3. 施工环节之间不同工种的协同

BIM 模型能够支持从深化设计到构件预制，再到现场安装的信息传递，将设计阶段产生的构件模型供生产阶段提取、深化和更新。例如，将 BIM 3D 设计模型导入到专业的构件分析软件里，完成配筋等深化设计工作。同时，自动导出数控文件，完成模具设计自动化、生产计划管理自动化、构件生产自动下料工作，实现构件设计、深化设计、预制构件、加工、预安装一体化管理。

4. 总包与分包的协同

BIM 技术能够搭建总承包单位和分包单位协同工作平台。由于 BIM 模型集成了建筑工程项目的多个维度信息，可以视为一个中央信息库。在建设过程中，项目各参与方在此中央信息库的基础上协同工作，可将各自掌握的项目信息进行处理，上传到信息平台，或者对信息平台上的信息进行有权限的修改，其他参与方便可以在一定条件下通过信息平台获取所需要的信息，实现信息共享与信息高效率、高保真率地传递流通。

以 BIM 技术为基础的工程项目建设过程是策划、设计、施工和运营集成后的一体化过程。事实上，在工程管理全过程中，每一个阶段的结束与下一个阶段的开始都存在工作上的交叉与协作，信息上的交换与复用。而 BIM 则为建设工程中各阶段的参与主体提供了一个共享的工作平台与信息平台。基于BIM的工程管理能够实现不同阶段、不同专业、不同主体之间的协同工作，保证了信息的一致性及在各个阶段之间流转的无缝性，提高了工程设计、建造的高效率。相关参与方在设计阶段能有效地介入项目，基于BIM平台进行协同设计，并对建筑、结构、水暖电等各个专业进行虚拟碰撞分析，用以鉴别冲突，对建筑物的能耗性能模拟分析。所有工作都基于BIM数字模型与平台完成，保证信息输入的唯一性，这是一个快速、高效的过程。在施工过程中，还可以将合同、进度、成本、质量、安全等信息集成至BIM模型中，形成整体工程数字信息库，并随着工程项目的生命延续而实时扩充项目信息，使每个阶段各参与方都能够根据需要实时、高效地利用各类工程信息。

二、设计阶段BIM协同管理

（一）BIM协同方法

1. BIM协同方式

基于BIM的协同设计是通过BIM软件和环境，以BIM数据交换为核心的协作方式，取代或部分取代了传统设计模式下低效的人工协同工作，使设计团队打破传统信息传递的壁垒，实现信息之间的多向交流。减轻了设计人员的负担、提高了设计效率、减少了设计错误，为智慧设计、智慧施工奠定了基础。

一般情况下可以把设计企业的协同工作分为基于数据的设计协同和基于流程的管理协同两个层面。对于设计企业而言，由于项目的BIM应用时期不同，参与专业的不同，会有不同的协同要求和协同方法。基于BIM的设计协同工作主要可分为以下几个方面：同一时期同一专业的BIM协同；同一时期不同专业间的BIM协同；设计阶段不同时期的BIM协同。

基于BIM的协同设计需要在一定的网络环境下实现项目参与者对设计文件（BIM模型、CAD文件等）的实时或定时操作。由于BIM模型文件比较大，对网络要求较高，一般建议是千兆局域网环境，对于需要借助互联网进行异地协同的情况，鉴于目前互联网的带宽所限，暂时还难以实现实时协同的操作，建议采用在一定时间间隔内同步异地中央数据服务器的数据，实现定时节点式的设计协同。

2. 协同设计要素

（1）协同方式的选择

选择适合项目特点和需求的协同方式，协同建模通常有两种工作模式，工作集模式和链接模式，或者两种方式混合。

（2）统一坐标和高程体系

坐标和高程是项目实现建筑、结构、机电全专业间三维协同设计的工作基础和前提条件。以Revit为例，可通过使用共享坐标记录链接文件相对位置，在重新制定链接文件时，可以通过使用共享坐标达到快速定位的目的，提高合模的效率和精度。并且，所有模型文件应采取统一的高程体系，否则合模后的模型会出现建筑物各专业高程不统一的问题。此外，还要特别注意设定好建筑物水平方向与总图中城市坐标体系的偏差角度。

（3）项目样板定制

项目样板定义了项目的初始状态，如项目的单位、材质设置、视图设置、可见性设置、载入的族等信息。合适的项目样板是高效协同的基础，可以减少后期在项目中的设置和调整，提高项目设计的效率。设计人员根据不同项目的特征，将所需的建筑、结构、机电等构件族在模板中预先加载，并定义好部分视图的名称和出图样板，形成一系列项目模板。协同设计团队人员只需要浏览默认样板文件，即可调用指定的样板文件。例如，在脱水机房项目模板中，可以预先将常用的退水机、螺杆泵、污泥切割机等必要的构件族载入项目，基本上可以满足建模乃至出图的要求，而不用花费大量的精力查询和载入族。

Revit 中创建项目样板有几种方式。其中一种是在完成设计项目后，单击“应用程序菜单”按钮，在列表中选择“另存为项目样板”命令，可以直接将项目保存为“.rte”格式的样板文件。另一种方法是通过修改已有项目样板的项目单位、族类型、视图属性可见性等设置形成新的样板文件并保存。通过不断地积累各类项目样板文件，形成丰富的项目样板库，可以大大提高设计工作的效率。

(4) 统一建模细度，建模标准

建模细度（LOD）是描述一个 BIM 模型构件单元从概念化的程度发展到最高层次的演示级精度的步骤。设计人员建模时，首要任务就是根据项目的不同阶段以及项目的具体目的来确定模型细度等级，根据不同等级所概括的模型细度要求来确定建模细度。只有基于同一建模细度创建模型，各专业之间模型协同共享时才能最大限度避免数据丢失和信息不对称。建模细度等级的另一个重要作用就是规定了在项目的各个阶段各模型授权使用的范围。例如，BIM 模型只进展到初步设计模型细度，则该模型不允许应用于设计交底，只有模型发展到施工过程模型时才能被允许，否则就会给各方带来不必要的损失。类似内容需要合同双方在设计合同附录中约定。

在建筑设计过程中，不同专业可能应用不同 BIM 应用软件，由于执行的建模标准不同，将不同专业模型集合在一起时，就需要遵循统一的公共建模规则，以便最大限度地减少整合后的错误。为了能够准确整合模型，确保模型集成后能统一归位、规范管理，保证模型数据结构与实体一致，就需要在 BIM 平台软件中预先定义和统一模型楼层结构标准及 ID、楼层名称、楼层顶标高、楼层的顺序编码等。除此之外，还需建立公共的建模规范，例如，统一度量单位、统一模型坐标、统一模型色彩和名称等。在 BIM 技术深入发展的过程中，设计人员可以制定项目级的协同设计标准；企业可以根据自身的状况制定企业级 BIM 协同设计标准；行业可以制定符合行业发展要求的行业 BIM 标准。

(5) 工作集划分和权限设置

设计工作中，每一个单体建筑物的设计团队均由不同专业的若干设计人员组成，Revit 可通过使用工作集来区分模型图元及所属信息，结合二者的特点，项目负责人按照专业划分工作集，将项目参与人员和工作集进行对应，从而借助工作集分配工作任务。Revit 的工作集将设计参与人员的工作成果通过网络共享文件夹的方式保存在中央服务器上，并将他人修改的成果实时反馈给设计参与者，以便其及时了解修改和变更。工作集必须由项目负责人在开始协作前建立和设置，并指定共享存储中心文件的位置，定义所有参与设计人员的调用权限，不允许随意修改或获取其他工作集的编辑权限。当其他人员需要编辑非本人所属工作集中的图元时，必须经该工作集负责人员同意。当设计人员完成工作关闭项目文件时，为防止工作集被其他人员误改，建议选择“保留对图元和工作集的所有权”选项。

通过打开各工作集中的模型，设计负责人可以及时了解项目各专业人员的进度和修改情况，从而避免在传统二维设计中经常出现的由于不同专业间相互交接图纸及图纸频繁更新而导致的专业间图纸版本不一致问题。工作集是 Revit 中较为高级的协作方式，软件操作并不十分困难，需要特别注意设计人员的分配、权限设置、构件命名规则、文件保存命名规则等。

（6）模型数据、信息整合

协同设计必然要涉及模型整合的问题，而模型整合涉及坐标位置的整合和模型数据、信息的整合。对于设定了共享坐标系的单体模型而言，模型的整合十分便捷。不同的 BIM 应用软件生成的模型数据格式并不一致，而且需要考虑多个模型的转换和集成，目前虽然可以利用 IFC/GFC 接口标准以及各类软件之间研发的接口，但是也会造成数据的丢失和不融合。这是目前制约 BIM 协同设计模式发展的重要症结，解决此问题，一方面需要设计人员严格遵循相关 BIM 模型搭建规则和规范，另一方面也需要工程技术人员通过不断地研发创新，开发出更优质的数据接口和插件。

（二）设计阶段 BIM 模型协同管理的组织与流程设计

在设计阶段，BIM 模型协同管理的组织与流程可以表达如下。

1. 定义 BIM 模型实施的目标和应用

BIM 目标是项目实施 BIM 的核心。BIM 目标可以分为项目型 BIM 目标和企业级 BIM 目标，前者是完成特定合同或协议的 BIM 要求，关注技术的实现和突破，后者是依托 BIM 技术实现企业的长期战略规划，关注企业整体的资源整合、流程再造和价值提升。

2. 编制企业级 BIM 协同设计手册

设计项目采用 BIM 技术之前需要编制企业级 BIM 协同设计手册已经成为业内共识。目前，BIM 的国家标准正编制颁布中，地方标准也在陆续发布。企业可参照这些规范和标准结合自身情况编制自己的企业 BIM 导则，指导实际生产。

3. BIM 项目执行计划

BIM 设计团队必须充分考虑自身情况，对项目实施过程中可能遇到的困难进行预判，严格规定协同工作的具体内容，才能保证项目的顺利完成。在一个典型的 BIM 项目执行计划书中，应包含项目信息、项目目标、协同工作模式以及项目资源需求。

4. 组建项目工作团队

（1）组织架构

BIM 设计团队由三大类角色组成，即 BIM 项目经理、BIM 设计师（各专业负责人）和 BIM 协调员。

BIM 项目团队中最重要的角色是 BIM 经理。BIM 经理负责和 BIM 项目的委托者沟通，能够在充分领会其意图的同时，对现阶段 BIM 技术的能力范围有充分的了解，从而可以明确地告知委托者能在多大程度上满足其要求。BIM 经理必须具备丰富的工程经验，了解建筑项目从设计到施工各个环节的运转方式和 BIM 项目委托者的需求，熟悉 BIM 技术，还要在一定程度上懂得设计项目管理。

除了 BIM 经理，BIM 项目团队通常要配齐各专业经验丰富的设计师和工程师，并且要求他们熟练掌握 BIM 相关软件，或者为他们配备能熟练掌握 BIM 软件的 BIM 建模员。BIM 协调员是介于 BIM 经理和 BIM 设计师之间的衔接角色。负责协同平台的搭建，在平台上把 BIM 经理的管理意图通过 BIM 技术实现，负责软件和规范的培训、BIM 模型构件库管理、模型审查、冲突协调等工作。BIM 协调员还应协助 BIM 经理制定 BIM 执行计划，监督工作流程的实施，并协调整个项目团队的软硬件需求。

（2）项目团队工作方式

鉴于完善的模型分类及文件组织标准，通常在项目中实施主模型的工作机制。在团队协同过程中，模型根据不同业态、不同区域、不同楼层、不同专业、不同构件类别进行拆分，通常为Revit文件、FBX文件、AutoCAD文件及其他各种通用模型格式，它们通过文件组织关系组合成单体模型并用NWC保存，NWC之间组成项目的整体模型。这样做的目的是保证Revit等文件一有更新，链接的NWC将自动更新，保证主模型的准确性、有效性、及时性，同时，工程师只要进行模型局部修改即可完成模型更新工作。

5. 工作分解

这个阶段的主要工作是预估具体设计工作的工作量，并分配给不同项目成员。例如，建筑、结构专业可按楼层划分；MEP专业可按楼层划分，也可按系统划分。划分好具体工作，可作为制定项目进度计划以及后期产值分配的重要依据。

6. 建立协同工作平台

为保证各专业内和专业间BIM模型的无缝衔接和及时沟通，BIM项目需要在一个统一的平台上完成。协同工作平台应具备的基本功能是信息管理和人员管理。

7. BIM项目实施

前述工作基本都是为项目的执行做准备，准备工作多也是BIM项目的特点之一。BIM项目具体实施时，项目参与者要各司其职，建模、沟通、协调、修改，最终完成BIM模型。BIM模型的建立过程应根据其细化程度分阶段完成。不同等级的BIM模型用在不同的设计阶段输出成果，完成了符合委托者要求的BIM模型之后，可基于该BIM模型输出二维图纸、效果图、三维电子文档和漫游动画等设计成果。

三、施工阶段BIM模型协同工作

（一）BIM与工程施工的协同应用管理

1. 工程总承包模式对承包商应用BIM的意义

工程总承包一般采用设计—采购—施工总承包或者设计—施工总承包模式，也可根据项目特点和实际需要采用其他工程总承包模式。工程总承包组织模式预设了设计和施工的双重责任。在施工范围、总预算和总进度都确定下来后，它们就对几乎所有与项目有关的问题承担单方面责任。工程总承包模式降低了业主的风险，因为它消除了出现问题时设计方和施工方的责任纷争。BIM技术在工程总承包公司中的使用是具有优势的，因为它会使在项目早期整合项目团队成为可能，可以专业化建模，并将模型与所有团队成员分享。然而，如果工程总承包公司按传统方式组建，使用二维或三维CAD设计工具的设计师在设计完成后仅仅将图纸和其他相关文件交接给施工组的话，BIM的重要优势就无法体现了。在这种情况下，因为建筑模型必须在设计完成后才能创建，就失去了大部分BIM技术所能带给项目的价值。虽然它依旧可以带来一些价值，但是它忽略了BIM所能带给施工管理团队的一个主要价值，那就是它可以整合设计和施工达到真正一体化的能力。这种整合的缺失正是许多项目的致命弱点。

2. 承包商希望从BIM中得到的信息

工程项目的成功建设依赖于项目各参与方的交流和协作。通过应用BIM，承包商可以从设计单位那里得到BIM模型用于成本核算、沟通协调、施工计划、构件预制、采购以及其他的施工活动。

BIM 利用三维可视化的模型及庞大的数据库对工程施工的协同管理提供技术支持。在施工企业内部的组织协调管理工作中，通过 BIM 模型统计出来的工程量合理安排人员和物资，做到人尽其用，物尽其用。在施工企业对外的组织协调工作中，通过采用 BIM 的可视化模型为各方协同工作创造条件，通过以协调会议的方式讨论现场可能出现的交叉情况，项目参与各方通过 BIM 的可视化模型进行信息交流，在一个协同工作的环境中，帮助项目各参与方统一建设目标，并对施工过程达成共识。

3. BIM 协同与精益建造

精益建造是指将丰田生产系统（Toyota Production System，TPS）的根本思想及原则应用到建筑业并加以改进。在 TPS 中，关注点是减少浪费、增加价值、顾客满意和持续改进。大多数 TPS 的原则和工具同样适用于建筑业，但精益建造还有一些有别于 TPS 的原则。当使用精益建造时，可以通过循序渐进的步骤改进优化流程并减少浪费来使客户的利益最大化。正常情况下，把制造业的理论与工具运用于建筑业需要进行重大的改变。改变发生在实践和理论上，同时在建设过程中也在不断地探索如何运用制造业的方法，由科斯凯拉提出的转换流程和价值（TFV）理论就是很好的代表。

查尔斯·伊斯曼提出，BIM 为建筑业业务能力的提高和项目团队中角色及关系的改变提供了平台，如果恰当地使用 BIM，BIM 将有利于完善设计与施工一体化进程，从而能够减少成本、缩短周期并提高项目质量。从这点来看，BIM 可以为精益建造所期望的一些结果提供基础支持，精益建造与 BIM 之间具备强大的协同能力，这使得 BIM 可以更好地执行精益建造的准则，同时很大程度上也方便了其他精益原则的履行。当使用图纸方式创建、管理及交流信息时，浪费也就不可避免地产生了，因此，如设计文档间的信息不一致、大批量设计信息的流通限制以及获取设计信息所需周期较长等问题随之出现。BIM 在减少浪费上已经取得了很大效果，但是 BIM 可以做得更多。例如，可以改善建筑活动中很多工作人员的工作流程，即便这些工作人员没有直接运用 BIM。

为了研究 BIM 与精益建造之间的关系，萨克斯列出了 24 项精益建造准则和 18 项 BIM 功能，确认 56 项相互作用关系，其中的 52 项相互作用是正向的。其中第一个重要的协同效应就是使用 BIM 减少了变更。可视化形式、评估功能、设计备选方案的快速生成、信息的维护与设计模型的整合（包括单一信息源和碰撞检查）及自动生成报告，BIM 的这些功能保证了信息的一致性与可靠性，极大地减少返工浪费与信息等待时间。这影响着设计团队中的所有成员，同时带来了直观经济效益。

第二个协同效应是指 BIM 可以减少周转周期。在所有的生产系统中减少产品从进入系统到完成的时间都是一个重要的目标。这会帮助降低生产流程中的工作量，降低累积库存，同时以最低的代价来缓解突发事件带来的损失。美国萨特医疗中心工程项目团队利用 BIM 把造价预算周期从几个月缩短成了两三周，这是促使目标成本顺利实现的关键一步。BIM 用于自动生成建设任务、建设过程模拟及进度计划的四维可视化展现可以突显过程冲突，同时缩短建设工程周期。

第三个协同效应是 BIM 可以使建造产品及其建造过程可视化。例如，芬兰克鲁塞尔大桥展示了由承包商维护的，与设计师、钢结构生产商的模型同步的模型，为钢筋安装者和其他人提供详细的产品视图来提升生产力，同时与四维动画一起在末端计划系统之前或期间使用以支持更好的过程计划设计。当BIM系统与供应链伙伴的数据库整合时，可以提供更强大的信号交流机制，提醒拉动生产、物资流通以及抽取产品设计信息。上述方法在装配式建筑工程中极具代表性，大量预制混凝土构件在制造、运输、安装过程中被实时追踪，同时状态信息也通过不同的颜色在建设模型中有效地呈现出来。

最后，在设计阶段有效使用BIM模型能支持一系列的精益准则在模型中运用，客户可以更好地理解设计意图，设计师也能更好地进行性能分析。需求捕捉及信息流传递的过程得到很好的改善。绘图周期大量缩短意味着设计师可以花更长的时间进行概念设计，也推迟了最终进行决策的时间，这使得设计师可以对设计的更改进行更全面的分析，建筑预制构件的制作及安装运用越来越多，这也证明了上述BIM对预制构件精益建造准则的呼应。预制构件更能确保建筑质量以及缩短建造的过程，减少了生产及安装的时间。同时支持多种追踪技术的运用，使得整个过程可视化。

（二）施工阶段BIM模型协同管理的组织设计

1. 施工阶段BIM协同方法

（1）建立BIM组织结构和系统使用制度

建立基于BIM的管理体系，项目相关单位（业主方、监理方、咨询方、分包方等）纳入平台统一管理，明确岗位、工作职责；统一建模、审核、深化、设备、维护等标准；制定并规范BIM应用各流程；监理例会制度、检查制度等。

需要说明的是，尽管BIM应用价值最大化的理想状态是所有项目参与方都能够在各个层次上使用BIM，但是必须同时看到BIM应用的另外一些特点：由于BIM技术推广初期受各种条件的限制，BIM应用的各个层次不是一步到位的，也不需要一步到位；BIM应用既不需要在一个项目里实现各个层次，也不需要一个项目的所有参与方都同时使用；项目参与方中有一个人使用BIM就能给项目带来利益，只进行某一个层次的应用也能给项目带来利益。施工BIM应用宜覆盖工程项目深化设计、施工实施、竣工验收与交付等整个施工阶段，也可根据工程实际情况只应用某些环节或任务。

项目成员的职责并不会因为BIM而变化，但成员之间的关系和工作方式却会发生变化，甚至可以是很大的变化。例如，传统的项目成员之间更在意各司其职，各自都有自己的工作目标，采用BIM技术后，更重视协同作业，把项目的成功作为成员共同的目标。而且由于BIM技术的跨组织性，使项目成员的工作不再是按顺序进行的，更多的工作可以并行开展。应用BIM的目的不是为了使工程项目的建设工作更复杂化，而是为了找到更好地实现项目建设目标的办法，高效优质完成工程项目，满足建筑业客户的需求。

（2）构建施工BIM协同平台

建立基于互联网的BIM模型数据存储和交换方式。BIM模型数据存储和交换有文件方式、API方式、中央数据库方式、联合数据库方式、Web Service方式等，在上述方式里面，前两种方式从理论上还可以在非互联网的情形下实现，而后面三种方式则完全是以互联网为前提的。例如，美国关于BIM能力成熟度的衡量标准根据不同方法划分为十级成熟度（其中1级为最不成熟，10级为最成熟）。其中，在十级BIM实施和提交方法中只有1～2两级属于单机工作方法，3～4两级属于局域网工作方法，而5～10级都属于互联网工作方法，互联网应用的水平越高，BIM的成熟度也越高。

在互联网的基础上，施工企业应构建企业级/项目级BIM协同管理平台。尽管BIM技术推广的初期，很多企业是选择单项目、使用单机的BIM软件（或在局域网内协同共享）作为试点进行BIM应用，这种单机（或局域网）的工作方式、单项目的BIM应用模式无法发挥BIM模型可以把项目全生命周期所有信息集成为多维度、结构化数据模型的能力，随着BIM技术的深入应用，企业总部集约化管理模式将取代项目部式管理模式，成为主流的管理模式。构建企业级BIM协同管理平台是BIM发展的方向，项目各相关方在BIM协同管理平台中协同工作、共享模型数据。

企业级BIM协同管理平台必须具有以下模块：权限管理模块，可以实现人员信息录入、信息管理和操作授权；信息集成模块，可以实现图纸、资料、照片等施工资料的上传并与模型构件相关联；数据分析模块，可以快速分析阶段性人材机数据、多工程造价数据并对数据进行统计、汇总、报表设计；图形模块，可以实现虚拟建造演示、可视化沟通交流技术问题、可视化技术交底等功能。各相关方应根据BIM应用目标和范围选用具备相应功能的BIM软件。管理系统及其配套客户端软件具有强大的信息采集、集成和数据分析功能。

与设计阶段的协同平台构建不同，设计阶段协同平台管理的是不同专业设计师正在建立（设计）的项目模型，需要强大的图形编辑功能。而施工阶段协同平台管理的是已经经过深化设计、专项方案制定和优化后的施工过程模型，不再需要经常修改（有设计变更时在设计软件中修改模型，在施工协同平台更新修改后的模型即可）。构建BIM协同平台的目的是共享经过深化设计的施工工作模型，平台的使用人员以集成施工阶段信息为主，系统用户可以通过客户端软件在模型中插入、提取、更新和修改信息，以支持和反映其各自职责的协同作业。系统客户端软件不需要模型编辑功能，需要的是与模型构件相关的信息编辑功能、数据分析功能和图形（施工工艺）显示功能，包括上传与施工模型匹配的图纸资料，施工过程中产生的材料、设备、施工技术资料、现场质量、安全资料等信息并与模型关联，进度数据与模型关联，通过PC端、平板电脑、智能移动终端等可以实时上传和调取数据。

2. 施工BIM协同应用流程

施工BIM协同应用流程宜分贯穿施工全过程的整体流程和不同专业、不同阶段、不同层级的详细作业流程等几个层次编制。

① 在设计贯穿施工全过程的BIM整体应用流程时，宜描述不同专业、不同岗位在整个施工过程BIM应用之间的顺序关系、信息交换要求，并为每项BIM应用指定责任方。

② 在详细流程中，宜描述BIM应用的详细工作顺序，包括每项任务的责任方，以BIM应用流程图形式表达BIM应用过程、定义BIM应用过程中的信息交换要求，明确BIM应用的基础条件。

施工BIM协同管理的组织与流程设计，要明确项目相关各方的施工BIM应用责任、技术要求、人员及设备配置、工作内容、岗位职责、工作进度等。各相关方应基于BIM应用策划建立定期沟通、协商会议等BIM应用协同机制，建立模型质量控制计划、规定模型细度、模型数据格式、权限管理和责任方，实施BIM应用过程管理。

（三）施工阶段BIM模型协同内容及要素

1. 施工BIM协同内容

施工阶段的BIM具有不同于其他阶段的特点，主要体现在模型的创建方法、模型细度、模型应用和管理方式等。同样，BIM也随施工阶段不同环节或任务有所不同。BIM环境下的施工阶段协同管理实施流程实质就是明确各项目参与方在施工阶段各自的任务和责任。

（1）施工BIM应用策划

工程项目的施工BIM应用策划应与其整体计划协调一致。施工BIM应用策划应明确下列内容：①BIM应用目标。主要BIM应用目标包括多方案比选、全生命周期分析、施工计划、成本估算。需完成的主要BIM应用工作包括深化设计建模、施工过程模拟、4D建模、5D造价等。②BIM应用范围和内容。“够用就好”是BIM应用的基本策略，过多、过细的信息将浪费工程项目的宝贵资源。因此，在BIM应用策划中明确BIM应用目标和范围，并明确对应的模型细度，降低BIM应用投入，提升BIM应用效益。③人员组织架构和相应职责。要详细描述项目团队协作的规程，主要包括模型管理规程。例如命名规则、模型结构、坐标系统、建模标准、文件结构、操作权限以及关键的协作会议日程和议程等。④BIM应用流程。⑤模型创建、使用和管理要求。⑥信息交换要求。⑦模型质量控制和信息安全要求。详细描述为确保BIM应用需要达到的质量要求，以及对项目参与者的监控要求、进度计划和应用成果要求。⑧软硬件基础条件等。

BIM应用流程编制宜分为整体和分项两个层次。整体流程应描述不同BIM应用之间的逻辑关系、信息交换要求及责任主体等。分项流程应描述BIM应用的详细工作顺序、参考资料、信息交换要求及每项任务的责任主体等。制定施工BIM应用策划可按下列步骤进行：①确定BIM应用的范围和内容；②以BIM应用流程图等形式明确BIM应用过程；③规定BIM应用过程中的信息交换要求；④确定BIM应用的基础条件，包括沟通途径以及技术和质量保障措施等；⑤施工BIM应用策划及其调整应分发给工程项目相关方，工程项目相关方应将BIM应用纳入工作计划。

（2）施工BIM应用管理

工程项目相关方应明确施工BIM应用的工作内容、技术要求、工作进度、岗位职责、人员及设备配置等。工程项目相关方应建立BIM应用协同机制，制定模型质量控制计划，实施BIM应用过程管理。模型质量控制措施应包括下列内容：模型与工程项目的符合性检查；不同模型元素之间的相互关系检查；模型与相应标准规定的符合性检查；模型信息的准确性和完整性检查。

工程项目相关方宜结合BIM应用阶段目标及最终目标，对BIM应用效果进行定性或定量评价，施工BIM应用的成果交付应按合约规定进行，并总结实施经验，提出改进措施。项目BIM应用也是工程任务的一部分，也应该遵循PDCA（计划——Plan、执行——Do、检查——Check、行动——Action）过程控制和管理方法，因此制定BIM应用策划应该是BIM应用的第一步，并通过后期BIM应用过程管理逐步完善和提升。

2. BIM模型协同要素

（1）施工模型

施工模型主要包括深化设计模型和施工过程模型。深化设计模型一般包括：现浇混凝土结构深化设计模型、装配式混凝土结构深化设计模型、钢结构深化设计模型、机电深化设计模型等。施工过程模型包括：施工模拟模型、预制加工模型、进度管理模型、预算与成本管理模型、质量与安全管理模型、监理模型等。其中，预制加工模型包括混凝土预制构件生产模型、钢结构构件加工模型、机电产品加工模型等。

在具体的工程项目中，各专业间如何确定BIM应用的协同方式，选择会是多种多样的，例如各专业形成各自的中心文件，最终以链接或集成各专业中心文件的方式形成最终完整的模型；或是其中某些专业间采用中心文件协同，与其他专业以链接或集成方式协同，等等。不同的项目需要根据项目的大小、类型和形体等情况来进行合适的选择。不管施工模型创建采用集成模型还是分散模型的方式，项目施工模型都宜采用全比例尺和统一的坐标系、原点、度量单位。施工图设计模型是施工BIM应用的基础，是实现设计与施工信息共享的关键。

碰撞检查是有效解决专业内和建筑、结构、机电等专业之间综合深化成果的控制手段，碰撞检查报告需要详细标识碰撞的位置、碰撞类型、修改建议等，方便相关技术人员发现碰撞位置并及时调整。一般碰撞类型分为两种：

硬碰撞：模型元素在空间上存在交集。这种碰撞类型在设计阶段极为常见，特别是在各专业间没有统一标高的情况下，常发生在结构梁、空调管道和给排水管道三者之间。

软碰撞：模型元素在空间上并不存在交集，但两者之间的距离比设定的标准小时即被认定为软碰撞。软碰撞检查主要出于安全考虑。例如，水暖管道与电气专业的桥架和母排有最小间距要求、设备和管道维修最小空间要求等。

(2) 施工模拟

针对复杂项目的施工组织设计、专项方案、施工工艺宜优先应用BIM技术进行模拟分析、技术核算和优化设计，识别危险源和质量控制难点，提高方案设计的准确性和科学性，并进行可视化技术交底。包括施工组织模拟和施工工艺模拟。

其中，施工组织模拟是对施工成本、进度、质量安全等的综合模拟。在资源配置模拟中，人力配置模拟通过结合施工进度计划综合分析优化项目施工各阶段的人力需求，优化人力配置计划。资金配置模拟可结合施工进度计划以及相关合同信息，明确资金收支节点，协调优化资金配置计划。材料机械配置模拟可优化确定各施工阶段对模板、脚手架、施工机械等资源的需求，优化资源配置计划。通过平面布置模拟避免塔吊碰撞等问题。需要指出的是，施工组织模拟BIM应用成果应按照合同要求或相关工作流程进行审核或校订，得到相关方的批准后方可发布。而施工工艺模拟内容可根据工程项目施工实际需求确定，新工艺以及施工难度较大的工艺宜进行施工工艺模拟。

(3) 预制加工

预制加工产品可采用条形码、二维码、射频识别（Radio Frequency Identification，RFID）等形式贴标，涉及混凝土预制构件生产、钢结构构件加工和机电产品加工。一般预制加工产品物流运输、安装BIM应用模式如下。

预制加工产品到达施工现场后，读取其物联网标示信息编码，获取物料清单及装配图；现场安装人员根据物料清单检查装配图，确定安装位置；安装结束后经过核实检查，安装完成状态信息实时附加或关联到BIM模型中，有利于预制加工产品的全生命周期管理；通过加工过程中信息的不断采集，不断丰富预制加工模型的内容，并通过预制加工模型整合加工中的各种信息（包括人员、设备、方法、材料、环境等），实现施工过程的质量追溯管理。

(4) 进度管理

项目进度管理包括两大部分的内容，即项目进度计划编制和项目进度控制。进度管理BIM应用前，需明确具体项目BIM应用的目标、企业管理水平、合同履约水平和项目具体需求，并结合实际资源，确定编制计划的详细程度。应根据具体项目特点和进度控制需求，在编制不同要求的进度计划过程中创建不同程度的 BIM 模型，录入不同程度的 BIM 信息。进度管理 BIM 应用应为进度控制提供更切实有效的信息支持。

进度计划编制：基于 BIM 技术的进度计划编制，应用 BIM 技术进行 WBS 创建，根据 BIM 深化设计模型自动生成工程量，将具体工作任务的节点与模型元素的信息挂接得到进度管理模型，结合工程定额进行工程量和资源分析、进度计划优化，通过对优化后的进度计划进行审查，看其是否满足工期要求，满足关键节点要求，如不满足则调整，直至优化方案满足要求。应用 BIM 技术，可进行进度模拟和可视化交底，实现对工期的监控。

进度控制：BIM 应用是以进度管理模型为基础，将现场实际进度信息添加或连接到进度管理模型中，通过 BIM 软件的可视化数据（表格、图片、动画等形式）进行比对分析。一旦发生延误，可根据事先设定的阈值进行预警。

（5）预算与成本管理

施工图预算 BIM 应用的目标是通过模型元素信息自动化生成、统计出工程量清单项目、措施费用项目，依据清单项目特征、施工组织方案等信息自动套取定额进行组价，按照国家与地方规定计取规费和税金等，形成预算工程量清单或报价单。

成本管理 BIM 应用的核心目标是利用模型快速准确地实现成本的动态汇总、统计、分析，精细化实现三算对比分析，满足成本精细化控制需求。如施工准备阶段的劳动力计划、材料需求计划和机械计划，施工过程中计量与工程量审核等。应将模型中各构件与其进度信息及预算信息（包括构件工程量和价格信息）进行关联。

（6）质量与安全管理

基于 BIM 技术，对施工现场重要生产要素的状态进行绘制和控制，有助于实现对危险源的辨识和动态管理，有助于加强安全策划工作。使施工过程中的不安全行为或不安全状态得到减少和消除。做到不引发事故，尤其是不引发使人员受到伤害的事故，确保工程项目的效益目标得以实现。质量与安全管理 BIM 应用应遵循现行国家标准，通过 POCA 循环持续改进质量和安全管理水平。

（7）施工监理

施工监理主要包括两方面：监理控制的 BIM 应用和监理管理的 BIM 应用。

监理控制的 BIM 应用。在施工准备阶段，协助建设单位用 BIM 模型组织开展模型会审和设计交底，输出模型会审和设计交底记录。在施工阶段，将监理控制的具体工作开展过程中产生的过程记录数据附加或关联到模型中。过程记录数据包括两类，一类是对施工单位录入内容的审核确认信息，另一类是监理工作的过程记录信息。

监理管理的 BIM 应用。将合同管理的控制要点进行识别，附加或关联至模型中，完成合同分析、合同跟踪、索赔与反索赔等工作内容。对监理控制的 BIM 信息进行过程动态管理，最终整理生成符合要求的竣工模型和验收记录。

（8）竣工验收

竣工验收模型应由分部工程质量验收模型组成，分部工程质量验收模型应由该分部工程的施工单位完成，并确保接收方获得准确、完整的信息。竣工验收资料宜与具体模型元素相关联，方便快速检索，如无法与具体的模型元素相关联，可以虚拟模型元素的方式设置链接。

第五章

BIM技术在装配式建筑中的应用价值

第一节　制约装配式建筑发展的因素

近年来，由于国家的大力倡导，许多地方开展了预制装配式建筑工程的试点工作。但是，在实施过程中，往往都会发生“管理不到位，技术不成熟”的现象。很多施工单位对预制装配式建筑的理解还是基于传统的现浇结构，就是将传统的建筑构件按照一定的规律进行拆分，然后转移到工厂生产，再将各部分的部件按照原来的方式重新吊装回去，这样往往预制率不高，连接节点处理很不好，导致质量很差、经济效益不高。

在管理上依然采取层层分包的模式，各方资质得不到保障，导致出现了很多工程质量和安全问题，甚至比传统的现浇混凝土建筑的问题还多，这大大限制了装配式建筑的发展。

一、经济支撑政策不完善

现代社会，现代企业的发展很大程度上都是以利益驱动为导向，虽然装配式建筑的科技含量高，运用先进的施工技术和管理模式，保障了建筑工程的质量，保护了环境，节约了资源。但是毕竟我国的装配式建筑的发展还处于起步阶段，装配式建筑的概念还没有深入经营管理者心里，大多数的公司企业都还处于摸索阶段，技术还不成熟，很大程度上导致了成本的提高，管理模式的落后等更多不可控因素都会影响最终建筑的成本，所以导致很多企业不愿意发展装配式建筑。如果没有长效的激励政策，如金融、财政、税收等方面，促使企业开展装配式建筑的探索，装配式建筑的政策依旧无法落地，装配式建筑的发展依旧缓慢。

二、技术水平不足

装配式建筑的发展和广泛应用依赖于扎实的专业技术，但是目前许多企业在需要极强专业技能的关键技术岗位上，或多或少地存在断层或衔接不上的危机，使得在产能扩大方面存在极大的局限性，不能满足住宅产业化的需求。主要体现在以下几个方面。

（一）设计方面

深化设计是制作新型预制构件的必要步骤。但传统的预制构件厂和设计院要么不具备成熟稳定的深化设计模块化的能力，要么不考虑深化设计，由此造成预制构件的生产存在一定偏差，不符合标准。

（二）质量方面

由于生产所用的原材料的质量没有统一标准，参差不齐，使得模具和配件的质量存在一定的差异，难以提高质量。另外生产时的装备资源尚未形成成熟的通用模块，大部分需重新开模，有待改进。

（三）未形成标准化的预制构件

目前存在的构件大多品种单一，通用性较差，使得在建筑结构上的应用存在脱节现象，尚未形成产业化的产品生产体系。

（四）配套材料供应不足

在整个装配式建筑生产和应用阶段，需要大量的配套材料，如保温连接件、预埋件、灌浆料、吊装配件、钢筋套筒、密封胶等。目前存在的问题是，这些配套材料的供应不足及产品质量管理体系尚未成熟，阻碍产业化产品生产体系的实现。

（五）管理技术不完善

健全完善的项目管理体系是实现装配式建筑项目良好运营的关键技术。目前，管理者对于装配式建筑项目在工程管理中的实施仍处于探索阶段，缺乏相关的知识储备，造成实际施工效率低下。项目管理者没有深入理解装配式建筑的概念，认为装配式建筑比传统工艺前期投入较高，存在风险，从而限制了对管理模式的优化。

三、经济成本高

一切活动的实现都需要强大的经济支撑。装配式建筑项目的顺利实施依赖于完善的经济管理体系和充足的资金支持。目前我国装配式建筑的成本一直居高不下，仍存在以下制约装配式建筑项目发展的经济因素：①在整个装配式建筑项目实施的过程中涉及多个单位之间的协同合作，例如设计单位、建设单位、施工单位以及项目监管单位。目前在不成熟的市场机制下这些单位处于条块分割状态，没有推行 EPC 工程总承包的管理模式，造成责任界定不够清晰，极大地拖延了施工工期，消耗了大量成本。②市场化以及商业化发展受阻。目前装配式建筑项目的实施没有形成完善的产业链，处于零星的运作状态，前期工厂投建、技术研发、人力培训、专业器材采购，造成企业前期投入成本过高，且后期获利较慢。③由于该领域专业人士专业知识的匮乏以及对成本认知的误区，造成社会资本对装配式建筑项目的资金投入减少，缺乏该有的积极性，甚至影响资本市场对装配式建筑项目的支撑力度，加剧了产业链的崩溃。

四、监管体系不健全

目前，推行装配式建筑监管机制，尚未形成合力；推行装配式建筑的配套措施有待健全；装配式建筑的招投标及承分包规定、各阶段设计深度要求、预制构件厂能力评价、绿色建筑综合评价等市场规则，亟需根据建筑工业化的特点进行调整；构件生产、施工安装等环节的质量安全监管方式，相关企业的责任界定，以及检测、验收要求也需要尽快补充完善。可见，推行装配式建筑，同样需要监管体系配套跟进。

第二节　BIM 技术在装配式建筑中的重要性

装配式建筑的难点并不在技术上，而是在资源的整合上，资源整合在很大程度上依赖于现代的信息技术，而 BIM 技术就是将信息资源进行高度整合的总体代言人。我国装配式建筑产业链不够完善，各阶段的技术和管理水平正处于不均衡的发展状态，如果设计阶段的信息不能传递给预制构件的生产、装配、装修各阶段，那么再好的装配式建筑设计方案也无法实现，对于装配式建筑的产业化进程是一种阻碍。发展装配式建筑离不开信息资源的归集，因为任何一个企业不可能把每个环节的每个事情都做完，尤其是现阶段各个专业的市场化分工如此明确，只有把装配式建筑各阶段的资源归集起来，才能形成一个完整的体系，否则将是一盘散沙，你有你的体系我有我的想法，大量重复的投入，造成返工与资源浪费的问题。因此，需要通过 BIM 技术促进装配式建筑产业链的全面发展升级，推进整个装配式建筑体系的成熟化。传统的装配式建筑与基于 BIM 技术的装配式建筑各部门之间的流程如图 5-1 所示。

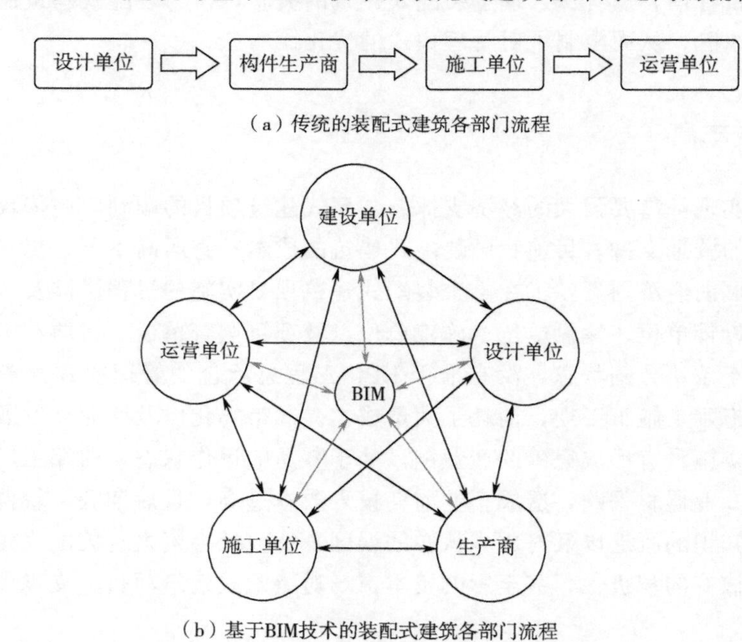

（a）传统的装配式建筑各部门流程

（b）基于BIM技术的装配式建筑各部门流程

图 5-1　不同装配式建筑各部门之间的流程

BIM技术起源于制造业，装配式建筑的走向就是将固有建造业提高成为技术超前的制造业，二者结盟理所应当，装配式建筑要基于BIM技术进行信息的集成，实现社会化大生产。装配式建筑理论上具有两个一体化的特征，即全专业一体化（建筑、结构、机电设备）和全过程一体化（设计、生产、施工、装修、运维），这就需要使用BIM技术的信息化优势进行交流传播和共享，进而实现标准化设计、数控化生产、集成化装配、信息化管理，打造完整的、高水平的装配式建筑。

传统的装配式建筑的设计阶段，采用二维图纸作为交付目标，各阶段均采用平面的方式进行信息传递，在此过程中容易出现信息不对等问题，导致后期无法施工。而基于BIM技术的设计阶段，以BIM模型作为最终的交付结果，各个专业的设计人员利用BIM数据平台，建立标准构件库，运用模块化的设计方式，使各专业的建筑信息点对点的进行传递，对模型进行协同优化设计，实现各专业间信息共享，通过Navisworks软件进行碰撞检测，识别模型各专业之间设计的冲突，及时找出各专业模型拼接中存在的矛盾，大大提高了设计的效率。

传统装配式建筑构件生产阶段，大部分工作需要人工手动的输入，操作复杂，工厂内依然实行人海战术的粗放式生产，仅实现了机械化而没有实现自动化，对构件的质量也无法控制，同时对设计阶段的信息缺乏有效的承接，没有实现信息化的管理方式，对大规模生产的构件无法监控。而基于BIM技术的构件生产阶段，可通过BIM模型获取构件及部品的几何尺寸、材料种类等多方面信息，提高了预制构件的合格率以及生产效率，达到精确化生产，同时在构件生产时利用物联网技术，将带有信息的RFID芯片植入构件中，在现场装配阶段进行识别，达到信息共享的目的。

传统的装配式建筑的施工阶段，施工人员主要依据以往的经验，并且建立在图纸、施工工艺等专业知识的基础上，对预制构件进行装配，安装顺序等简单的问题都会导致装配的失败，往往需要二次返工才能解决。利用BIM技术可视化的优势，对构件组装的关键节点以及施工顺序进行吊装模拟，同时可以对施工场地进行布置，对施工的全过程进行预演，结合无线射频识别技术，将构件安装的相关信息输入到BIM模型中，对现场的施工进度进行实时的监管。

在装配式建筑的运营维护阶段应用BIM技术，可以将构件以及设备的所有运维信息储存于BIM模型中，可以实时查找从设计直至施工的所有信息，使用户掌握建筑的使用情况，进行点对点即刻维修、管理建筑物，进而精准改善建筑施工过程各种有效信息的收集管理。

将BIM技术应用在装配式建筑中可以实现数据模型的共享共用，可以提高效率、降低错误率，实现方案设计、优化设计以及深化设计工作同步进行，极大地减少工程建造过程中的错漏碰缺，形成一体化的管理模式，减少了中间其他的环节，不仅提高了效率而且体现节能环保等方面的优势，建立了完整的从设计到运维的全产业链模式。

第三节　BIM技术在装配式建筑中的作用

一、BIM在装配式建筑设计阶段的作用

（一）提高装配式建筑设计效率

装配式建筑设计中，由于需要对预制构件进行各类预埋和预留的设计，因此更加需要各

专业的设计人员密切配合。利用BIM技术所构建的设计平台，装配式建筑设计中的各专业设计人员能够快速地传递各自专业的设计信息，对设计方案进行同步修改。借助BIM技术与云端技术，各专业设计人员可以将包含有各自专业设计信息的BIM模型统一上传至BIM设计平台，通过碰撞与自动纠错功能，自动筛选出各专业之间的设计冲突，帮助各专业设计人员及时找出专业设计中存在的问题。装配式建筑中预制构件的种类和样式繁多，出图量大，通过BIM技术的协同设计功能，某一专业设计人员修改的设计参数能够同步、无误地被其他专业设计人员调用，这方便了配套专业设计人员进行设计方案的调整，节省各专业设计人员由于设计方案调整所耗费的时间和精力。

此外，通过授予装配式建筑专业设计人员、构件拆分设计人员以及相关的技术和管理人员不同的管理和修改权限，可以使更多的技术和管理专业人士参与到装配式建筑的设计过程中，根据自己所处的专业提出意见和建议，减少预制构件生产和装配式建筑施工中的设计变更，提高业主对装配式建筑设计单位的满意度，从而提高装配式建筑的设计效率，减少或避免由于设计原因造成的项目成本增加和资源浪费。

（二）实现装配式预制构件的标准化设计

标准化是随着社会生产力的提高逐步出现的，为提高建造效率、降低生产难度、减小生产成本、提高建筑产品质量，建筑工业化必须遵循标准化的原则。标准化后的产品应具有系列化、通用化的特点，按照标准化的设计原则能组合成通用性较强并满足多样性需求的产品。装配式结构的标准化设计必然通过分解和集合技术，形成满足一定多样性的建筑产品。

现今国内的预制装配结构技术和结构体系已出现很多，但是装配式结构的设计标准化概念不强，标准化设计的缺失导致预制建造成本较大，一些工程项目为了预制而预制。标准化设计是装配式结构设计的核心，贯穿整个设计、生产、施工安装过程。逐渐实现住宅部品构件的标准化和住宅建筑体系的标准化，是装配式结构设计的趋势。在标准化设计中，模数化设计是标准化设计必须遵循的前提。模数化设计就是在进行建筑设计时使建筑尺寸满足模数数列的要求。为实现建筑工业化的大规模生产，使不同结构形式、材料的建筑构件等具有一定的通用性，必须实行模数化设计，以统一协调建筑的尺寸。

装配式建筑是由成百上千个部品组成的，这些部品在不同的地点、不同的时间、以不同的方式按统一的尺寸要求生产出来，运输至施工现场进行装配安装，这些部品能够彼此协调地装配在一起，必须通过模数协调实现。模数协调是指，建筑的尺寸采用模数数列，使尺寸设计和生产活动协调，建筑生产的构配件、设备等不需修改就可以现场组装。模数协调对装配式结构设计具有重要作用：①模数协调可以对建筑物按照部位进行切割，以此形成相应的部品，使部品的模数化达到最大限度。②可以使构配件、设备的放线、安装规则化，使得各构配件、设备等生产厂家彼此不受约束，实现生产效益最大化，达到成本、效益的综合目标。③促进各构配件、设备的互换性，使它们的互换与材料、生产方式、生产厂家无关，可以实施全生命周期的改造。④优化构配件的尺寸数量，使用少量的标准化构配件，建造不同类型的建筑，实现最大限度的多样化。

（三）降低装配式建筑的设计误差

设计人员可以利用BIM技术对装配式建筑结构和预制构件进行精细化设计，减小装配式建筑在施工阶段容易出现的装配偏差问题。借助BIM技术，对预制构件的几何尺寸及内部钢筋直径、间距、钢筋保护层厚度等重要参数进行精准设计、定位。在BIM模型的三维视图中，设计人员可以直观地观察到待拼装预制构件之间的契合度，并可以利用BIM技术的碰撞检测功能，细致分析预制构件结构连接节点的可靠性，排除预制构件之间的装配冲突，从而避免由于设计粗糙而影响预制构件的安装定位，减少由于设计误差带来的工期延误和材料资源的浪费。

（四）调整进展与计划

经过对PC预制构件的拆分获取有关信息为PC构件出产提供准确的信息。在BIM模型中可将构件从出产、运输到吊装等进程与相对应的时间尺度关联，对PC构件吊装计划进行三维动态模仿。再将BIM模型与项目Project进展计划关联，可完成项目5D层面的使用。也可将计划与实际进展进行比照剖析，以完成对项目进展的操控与优化。BIM能够在预制装配式建筑对构件吊装的高要求下模仿施工现场环境提早规划起重机方位及途径，有助于提高工人的生产准确度，并能直接影响施工装置的精确度，最终达到验证、优化、调整、优选施工计划的目的。

二、BIM在预制构件生产阶段的作用

（一）优化整合预制构件生产流程

装配式建筑的预制构件生产阶段是装配式建筑生产周期中的重要环节，也是连接装配式建筑设计与施工的关键环节。为了保证预制构件生产中所需加工信息的准确性，预制构件生产厂家可以从装配式建筑BIM模型中直接调取预制构件的几何尺寸信息，制定相应的构件生产计划，并在预制构件生产的同时，向施工单位传递构件生产的进度信息。预制构件生产商可直接从BIM信息平台调取预制构件的尺寸、材质等，制定构件生产计划，开展有计划地生产，同时将生产信息反馈至BIM信息平台，及时让施工方了解构件生产情况，以便施工方做好施工准备及计划，有助于在整个预制装配过程实现零库存、零缺陷的精益建造目标。

为了保证预制构件的质量和建立装配式建筑质量可追溯机制，生产厂家可以在预制构件生产阶段为各类预制构件植入含有构件几何尺寸、材料种类、安装位置等信息的RFID芯片，通过RFID技术对预制构件进行物流管理，提高预制构件仓储和运输的效率。在构件生产制作阶段，将BIM与物联网RFID技术相结合，根据用户需求，借鉴工程合同清单编码规则，对构件进行编码，编码具有唯一性、扩展性，从而确保构件信息的准确性。然后制作人员将含有构件类型、尺寸、材质、安装位置等信息的RFID芯片植入构件中，供各阶段工作人员读取、查阅并使用相关信息。根据实际施工情况，及时将构件质量、进度等信息反馈至BIM信息共享平台，以便生产方及时调整生产计划，减少待工、待料，通过BIM平台实现双方协同互通。

（二）加快装配式建筑模型试制过程

为了保证施工的进度和质量，在装配式建筑设计方案完成后，设计人员将BIM模型中所包含的各种构配件信息与预制构件生产厂商共享。生产厂商可以直接获取产品的尺寸、材料、预制构件内钢筋的等级等参数信息，所有的设计数据及参数可以通过条形码的形式直接

转换为加工参数，实现装配式建筑BIM模型中的预制构件设计信息与装配式建筑预制构件生产系统的直接对接，提高装配式建筑预制构件生产的自动化程度和生产效率。还可以通过3D打印的方式，直接将装配式建筑BIM模型打印出来，从而极大地加快装配式建筑的试制过程，并可根据打印出的装配式建筑模型校验原有设计方案的合理性。

BIM可以支持建筑设计的预制构件模型的信息传递用于工厂生产，借助于BIM技术的钢筋数字化自动加工、混凝土自动化浇筑和钢筋与PC构件生产的自动化融合，搭建合适的BIM信息化平台，在平台上可以直接提取构件的参数，确定构件尺寸、材质、做法、数量等信息，并且根据这些信息确定合理的生产流程，也可以对发来的构建信息进行复核，并且根据实际生产情况，向设计单位进行信息反馈，使得设计和生产环节实现信息双向流动，提高构件生产信息化程度。工厂还可以建立标准化的预制构件库，在生产的过程中对类似预制构件只需要调整模具尺寸即可以生产，通过标准化、流水线式构件生产作业，提高生产效率，增加构件的标准化程度，减少人工操作带来的失误，改善工人工作环境，节省人力物力等。

（三）运输跟踪管理

在运输预制构件时，通常在运输车辆上植入RFID芯片，这样可准确地跟踪并收集到运输车辆的信息数据。在构件运输规划中，要根据构件大小合理选择运输工具（特别是特大构件），依据构件存储位置合理布置运输路线，依照施工顺序安排构件运输顺序，寻求路程及时间最短的运输线路，降低运输费用，加快工程进度。

三、BIM在装配式建筑施工阶段的作用

（一）预制构件现场管理

装配式建筑因预制构件种类繁多，经常会出现构件丢失、错用、误用等情况，所以对预制构件现场管理务必要严格。在现场管理中，主要将RFID技术与BIM技术结合，对构件进行实时追踪控制。构件入场时，在门禁系统中设置RFID阅读器，当运输车辆的入场信息被接收后，应马上组织人员进入现场检验，确认合格且信息准确无误后，按此前规划的线路引导至指定地点，并按构件存放要求放置，同时在RFID芯片中输入构配件到场的相关信息。在构件吊装阶段，工作人员手持阅读器和显示器，按照显示器上的信息依次进行吊运和装配，做到规范且一步到位，提升工作效率。

（二）施工模拟仿真

装配式建筑施工机械化程度高，施工工艺复杂，安全防护要求也高，需要各方协调配合，为此在施工前，施工方可利用BIM技术进行装配吊装的施工模拟和仿真，进一步优化施工流程及施工方案，确保构件准确定位，从而实现高质量的安装。利用BIM技术优化施工场地布置，包括垂直机械、临时设施、构配件等位置合理布置，优化临时道路、车辆运输路线，尽可能降低二次搬运的浪费，降低施工成本，提升施工机械吊装效率，加快装配进度。在各工序施工前，利用BIM技术实现可视化技术交底，通过三维展示，使交底更直观，各部门沟通更高效。另外，施工方也可通过BIM技术模拟安全突发事件，完善应急预案，减少安全事故发生概率。

（三）施工质量进度成本控制

通过将BIM与施工进度计划相链接，将空间信息与时间信息整合在一个可视的4D（3D+时间）模型中，可以直观、精确地反映整个建筑的施工过程。基于BIM的虚拟建造技术的进度管理通过反复的施工过程模拟，让那些在施工阶段可能出现的问题在模拟的环境中提前发生，逐一修改，并提前制定应对计划，使进度计划化和施工方案最优，再用来指导实际的施工，从而保证项目施工的顺利完成。施工模拟应用于项目整个建造阶段，真正地做到前期指导施工、过程把控施工、结果校核施工，实现项目的精细化管理。

为了有效解决传统横道图等表达方式的可视化不足等问题，基于BIM技术，通过BIM模型与施工进度计划的链接，将时间信息附加到可视化三维空间模型中，不仅可以直观、精确地反映整个建筑的施工过程，还能够实时追踪当前的进度状态，分析影响进度的因素，协调各专业，制定应对措施，以缩短工期、降低成本、提高质量。

在此基础上再引人资源维度，形成模型，施工方可通过此模型模拟装配施工过程及资源投入情况，建立装配式建筑动态施工规划，对质量、进度、成本实现动态管理。

（四）构件现场吊装办理及长期可视化监控

施工方案确定后，将储存构件吊装方位及施工时序等信息的BIM模型导入平板手持设备中，根据三维模型查验施工方案，实现施工吊装的无纸化和可视化辅佐。构件吊装前必须进行查验承认，手持机更新当日施工方案后对工地堆场的构件进行扫描，在准确识别构件信息后进行吊装，并记载构件施工时刻。构件装置就位后，查看员校核吊装构件的方位及其他施工细节，查看合格后，通过现场手持机扫描构件芯片，承认该构件施工完结，同时记录构件竣工时刻。所有构件的拼装进程、实践装置的方位和施工时刻都记录在体系中，以便查看。这种方法减少了过错的发生，提高了施工效率。

（五）清单式质量控制

为确定施工质量控制部位即检查对象，需要对施工单元或构件编号，称为构件ID识别码，以便在BIM模型中调用基本信息，同时保存检查结果。施工阶段的质量控制，首先是收集与分析建筑物的相关数据，包括：质量要求、工作分解结构的工作包、工作进度等。建筑物本体的质量要求主要由设计文件、企业标准及验收规范构成。施工的技术措施，如脚手架、模板及支架等也由相应的企业标准与验收规范规定。BIM模型建立后，建筑物的物理和功能特性已通过数据形式包含其中，通过工作分解结构，可以将建筑本体与施工技术措施的质量要求进行分解，通过对这些有层次结构的工作分解结构工作包的定义，建筑物形成过程整体的质量要求可分解成为一个个建筑构件的质量要求。这些定义的信息与建筑模型和施工进度计划相联系，不仅整个建筑物有了明晰的质量构成和建筑物构件数量，在构成建筑的构件层次上，每个构件也有了各自明确的质量要求与参数，同时因为结合了施工进度，可以以这些建筑构件的质量控制要求为导向，完成按建筑构件工序划分的质量控制清单。

建造现场的质量数据采集是施工中质检员必须完成的工作，BIM生成的清单，从建筑构件以及施工工序的层次明示了建筑构件需要满足的质量信息。通过清单中载明的构件ID，质检员可获得该构件在模型中的具体方位，按照清单顺序及构件部位实施检查和进行建筑构件的质量信息采集，将结果填入清单表中，同时还可以采集工序进行时间、环境温湿度、施工班组、施工所用设备、施工方法、检查工具和（或）检测设备编号等信息，并及时进行数据录入。飞速发展的移动技术为BIM模型的质量数据采集提供了新途径，通过BIM模型建立模块（质量控制清单模块、地理位置信息模块、数据库模块）。所有相关数据存储在一个单一的数据库中，形成基于地理位置信息的质量控制清单，经与局域网或与移动设备（智能手机或平板电脑）连接的通信网络，质检员能将BIM模型与施工现场结合成一个整体，基于位置信息，实时向数据库发出数据请求，在移动设备上生成特定部位需要的质量控制清单用于质量控制，采集到的数据也由此无线网络自动提交到建筑信息数据库中，BIM模型提供设计的质量数据，质检员采集并返回施工的质量数据。从数据层面，BIM模型增添了新维度，设计数据和施工数据从虚拟和现实角度表示了建筑物的质量信息。施工中，可以通过数据的量化分析，判断施工过程是否处于统计控制状态，当处于受控状态后，也可以通过数据趋势，采取措施保持过程所处的状态。

四、BIM在装配式建筑运维阶段的作用

（一）提高运维阶段的设备维护管理水平

借助BIM和RFID技术搭建的信息管理平台可以建立装配式建筑预制构件及设备的运营维护系统。以BIM技术的资料管理与应急管理功能为例，在发生突发性火灾时，消防人员利用BIM信息管理系统中的建筑和设备信息可以直接对火灾发生位置进行准确定位，并掌握火灾发生部位所使用的材料，有针对性地实施灭火工作。此外，运维管理人员在进行装配式建筑和附属设备的维修时，可以直接从BIM模型中调取预制构件、附属设备的型号、参数和生产厂家等信息，提高维修工作效率。

（二）加强运维阶段的质量和能耗管理

BIM技术可实现装配式建筑的全生命信息化，运维管理人员利用预制构件中的RFID芯片，获取保存在芯片中的预制构件生产厂商、安装人员、运输人员等重要信息。一旦发生后期质量问题，可以将问题从运维阶段追溯至生产阶段，明确责任的归属。BIM技术还可以实现预制装配式建筑的绿色运维管理，借助预埋在预制构件中的RFID芯片，BIM软件可以对建筑物使用过程中的能耗进行监测和分析。运维管理人员可以根据BIM软件的处理数据在BIM模型中准确定位高耗能所在的位置并设法解决。此外，预制建筑在拆除时可以利用BIM模型筛选出可回收利用的资源进行二次开发回收利用，节约资源，避免浪费。

BIM技术在装配式建筑设计阶段的应用

第一节　基于 BIM 的装配式结构设计方法研究

一、基于 BIM 的装配式结构设计方法的思想

现今的装配式结构设计方法是以现浇结构的设计为参照，先结构选型，结构整体分析，然后拆分构件和设计节点，预制构件深化设计后，由工厂预制再运送到施工现场进行装配。这种设计方法会导致预制构件的种类繁多，不利于预制构件的工业化生产，与建筑工业化的理念相冲突。所以，传统的设计思路必须转变，新的设计方法应关注预制构件的通用性，以期利用较少种类的构件设计满足多样性需求的建筑产品。因此，基于 BIM 的装配式结构设计方法应将标准通用的构件统一在一起，形成预制构件库。在装配式结构设计时，预制构件库中已有相应的预制构件可供选择，减少设计过程中的构件设计，从设计人工成本和设计时间成本方面减少造价，而不用详尽考虑每个构件的最优造价，以此达到从总体上降低造价的目的。预制构件库是预制构件生产单位和设计单位所共有的，设计时预制构件的选择可以限定在预制构件厂所提供的范围内，保证了二者的协调性。预制构件厂可以预先生产通用性较强的预制构件，及时提供工程项目需要的预制构件，工程建设的效率得到大大提高。预制构件库是不断完善的，并且应包含一些特殊的预制构件以满足特殊的建筑布局要求。

二、BIM 技术在装配式建筑策划阶段的准备工作

（一）BIM 应用准备工作

前期项目策划对预制装配式建筑的实施起到十分重要的作用，设计单位应在充分了解项目定位、建设规模、产业化目标、成本限额、外部条件等影响因素的情况下，制定合理的技

术路线，提高预制构件的标准化程度，并与建设单位共同确定技术实施方案，为后续的设计工作提供设计依据。

除此之外，还需要对该项目的BIM应用进行相应的准备工作。具体针对BIM应用的准备工作如下。

1. 确定BIM应用模式

由于国内目前对应用BIM技术指导装配式建筑设计还处于探索阶段，不同单位、不同地区、不同项目之间存在很大的差异，目前在装配式建筑工程项目中的BIM应用模式有以下三种：图形为主应用模式，模型与图形并用模式，以及模型为主应用模式。

（1）图形为主的BIM应用模式（图6-1）

用传统的二维作图方式进行图纸的绘制，然后根据二维图纸建立BIM模型，该模式下，模型的用处较为单一，主要用作可视化分析和专业协调。所有需要交付的图纸均在传统的设计方法中完成，图纸的完成度高，符合现下的制图标准，但BIM模型对工程项目的效益提升有限。目前很多公司为了迎合当地政府的BIM要求，采用该种应用模式。但随着BIM技术的发展，BIM技术给建筑行业带来的效益日益明显，该种运用模式会逐步过渡到模型为主的应用模式。

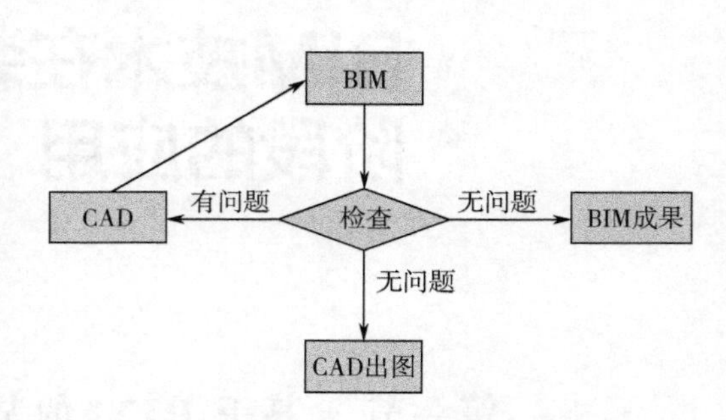

图6-1　图形为主的BIM应用模式

（2）模型与图形并用模式

该种BIM应用模式下，需要在设计过程同步建模，BIM模型贯穿整个建筑设计流程。但在具体的应用上根据实际情况有所偏重，有些工作以模型为主完成，有些工作以图形为主完成，图纸的交付由BIM模型自动生成，此种模式下，图形和模型的关联性需要特别关注，因为软件技术原因，容易产生图模不匹配的错误。随着BIM技术的发展，该种模式会逐步过渡到模型为主的应用模式。

（3）模型为主的应用模式（图6-2）

该模式在BIM技术发展达到较为成熟的条件下才具有普适意义。现阶段，国内众多建筑公司为此做出了大胆的尝试，为BIM技术的发展积累了弥足珍贵的经验。为了能够实现该种应用模式，在软件层面，需要对引进的国外BIM软件进行本土化二次设计，对现有的国内的传统二维设计软件如CAD等进行优化升级使之具备BIM功能，以及基于国内BIM技术的发展现状开发符合中国BIM行情的新软件。

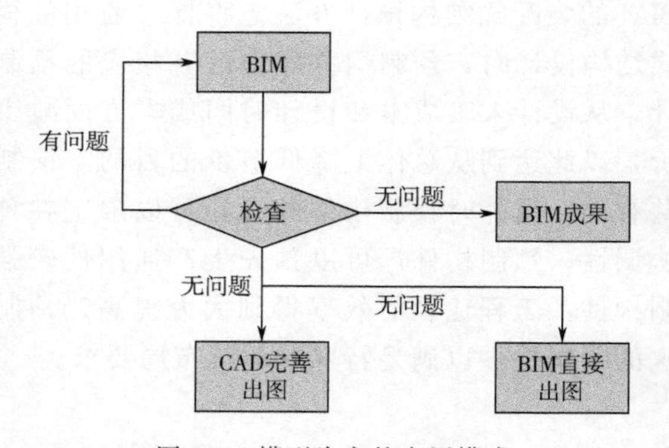

图6-2　模型为主的应用模式

现阶段模型为主的应用模式还有诸多不足，基于实际情况，目前主要的实现方式为通过BIM软件建立较完整的BIM模型，大多数的图形由BIM模型自动生成。由于BIM软件目前尚不成熟，部分图形存在不符合现下的制图习惯和要求的情况，这部分需要借助传统的绘图软件进行补充与完善。这种 BIM 应用模式，建模的工作量较大，出图精细化的程度受软件成熟度以及模型精度制约。该种模式是目前大部分的 BIM 项目的应用模式，BIM 技术应用程度较低，受限于历史的局限性。

2. BIM 应用人员组织与管理模式

一个建设项目中的 BIM 应用人员的组织与管理，需要结合项目的具体情况，以及公司的业务特点。选择适合企业自身特点的 BIM 团队管理模式，是项目技术策划阶段的重要内容，项目建设中 BIM 团队的建立不仅需要结合公司特点，还要根据该装配式项目的 BIM 应用模式而定。

BIM 团队的管理模式一般有三种，分别是：全员普及模式，集中管理模式，分散管理模式。当然，除了上述的三种常见的模式以外，各设计单位会根据自身的条件采用其他模式，如 BIM 业务外包模式。

（1）分散管理模式

分散管理模式适用于设计单位通过招聘和培训来积累自己的 BIM 人力资源，但不设立专门的组织机构和岗位，这些掌握 BIM 技术的人员分散在原来的组织架构当中。平时的任务和传统的设计人员无异，但当有项目需要应用 BIM 技术时，该类人员就参与其中。

（2）集中管理模式

集中管理模式指的是设计单位或企业设立“BIM 中心”“BIM 工作站”等类似的组织或部门，招募或培训相应的 BIM 人员，主要从事 BIM 相关项目，在完成项目的同时，探索 BIM 应用特点，积累公司的 BIM 能力与品牌效益。

现阶段很多公司采用这样的管理模式，这主要是和公司的 BIM 发展战略有关，处于 BIM 发展初期的设计单位多采用这样的方式，先以 BIM 中心试点，等到技术相对成熟时可以推广到全单位范围内。

（3）全员普及模式

该模式是设计单位全专业、全人员、全流程的 BIM 应用模式，设计单位里的所有设计人员都掌握了 BIM 技术的前提下所采用的模式，该模式是 BIM 技术应用相对成熟后的理想模式，是未来 BIM 技术在装配式建筑的发展方向。

现阶段国内还没有达到这样的水平，但是很多设计单位从示范项目逐渐摸索，基于各自企业的特点，慢慢实行以全专业、全人员、全流程为特征，适合不同复杂程度的装配式建筑项目的 BIM 应用模式。该模式下，在岗的设计人员对 BIM 相关技术掌握熟练，故不需要单独设计类似于集中管理模式中的 BIM 相关岗位。

3. 确定 BIM 应用软件

现在国内的 BIM 应用软件多是在引用国外软件的基础上进行本土化二次开发，各种软件有自己的特点与使用范围。项目之初进行 BIM 软件选择是 BIM 项目的重要环节。其中根据何氏分类法，可以把 BIM 软件分为核心建模软件、可视化软件、模型碰撞检查软件、造价管理软件、运维管理软件等（图 6-3）。所有 BIM 软件都是在 BIM 核心建模软件的基础上进行操作和配合的，现有的核心建模软件如图 6-4 所示。

（二）确定 BIM 应用范围

BIM 应用依照装配式建筑项目从规划、设计、施工到后期运维各个阶段，部分应用会跨越不同的项目阶段（比如 3D 可视化技术的应用），有些应用则局限在项目的某一阶段内，

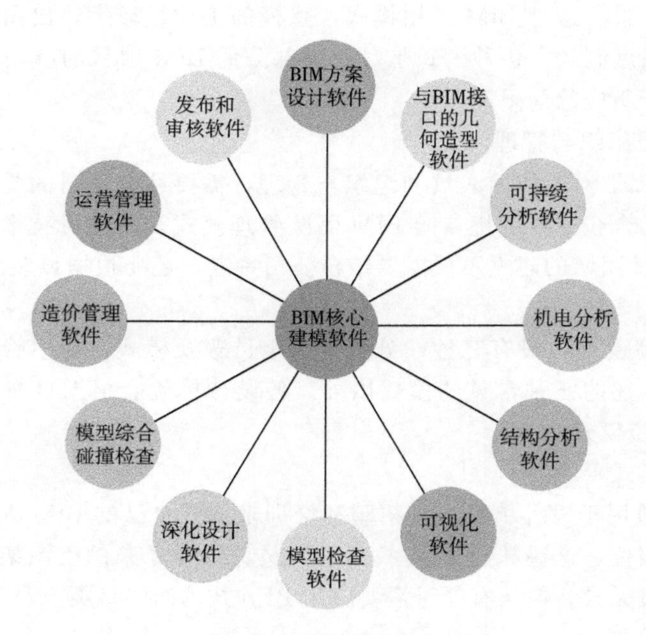

图 6-3 BIM 软件分类

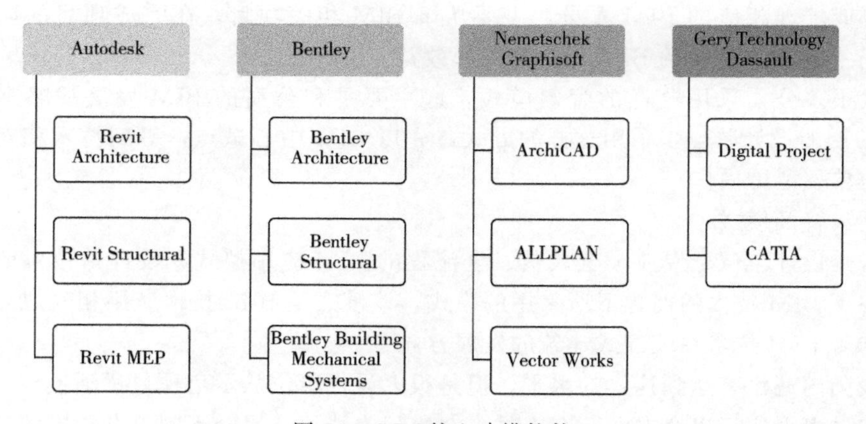

图 6-4 BIM 核心建模软件

如结构分析。BIM 团队可以根据具体建设项目的实际情况从中选择要实施的 BIM 应用。

（三）明确 BIM 应用目标

① 基于项目的特点，相关设计人员的 BIM 技术掌握程度以及实施风险等因素，确定合适的 BIM 应用目标。同时应从实际的项目效益出发，确定每一个制定的 BIM 目标都能给项目带来实际的收益。如通过精细的 BIM 模型生产能够指导施工的二维图纸，利用 BIM 模型进行施工模拟，从而提高现场的施工效率和质量等。其他应用目标还应包括应用模型高效率生产图纸、文件等，随时快速生成造价信息，减少项目维护阶段数据输入工作等。

② BIM 目标分为两种类型。第一种跟整体项目表现有关，包括缩短项目工期、降低项目成本、提高工程质量等。第二类目标与具体项目的效率有关，包括利用 BIM 模型高效绘制施工图、进行构配件统计、快速做出造价信息等。

（四）制定 BIM 应用流程

在确定了 BIM 应用范围与应用目标后，设计团队还需要制定 BIM 应用流程。一个详尽的 BIM 应用流程可以让设计团队的工作人员清晰地认识了解 BIM 应用的整体情况，以及相互之间的配合关系。

三、BIM 技术辅助规划设计阶段的设计方法

BIM 技术在装配式建筑规划设计阶段主要可以进行场地气候条件分析，场地地形分析及辅助建筑的总平面布局。很多模拟分析在现实社会中难以实现，基于 BIM 技术却可以得到有效表达，有利于在装配式建筑规划设计阶段设计出更符合场地气候条件与基地特征的方案。

（一）场地气候条件分析

气候是一个长期的过程，又是一个宏观的概念，从本质上讲，建筑是人类适应气候环境条件的产物。气候是指某一地区多年的天气特征，由太阳辐射、大气环流、地面性质等因素相互作用决定。在规划设计阶段进行气候分析，有助于装配建筑的总体布局，从而达到绿色建筑的要求。

（二）场地地形分析

通过 BIM 场地分析软件对项目场地进行三维建模，在场地规划设计和建筑设计的过程中，提供可视化的模拟分析，从而辅助设计人员进行规划布局（图 6-5）。

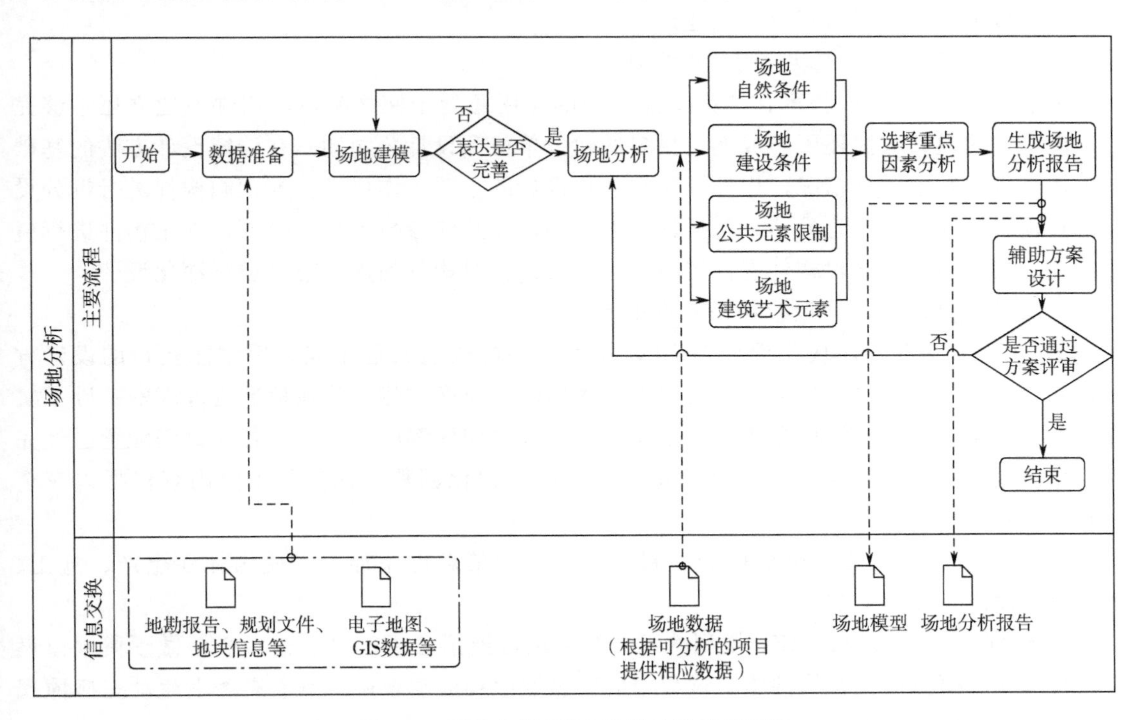

图 6-5　场地分析 BIM 应用的操作流程图

在规划阶段，BIM 技术可以对场地周边的地形地貌、气候条件、植被状况等进行分析模拟。通过 BIM 技术与地理信息系统（Geographic Information System，GIS）的结合，可以进行基地的高程、坡度以及坡向分析，为设计人员直观地传递场地信息，以便设计人员在建筑的空间方位、建筑与周边地形环境关系的处理上做出更好的处理方式。

（三）辅助场地总平面布局

1. 利用阴影范围分析确定建筑布局

利用 BIM 能耗分析软件中的“阴影范围”功能，可以模拟分析在某一时间段内建筑的阴影变化规律，从而检查建筑布局是否能够满足日照间距要求。

2. 利用通风分析辅助确定建筑布局

在建筑总平面布局过程中，需要考虑良好的建筑通风条件，建筑的朝向、布局方式、高度对建筑周边的自然通风都有一定的影响。通过分析不同规划方案中的通风状况，有助于设计人员做出有效的判断，从而设计出拥有较好自然通风条件的建筑布局形式。

四、BIM 技术辅助深化设计阶段的设计方法

（一）辅助构件深化及优化设计

相对于现浇建筑的设计过程而言，装配式建筑多了一个构件深化优化设计环节，但因为运用 BIM 技术程度的不同，该阶段分为两种情况：一是 BIM 技术运用成熟阶段，利用 BIM 技术进行模块化设计；二是 BIM 技术运用过渡阶段，还是以传统的预制构件为基本单元进行设计。因为 BIM 技术的运用程度不同，在构件深化及优化设计阶段的任务也有所区别，下面根据以上两种情况进行分别论述。

1. BIM 过渡阶段——以预制构件为基本单元

由于现阶段对 BIM 技术在装配式建筑中的应用还处于探索阶段，构件库建立还不够完善，模块化的设计方法还不够成熟，更多的建设单位和设计公司还是在传统设计方法的基础上进行改进，基于该种情况，构件深化和优化设计的主要工作包括：与预制构件进行拆分设计；对预制构件进行深化设计，包括构件内配筋，非几何参数添加，等等；基于构件进行碰撞检查，根据检查报告对构件进行调整和优化设计；对构件间连接节点进行深化设计。

2. BIM 成熟阶段——以模块为基本单元

基于 BIM 技术的模块化设计是 BIM 技术在装配式建筑运用成熟后才能实行的设计方法，它的前提是需要建立各种标准模块库，而标准模块库的建立是在标准构件库的基础上实现的，故运用模块化的设计方法时，在设计伊始各种构件都已经深化完备，钢筋配置已经完成，在该过程需要做的是针对项目的具体情况做出优化调整。优化的主要内容包括以三个方面：

① 根据项目的需要，对构件的材料，生产维护信息做添加，以使构件在生产、施工、运维等阶段满足使用要求；

② 根据建筑、结构、MEP 模型的组合结果进行模拟分析，对墙板、楼板做预留洞口设计，通过施工模拟检查各构件施工过程中的安装顺序和运动轨迹，查看是否发生动态碰撞现象，以便及时做出调整；

③ 对各种构件的连接节点做深化设计，保证建筑的整体性能。

（二）辅助进行工程量统计

造价是工程建设项目管理的核心指标之一，造价管理依托于两个基本工作——工程量统计和成本预算。在目前普遍使用CAD作为绘图工具的情形下，造价管理的两个基本工作中，工程量统计会用掉造价人员大量时间，原因就是手工图纸或者CAD图纸没有存储可以自动计算的项目构件或部件信息，需要人工根据图纸或CAD图形重新进行测量、计算和统计。

传统方式下造价人员从设计人员提供的图纸中获取造价需要的项目信息，结合本专业的有关规定、资料和专业知识进行造价管理，这种情形下，使用或不使用设计提供的某个信息完全由造价人员根据自己的专业判断决定，设计人员做设计的方法和提交设计成果的方式对造价结果不会产生影响。

BIM模型是一个富有信息的项目构件和模块数据库，可以为造价人员提供造价管理需要的项目构件和模块信息，从而大大减少根据图纸人工统计工程量的烦琐工作以及由此引起的潜在错误。

工程量的统计分为两部分：一是对装配式项目中所有预制构件、模块在类别和数量上的统计；二是对每个预制构件所需的各类材料的统计。以便给制造厂商提供所需的物料清单，也使项目在设计阶段能够进行初步的概预算，实现对项目的把控。

（三）辅助进行施工模拟

严格意义来说，施工模拟属于建筑施工准备阶段的工作，但因为装配式建筑各阶段之间的联系更为紧密，不合格的构件设计会导致现场安装过程中出现构件位置偏差等问题，故需要在设计阶段进行模拟检查，在发现错误的同时也可以作为后期指导现场施工的依据。

相对于现浇建筑而言，装配式建筑的现场施工速度快，一个合理的施工进度技术是提高现场施工效率的关键。在BIM软件中，针对BIM 3D模型，对各个构件、模块添加时间条件，完成4D管理，然后进行施工模拟演示。目前针对施工模拟的BIM软件种类较多，发展较为成熟的有Navisworks、Project等软件。

第二节　基于BIM的装配式结构设计具体流程介绍

一、基于BIM的装配式结构预制构件库的创建与应用

基于BIM的装配式结构设计方法相对于传统装配式结构设计方法而言具有巨大的优势，其通过调用构件库中的预制构件进行设计。预制构件库的创建是此设计方法实现的重点，构件库创建后应该具有良好的组织管理功能，并能够方便地应用于工程中的BIM模型创建。

（一）基于BIM的装配式结构预制构件库的创建

预制构件是整个BIM模型的组成部分，其他的图纸、材料报表等信息都是通过预制构件实现的。预制构件具有复用性、可扩展性、独立性等特点。

① 复用性。指预制构件库中的同一个预制构件可以重复应用到不同的工程中。

② 可扩展性。指将预制构件调用到具体的工程时需要添加深化设计、生产、运输等信息，这些信息均添加在预制构件的信息扩展区，即预制构件能够满足信息扩展的需要。

③ 独立性。指预制构件库中的各预制构件不仅相互独立，而且具有自身的独立性，不随着被调用次数的增加而发生属性改变。

BIM 技术在装配式结构中应用的关键是实现信息共享，而信息共享的前提就是构件库的建立。基于 BIM 的预制构件库应是设计单位和预制构件单位所共有的，这样设计人员进行设计时所选用的构件在预制构件厂能随时查询到，避免设计的预制构件需要太多的定制，给预制构件厂带来制造的麻烦。预制构件库的创建应包含预制构件的创建和预制构件库的管理功能实现，主要步骤有：预制构件的分类与选择、预制构件的编码与信息创建、预制构件的审核与入库、预制构件库的管理（图 6-6）。

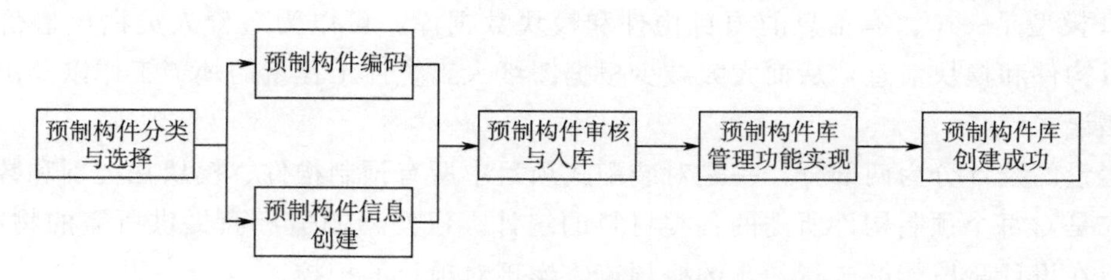

图 6-6　预制构件库创建流程

① 装配式结构必须按照各种结构体系进行设计，不同体系的构件并不是都可以互用的。同一种预制构件的类型较多，需要对众多的预制构件进行归并，选择通用性较强的预制构件进行入库，因此预制构件应按照专业、结构的不同种类分别建立。

② 所需要入库的预制构件应保证都有体现其特点并具有唯一标识的编码，编码只是便于区别和组织预制构件，而预制构件的核心是信息，信息的创建包括几何信息和非几何信息创建，预制构件包含的信息应该根据实际需要确定，避免建立的信息不足影响实际的使用。

③ 预制构件入库必须遵循一定的标准，入库前依照统一的入库标准审核构件，严格检查几何和非几何信息是否完整、正确。

④ 只有经过合理管理的构件库才能发挥巨大的使用价值。构件库的管理应保证构件信息内容的完整与准确，以及构件库的可扩充性，构件库应能够方便人员使用。构件库的管理权限需根据不同的人员设置不同的权限，一般的建模人员只能具有查询和调用权限，只有管理人员才具有修改和删除的权限。预制构件库应定时进行更新、维护，保证预制构件信息的准确与完善。

（二）入库的预制构件分类与选择

装配式结构总体可分为装配式框架结构、装配式剪力墙结构和装配式框架-剪力墙结构。但是现今各研发企业都致力于研究自己特殊的装配式结构体系，各种预制构件的适用性并不强。因此，预制构件库的创建也应以相应的装配式结构体系为基础分类建立，不同的装配式结构体系设置不同的构件库，预制构件的分类也应以装配式结构体系为基础进行，见表 6-1。

表 6-1　各国 PC 技术体系

国家或地区	PC 技术体系	国家或地区	PC 技术体系
法国	预应力混凝土装配式框架结构	德国	预制钢筋混凝土叠合墙板体系
	全装配式大板体系	瑞典	预制大板结构体系
日本	外壳预制核心现浇装配整体式 RC 结构体系	美国	预制装配式混凝土结构体系和钢结构体系结合
	全装配式钢筋混凝土框架结构体系	新加坡	单元化装配式住宅体系
	预制钢筋混凝土叠合剪力墙结构体系	芬兰	全预制装配式弱连接体系

入库的预制构件应保证一定的标准性和通用性，才能符合预制构件库的功能，预制构件的选择过程如图 6-7 所示。预制构件首先应按照现有的常用装配式结构体系进行分类，不同结构体系的主要受力构件一般不能通用，如日本的 PC 预制梁为后张法预应力压接，而框架结构体系的梁为先张法预应力梁，采用节点 U 形筋的后浇混凝土连接，可见不同体系的同种类型构件的区别很大，需要单独进行设计。但是，某些预制构件是可以通用的，如预制阳台。

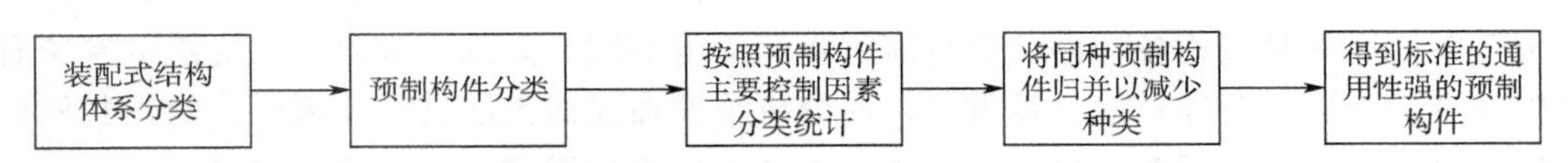

图 6-7　预制构件的选择过程

对于分类的预制构件，应统计其主要控制因素，忽略次要因素。对于预制板，受力特性与板的跨度、厚度、荷载等因素有关，可按照这三个主要因素进行分类统计。如预应力薄板，板跨按照 300mm 的模数增加，板厚按照 10mm 的模数增加，活荷载主要按照 2.0kN/mm^2、2.5kN/mm^2、3.5kN/mm^2 等不同荷载情况统计，对预应力薄板进行统计分析，制作成预制构件并入库，方便直接调用，而对于活荷载超过这三种情况的需单独设计。对于梁、柱、剪力墙而言，其受力相对板较复杂，所以构件的划分应考虑将预制构件统计，并进行归并，减少因主要控制因素划分细致导致的构件种类过多，以此得到标准性、通用性强的预制构件。

在未考虑将预制构件分类并入库前，前述的分类统计在以往的设计过程中往往制作成图集来使用，在基于 BIM 的设计方法中不再采用图集，而是通过建立构件库来实现，并通过实现构件的查询和调用功能，方便预制构件的使用。入库的预制构件应符合模数的要求，以保证预制构件的种类在一定和可控的范围内。预制构件根据模数进行分类不宜过多，但也不宜过少，以免达不到装配式结构在设计时多样性和功能性的要求。

（三）预制构件的编码与信息创建

预制构件的分类和选择，只是完成了预制构件的挑选，但是构件入库的内容尚未完成。预制构件库以 BIM 理念为支撑，BIM 模型的重点在于信息的创建，预制构件的入库实际是信息的创建过程。构件库内的预制构件应相互区别，每个预制构件需要一个唯一的标识码进行区分。预制构件入库应解决的两个内容是预制构件的编码与信息创建。

1. 预制构件的编码原则

预制构件的编码是在预制构件分类的基础上进行的，预制构件进行编码的目的是便于计算机和管理人员识别预制构件。预制构件的编码应遵循下列原则：①唯一性，一个编码只能代表唯一一个构件；②合理性，编码应遵循相应的构件分类；③简明性，尽量用最少的字符区分各构件；④完整性，编码必须完整、不能缺项；⑤规范性，编码要采用相同的规范形式；⑥实用性，应尽可能方便相应预制构件库工作人员的管理。

2. 预制构件的编码方法

建筑信息分类编码采用UNIFORMAT II体系，UNIFORMAT II是由美国材料协会制定发起的，由UNIFORMAT发展而来，采用层次分类法，现今发展到四级层次结构。第一级为七大类，包括基础、外封闭工程、内部结构、配套设施、设备及家具、特殊建筑物及建筑物拆除、建筑场地工程；第二层次定义了22个类别，包括基础、地下室等。

基于BIM的预制构件的编码只是为了区分各构件，便于设计和生产时能够识别各构件，而真正用于设计和构件生产、施工的是预制构件的信息，因此，BIM预制构件的信息创建是一项重要的任务。在传统的二维设计模式中，建筑信息分布在各专业的平、立、剖面图纸中，图纸的分立导致建筑信息的分立，容易造成信息不对称或者信息冗杂问题。而在BIM设计模式下，所有的信息都统一在构件的模型中，信息完整且无冗杂。在方案设计、初步设计、施工图设计等阶段，各构件的信息需求量和深度不同，如果所有阶段都应用带有所有信息的构件进行分析，会导致信息量过大，使分析难度加大而无法进行。因此，对预制构件的信息进行深度分级，是很有必要的，工程各设计阶段采用需要的信息深度即可。

(1) 预制构件几何与非几何信息深度等级表

BIM技术在预制构件上的运用是依靠BIM模型来实施的，而BIM的核心是信息，所以在设计、施工、运营阶段最注重的是信息共享。构件的信息包含几何与非几何信息，几何信息包含几何尺寸、定位等信息，而非几何信息则包含材料性能、分类、材料做法等信息。根据不同的信息特质和使用功能以实用性为原则制定统一标准，将预制构件信息分为5级深度，并将信息深度等级对应的信息内容制作成预制构件信息深度等级表。预制构件几何与非几何信息深度等级表描述了预制构件从最初的概念化阶段到最后的运维阶段各阶段应包含的详细信息。

(2) 预制构件信息深度分级方法及应用

① 深度1级，相当于方案设计阶段的深度要求。预制构件应包含建筑的基本形状、总体尺寸、高度、面积等基本信息，不需表现细节特征和内部信息。

② 深度2级，相当于初步设计阶段的深度要求。预制构件应包含建筑的主要计划特征、关键尺寸、规格等，不需表现细节特征和内部信息。

③ 深度3级，相当于施工图设计阶段的深度要求。预制构件应包含建筑的详细几何特征和精确尺寸，不需表现细节特征和内部信息，但具备指导施工的要求。

④ 深度4级，相当于施工阶段的深度要求。预制构件应包含所有的设计信息，特别是非几何信息。为应对工程变更，此深度级别的预制构件应具有变更的能力。

⑤ 深度5级，相当于运维阶段的深度要求。预制构件除了应表现所有的设计信息外，还应包括施工数据、技术要求、性能指标等信息。深度5级的预制构件包含了详尽的信息，可用于建筑全生命周期的各个阶段。

（四）预制构件的入库与预制构件库的管理及应用

1．预制构件的审核入库

当预制构件的编码和信息创建后，审核人员需对构件的信息设置等内容逐一进行检查，还需将构件的说明形成备注，确保每个预制构件都具有唯一对应的备注说明。审核合格后的构件才可上传至构件库。

预制构件的审核标准应规范统一，主要审核预制构件的编码是否准确，编码是否与分类信息对应，检查信息的完整性，保证一定的信息深度等级，避免信息深度等级不足导致预制构件不能用于实际工程。同样也要避免信息深度等级过高，所含有的信息太细致，导致预制构件的通用性较低。

2．预制构件库的管理

基于 BIM 的预制构件库必须实现合理有效的组织，以及便于管理和使用的功能。预制构件库应进行权限管理，对于构件库管理员，应具有构件入库和删除的权限，并能修改预制构件的信息，对于使用人员，则只能具有查询和调用的功能。

本地构件库中心应具有核心的构件库、构件的制作标准和审核标准等。管理人员应拥有最大的管理权限，能够自行对构件进行制作，从使用人员处收集构件入库的申请，并对入库的构件进行审核。管理人员可对需要的构件进行入库，对已有的预制构件进行查询，并对其进行修改和删除操作。本地客户端不需要通过网络连接对构件库进行使用，用户的权限比管理员的权限低，只具有构件查询、用于 BIM 模型建模的构件调用以及构件入库申请的权限。网络客户端同本地客户端具有相同的权限，需要通过网络使用构件库。客户端是一个桌面应用程序，安装运行，通过网络或本地连接使用构件库。此外，网络上的构件网可以提供其他用户进行查询和构件入库申请的功能，但不能进行构件调用的操作。

3．预制构件库的应用

预制构件库是基于 BIM 的装配式结构设计方法的核心，整个设计过程是以预制构件库展开的。在进行装配式结构设计时，首先需要根据建筑设计的需求，确定轴网标高，并确定所使用的装配式结构体系；再根据设计需求在构件库中查询预制梁柱，注意预制梁柱的协调性；最后布置其他构件。如此形成装配式结构的 BIM 模型，完成预设计。预设计的 BIM 模型需进行分析复核，当没有问题时此 BIM 模型即满足了结构设计的需求，确定了结构的设计方案。不满足分析复核要求的 BIM 模型需对不满足要求的预制构件，从预制构件库中挑选构件进行替换，当预制构件库中没有合适的构件时需重新设计预制构件并入库。对调整过后的 BIM 模型重新分析复核，直到满足要求。确定了结构设计方案的 BIM 模型需进行碰撞检查等预装配检查，当不满足要求时需修改和替换构件，通过预装配检查的 BIM 模型既满足结构设计的需求，又满足装配的需求，可以交付指导生产与施工。在整个设计过程中，预制构件库中含有很多定型的通用的构件，可以提前进行生产，以保证生产的效率。因为预制构件库的作用，生产厂商无须担心提前生产的预制构件不能用在装配式结构中，造成生产的预制构件浪费的情况。

对于预制构件库的管理系统而言，用户通过客户端可以调用预制构件并用于工程 BIM 模型的创建，BIM 模型作为最后的交付成果，预制构件的选择起了很大的作用，构件库的完善程度决定了基于 BIM 的装配式结构设计方法的可行性和适用性。当预制构件库不完善时，用户想要设计符合自己需求的装配式建筑，难度较大，需要单独设计构件库中还未包含的预制构件。

Revit 软件使用时会涉及相关的专用术语，例如项目、类别、图元、族、类型、实例。项目是单个工程项目数据模型库，包含了项目从开始规划设计到后期施工维护的所有信息，所有的三维视图、二维视图、图纸、构件信息、明细表等都存储在此项目的模型中。类别是指依据构件的性质对构件进行归类的一类构件集合，如梁、柱、门等。图元是信息和数据的载体，是建筑模型的核心，如建筑模型的墙、门等。图元分为模型图元、基准图元、视图专有图元，模型图元是整个模型的主体框架和基础，如墙、梁、柱、楼板、门窗等；基准图元用于项目中构件的定位，如轴网、标高等；视图专有图元包括注释、尺寸标注等注释图元和详图构件、详图线等详图图元；族是项目的基础，图元通过族创建，族分为三类：系统族、可载入族和内建族。系统族在 Revit 中预定义，通过系统族可创建墙、梁、楼板等基本图元；可载入族可以自定义，为创建各类标准化族（如挡土墙等）提供了平台；内建族在当前项目中创建，不能被其他外部项目引用。

二、装配式结构 BIM 模型的分析与优化

调用预制构件库中标准化、通用化的预制构件可以快速地实现装配式结构的预设计，预设计的 BIM 模型还需进行分析复核以满足结构安全的要求，并通过预装配的碰撞检查对 BIM 模型进行优化。

（一）BIM 模型分析复核的实现

在预制构件库创建后，基于 BIM 的装配式结构设计方法直接从预制构件库中选择构件进行结构的预设计，预设计得到的 BIM 模型能否指导后续的生产和施工等，需经过分析复核这个必要环节。由于预制构件库并不是完善的，不能包括所有的情况，而且入库的构件是通过统计分析甄选的，所以不可避免有不满足具体工程的预制构件，需要进行替换，分析复核就是实现此项任务的。分析复核是保证结构安全的一个重要方式。

分析复核是在预制构件设计好的前提下进行的，通过复核验算保证结构整体性能和预制构件的安全。分析复核与结构设计具有相反的过程，依据所受的荷载作用将弯矩、剪力、轴力等内力情况计算出来，并依据规范进行复核判断对比。分析复核时预制构件已经设计完，受力分析应该考虑相应的配筋情况，所以，应考虑精细化的有限元分析方法进行受力分析，但是实际情况下可考虑简化的有限元计算方法。

装配式结构 BIM 模型的分析复核流程主要分为两个阶段：有限元分析阶段，分析结果与规范对比阶段。前者主要是将 BIM 模型转换为结构分析所需要的分析模型，并依据相应的荷载组合进行有限元分析。后者主要是将有限元分析的结果与规范做对比，当不满足要求时需将所有不满足要求的构件替换为高一级的构件，再循环分析复核的流程，直至满足要求为止（图 6-8）。

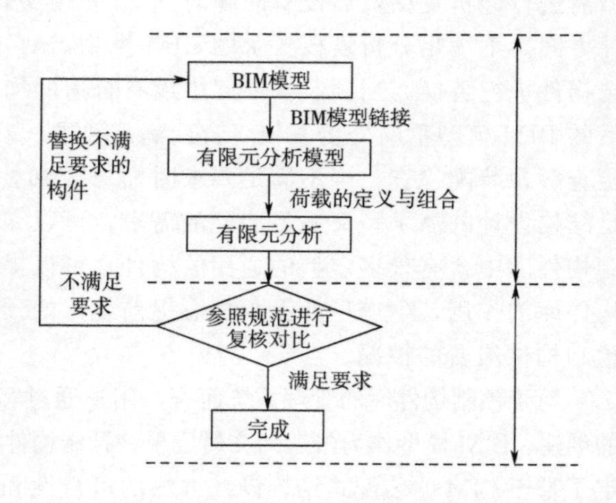

图 6-8 装配式结构 BIM 模型的分析复核流程

（二）分析复核的有限元分析阶段

有限元分析阶段主要涉及 BIM 模型的链接方式，即将 BIM 模型转化为有限元分析模型的方式，以及有限元分析方法。

1. 分析复核的 BIM 模型链接方式

分析复核不仅要保证 BIM 模型能够用于结构分析软件进行受力分析，还要保证 BIM 模型能够方便的依据分析结果进行结构调整。目前，传统装配式结构设计方式利用有限元软件对结构建模，然后进行受力分析计算，并以此来绘制二维的施工图纸。而基于 BIM 的装配式结构设计方法是在核心建模软件中通过调用预制构件库中的构件构建 BIM 模型，然后进行分析复核。BIM 模型是指包含各种设计信息的三维实体模型，而分析模型主要是点、线、面的模型，BIM 模型和分析模型的链接计算是重点，因为各软件的数据结构不开放，实现二者的无缝链接是当前 BIM 技术还未能完全攻克的难题。

良好的模型链接方式应该满足链接过程公开透明、链接结果的可利用性以及链接接口的稳定性。主要有三种链接方式：①采用 IFC 公共标准。实现 BIM 核心建模软件与结构分析软件间的数据交换，其优势在于转换的信息全面，由于当前多数软件不支持 IFC 结构模型的读入，并且软件导出的 IFC 模型不包含结构信息模型，因此，需要开发专门的 IFC 结构模型转换软件来实现不同软件间的数据交换。②基于二次开发的方式。如利用 Revit API 进行二次开发，形成插件，利用插件转换模型，目前 Revit 可以实现与 Robot、PKPM、ETABS 以及 STAAD 之间的模型交换，Revit 和 Robot 已经实现了较好的模型链接。③采用基于中间数据文件的 Excel 实现数据交换。BIM 模型导出的 Excel 文件格式包含了构件的节点坐标、截面类型及材料信息等，利用 Excel 模型生成器读取 Excel 文件并生成模型，以此实现模型的转换。

2. 分析复核的有限元分析方法

分析复核的有限元分析过程是进行分析复核的前提，它与设计时的分析区别在于预制构件的配筋等均已确定，可以根据实际的构件情况进行有限元分析，而不需要预先试设计。

（三）有限元分析结果的复核对比

有限元分析的结果只有同现有的规范进行对比，才能发挥其作用。有限元分析结果的对比依据主要有《混凝土结构设计规范》GB 50010—2010、《建筑结构荷载规范》GB 50009—2012、《建筑抗震设计规范》GB 50011—2010、《装配式混凝土结构技术规程》JGJ 1—2014、《预制预应力混凝土装配整体式框架结构技术规程》JGJ 224—2010 等。因此需要考虑的方面如下。

1. 梁

正截面受弯承载力、斜截面（接缝）受剪承载力、梁受剪截面要求、挠度和裂缝验算、梁缺口处钢筋要求等。

2. 柱

层间位移验算、轴压比验算、柱正截面受压承载力、柱斜截面（接缝）受剪承载力、最小配箍率、裂缝等。

3. 板

正截面受弯承载力、板截面验算（斜截面承载力验算）、挠度和裂缝等。

4. 节点

节点核心区抗震受剪承载力、体积配箍率等。

三、基于BIM的装配式结构设计具体流程介绍

BIM技术具有可视化、协调性、模拟性、优化性及可出图性等特点。将BIM技术与当前装配式建筑设计方法相结合，实现信息在设计与生产、施工之间的完整传递；可以实现上下游企业及各专业之间的信息协调，还可进行各专业构件之间的设计协调，完成构件之间的无缝隙结合；可以使技术人员按照施工组织计划进行施工模拟，完善施工组织计划方案，实现方案的可实施性，如图6-9所示。因此装配式建筑基于BIM的模块化设计方法可以解决当前装配式建筑设计方法中的一些问题，推动建筑产业化的发展。

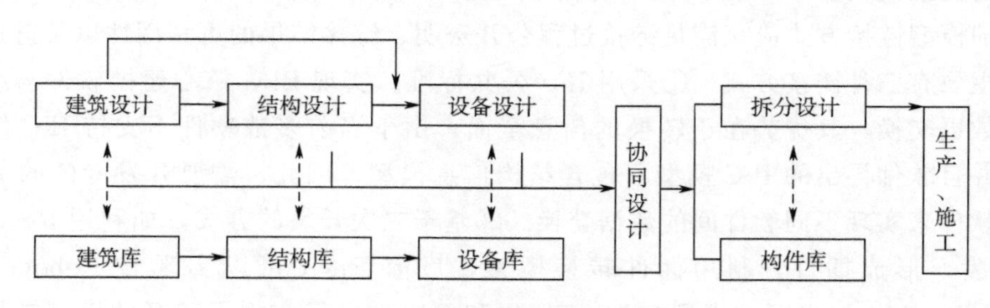

图6-9 装配式建筑协同设计

以某项目为例，剪力墙住宅体系中住宅的户型具有普遍性及相似度高的特性，建筑一般由首层、标准层、顶层组成，每个建筑层由若干个建筑单元组成。其中首层和标准层的相似度不大，首层相对标准层有门厅单元、底层楼板单元，顶层相对其他层相似度较差。就现代住宅建筑设计而言，经过长期淘汰和筛选后，使用者对户型的选择要求已逐渐明确，因此住宅建筑的户型设计雷同度较高，很大一部分设计只是存在于某个房间的尺寸差异。

模块化是建筑业在标准化、系列化、参数化等标准基础上参考系统工程原理发展起来的一种预制装配式的高级形式。模块化设计的思路是：首先将建筑整体划分为若干层，将每一层根据功能需求分解为若干个户型模块以及附属模块；再将户型模块以及附属模块分成不同类别构件，最后再将构件按照单元、层等逐级按照“搭积木”式组合成整体建筑。

（一）户型内设计

建筑设计师根据户型的功能要求选择相对应的户型，结构设计师根据户型的结构布置从结构库中选择相对应的结构户型，设备设计师根据户型的功能及结构的设计方案选择设备模块，同时设备设计师与建筑、结构设计师进行协调，避免发生构件之间的碰撞。简而言之，设计师要完成户型内功能区的划分、受力构件的布置和设备的无碰撞协调。户型内的设计是剪力墙体系模块化设计的基础，是模块化设计过程中工作量最大的环节，标准化、系列化的户型库可以提高协同设计的效率，为模块化设计精确实施奠定基础。

（二）户型间设计

户型内的设计完成户型内部功能的划分，保证户型内建筑、结构及设备专业之间协调设计的准确性。户型间设计是指将设计师选择的户型通过能够传递户型功能的结构接口组成建

筑单元。建筑系统是构件经过有机整合而构成的一个有序的整体，其中各个户型既具有相对的独立功能，相互之间也有一定的联系，户型之间把这个共享的构件就称之为接口，它不但是建筑系统中的一部分，而且是户型之间进行串并联设计的媒介，组合成为一个完整的建筑模型。

户型间的设计主要是解决接口的有关问题，接口根据构件的共享部位可以分为重合接口和连接接口两类。重合接口是指共享部分是重合的构件，连接接口是指协同共享的构件没有重合，需要外部构件将其连接在一块的。剪力墙住宅体系中建筑、结构户型间大部分的接口是重合接口，在设备户型间的接口主要是连接接口。另外根据专业不同重合部分的构件也有差别，在建筑户型间重合的部分主要有内墙、内隔墙，在结构户型间重合的部分主要有暗柱、剪力墙。户型间接口的解决方法通常是：在户型间阶段的设计将重合接口中重叠的构件删除一个，保证建筑整体的完整性。删除构件时应注意的是：两户型中，长短构件重合，留取构件长的，删除构件较短的。

（三）标准层设计

标准层的设计完成层内部功能的完整，补充辅助功能内的附属构件，保证层内建筑、结构及设备专业之间协调设计的准确性。标准层设计是指设计师完成的户型间设计通过添加附属构件组成建筑层的设计过程。一般建筑分为地下室、首层、标准层、设备层、顶层等，建筑层是由建筑户型及附属构件组合而成，也是建筑系统的重要一部分。

在住宅建筑设计中一般有首层、标准层、设备层、顶层，其中标准层在建筑中占有绝大部分，在建筑设计中可以先设计标准层，然后相同类型的建筑层进行复制，不同类型的建筑层在此基础上进行修改，在住宅体系中标准层设计的正确与否关系到一幢建筑的整体设计。此阶段借助 BIM 技术对建筑、结构、设备层模型进行协调设计，无碰撞的模型对整体建筑模型很重要，因此建筑层是建筑设计中价值最大的阶段。

（四）建筑整体协同设计

建筑整体的协同设计包括专业内协调设计和专业间协调设计。前者是在专业内部进行优化设计及深化设计，依据设计规范满足建筑、结构、设备各专业之间的要求；后者是专业之间的碰撞检测及设计调整，依据设计、施工规范满足业主的功能需求。协同设计是建筑工程各专业在共同的协作平台上进行参数化设计，从而实现专业上下游之间的信息精确传递，在设计源头上减少构件间的错漏碰缺等，提升设计效率和设计质量。

从建筑师的角度看，基于 BIM 的协同设计有利于建筑师把更多的精力投入方案设计中，优化整体设计方案，提高方案的竞争力；有利于业主、政府等各部门之间的信息交流，加强信息共享，避免信息孤岛的形成；有利于加强设计、生产、施工等各参与方的协作，各部门之间快速进行信息的沟通和反馈，优质、高效地完成建设项目。从社会和业主的角度看，协同的思想加强了社会对“建筑、人、环境”的理解，促进了业主与建筑师之间的互动，提高了决策的科学性和准确性，为项目投资建设的圆满完成提供了有力保障。

四、装配式结构碰撞检查与 BIM 模型优化

（一）碰撞检查的实现及 Navisworks 平台

传统结构设计以二维施工图纸作为交付成果，各专业的图纸汇总时不免会发生碰撞等问

题。BIM应用中的碰撞检查能够出具碰撞报告，报告给出BIM模型中各种构件碰撞的详细位置、数量和类型。设计人员根据碰撞报告修改相应的BIM模型，使BIM模型更加优化，碰撞检查是调整优化BIM模型的一种重要方式。目前常用的碰撞检查平台是Navisworks。

Navisworks具有可视化、仿真、可分析多种格式的模型等特点，Navisworks的功能有：①三维模型的实时漫游。可以对三维模型进行实时的漫游，为三维施工方案审核提供了支持。②碰撞校核。既可以实现硬碰撞，也可以实施诸如间隙碰撞、时间上的碰撞等软碰撞。③模型整合。可以将多种三维模型合并到同一个模型，进行不同专业间的碰撞。④4D进度模拟。可以导入进度计划软件的文件，与模型关联，模拟4D的进度计划，直观地展示施工过程。⑤模型渲染。丰富的模型渲染功能可以给用户提供各个场景的模型。

利用Navisworks进行碰撞分析前，需要对碰撞类型等进行设置，根据项目特征选择不同的方法进行碰撞分析，主要有三种方法：①根据单专业或者多专业进行碰撞检查。②在碰撞检查窗口中选择需要的项目进行碰撞检查，但是当项目较复杂时，操作量较大。③在视图中建立图元或集合进行碰撞检查，如按层数设置碰撞，可设置层间碰撞，也可以设置层内碰撞。

在碰撞类型中可以设置硬碰撞、间隙碰撞等。碰撞分为静态碰撞和动态碰撞，静态碰撞主要用于检查图纸模型的准确性，动态碰撞就是基于时间的碰撞检测，可检测在施工过程中发生的碰撞。项目的起重机、材料堆场等，会随工程的开展，在某个进度中占用某一个空间，从而发生碰撞，即基于时间的动态碰撞。创建BIM的3D模型是实现静态碰撞的基础，而创建BIM的4D模型是实现动态碰撞的基础。

（二）碰撞检查在装配式结构BIM模型优化中的应用

碰撞检查可以设置单专业内及多专业间的碰撞，大型建筑工程的设备管线众多，布置复杂，管线间、管线与结构间的碰撞众多，给施工带来了麻烦，利用碰撞检查发现项目中的碰撞冲突，并将结果反馈给专业设计人员对BIM模型进行调整和优化。碰撞检查在现浇结构的结构件中应用较少，因为构件采用现场浇筑，在施工之前其实并无构件的概念，碰撞时也可采用整体浇筑来处理。而对于装配式结构而言，构件大部分是从预制构件厂运输到施工现场装配施工，施工安装跟钢结构的安装相类似，也需要满足精细的尺寸要求。装配式结构设计时从预制构件库中调用构件构建BIM模型，完成预设计，分析复核满足要求后，还需进行预装配的碰撞检查，检查无误后方可把BIM模型交付给施工单位。装配式结构碰撞检查的必要性在于：①预制构件间的拼装应满足尺寸的准确性，才能保证预制构件顺利拼装。对于预制梁柱拼接时，如果梁的预制尺寸比设计时大很多，就会导致梁“嵌入”到预制柱中，无法装配成功。而如果梁的尺寸比设计时小很多，则导致梁与柱之间的缝隙太大，无法装配施工。对于采用灌浆套筒方式连接的预制柱，如果尺寸不能保证精确性，将导致节点无法拼装。②对于预制构件拼装的节点而言，节点处的钢筋较为复杂，往往出现钢筋过于密集，钢筋无法施工，导致节点的装配无法进行。因此，节点钢筋级别的碰撞检查是必要的。

当构件间出现碰撞问题时，则需调用另外的构件，如果现场无构件代替，则需要从预制构件厂运输构件到施工现场，导致施工工期的延误。当装配节点无法施工时需进行专门的设计，使新设计的节点施工方法能够顺利实施，施工的效率将会受到很大影响。在进行BIM模型检查时，可以充分检查这些碰撞问题，提前发现施工中可能出现的问题，并通过调整和优化模型解决此类问题。

五、利用 BIM 模型精确算量

传统的招投标中由于投标时间比较紧张，要求投标方高效、灵巧、精确地完成工程量计算，把更多时间运用在投标报价技巧上。这些单靠人工不仅很难按时、保质、保量完成，而且随着现代建筑造型趋向于复杂化，人工计算工程量的难度越来越大，快速、准确地形成工程量清单成为招投标阶段工作的难点和瓶颈。这些关键工作的完成也迫切需要信息化手段来支撑，进一步提高效率、提升准确度。

将 BIM 技术利用在工程量的统计上，主要分为两部分：一是，对 PC 项目中所有预制构件、所需部品在类别和数量上的统计；二是，对每个预制构件所需的各类材料的统计。以便给制造厂商提供所需的物料清单，也使项目在设计阶段能够进行初步的概预算，实现对项目的把控。

六、利用 BIM 模型出图

设计成果中最重要的表现形式就是施工图，施工图含有大量技术标注的图纸，在建筑工程的施工方法仍然以人工操作为主的技术条件下，施工图有其不可替代的作用。CAD 的应用大幅度提升了设计人员绘制施工图的效率，但是，此方式存在的不足也是非常明显的：当产生了施工图之后，如果工程的某个局部发生设计更新，则会同时影响与该局部相关的多张图纸，如一个柱子的断面尺寸发生变化，则含有该柱的结构平面布置图、柱配筋图、建筑平面图、建筑详图等都需要修改，这种问题在一定程度上影响了设计质量的提高。模型是完整描述建筑空间与构件的模型，图纸可以看作模型在某一视角上的平行投影视图。基于模型自动生成图纸是一种理想的图纸产出方法，理论上，基于唯一的模型数据源，任何对工程设计的实质性修改都将反映在模型中，软件可以依据模型的修改信息自动更新所有与该修改相关的图纸，由模型到图纸的自动更新将为设计人员节省大量的图纸修改时间。施工图生成也是优秀建模软件多年来努力发展的主要功能之一，虽然，目前软件的自动出图功能还在发展中，实际应用时还需人工干预，包括修正标注信息、整理图面等工作，其效率还不是十分令人满意，但是，相信随软件的发展，该功能会逐步增强、工作效率会逐步提高。此次预制构件的出图是以构件为单位进行的，每个构件出两张图纸，模板图和配筋图，这两张图纸包含该构件的所有信息（模型尺寸、构件配筋、施工预留预埋、墙体算量、钢筋明细）。

七、实践案例——北京市某定向安置房项目

（一）项目概况

1. 项目背景

该项目是全国装配式建筑科技示范项目、北京市首个装配式钢结构住宅项目的示范工程。

项目所在基地位于北京市丰台区东北角，距离中心城区直线距离约 7.3km，距地铁 10 号线 500m，距南三环直线距离 900m。基地北侧为方庄南路 18 号院小区，南侧为文成建筑

小区。项目基地西临方庄南路，南邻成寿寺规划西一号路，交通比较顺畅。项目东北为北京市丰台区成寿寺小学，周边临近生活超市等便民服务设施。

规划设计条件为：总用地面积 6691.2m^2；容积率≤3；建筑密度≤30％；建筑使用性质为定向安置用房；地上建筑面积≤20073.6m^2；建筑控制高度≤60m，绿地率≥30％。本项目中尝试采用了 EPC 总承包模式。项目采用钢管混凝土框架＋组合钢板剪力墙（阻尼器）结构形式，加气混凝土外墙、钢筋桁架楼承板、钢楼梯及一体化内装系统。在施工过程中展现了钢结构建筑节能、节地、节水、节材和保护环境的优势，通过信息化管理和装配化施工，保证工程质量的同时，缩短了工期，节约了综合成本。

2. 方案介绍

（1）规划布局设计

项目的规划定位符合丰台区的总体设计规划定位，建筑设计以人为本，追求人居环境与建筑的共存融合，以建造布局合理、功能齐备、交通便利、环境优美的现代住宅区为设计目标，注重自然环境与建筑风格的有机结合。

建筑高度满足规划条件的要求，在布局组织上，采用 U 形的布局方式，开口方向背离城市主干道，将好的建筑展示面紧邻主干道放置，有助于展示建筑形象，营造良好的城市界面。同时 U 形围合的开敞空间私密性更强，有助于营造良好的生活氛围。

（2）建筑单体

虽然地块的安置房是一单体建筑，但是采用了高低错落的布置方式，形成了错落有致的城市界面。建筑色彩采用中兴低调的色彩，立面采用大地色系，整体色柔和建筑主体以赭石色或者浅米黄色为建筑基色，结合深浅材质组合，搭配出多种立面色彩组合效果。整体彰显稳重端庄、古朴而自然的气质。建筑风格上采用新古典风格并进行简化，吸取核心的设计语言，摒弃冗余的符号，结合材质深浅的变化组合，搭配出多变而统一的立面形象，达到了既经济又简约大方的建筑效果。整体风格与该项目周边的地块风格协调，与周边的地块很好衔接。细节上，建筑物入口门斗的比例、风格与建筑物的整体比例、风格协调；空调室机、雨水管等进行统一设计，结合飘窗阳台等位置综合考虑；小区内的导视牌、硬化景观、城市家具等综合考虑，结合公共空间进行设计，以求达到简洁美观的效果（图 6-10）。

图 6-10　单体效果图

户型设计方面，根据设计任务书的要求设置五种不同面积段的户型，以满足客户的多元化需求，其中 70～80m^2 为主力户型。

（二）BIM 应用准备工作

1. 制定 BIM 应用流程

在项目之初根据该项目的 BIM 目标，制定具体的 BIM 技术应用流程，同时在市面上众多的 BIM 软件中进行合理的选择。建模过程根据专业的不同分为建筑专业、MEP、结构三个方向进行 BIM 建模工作，其中以建筑专业为核心，其他两个专业的 BIM 模型在建筑 BIM 模型的基础上进行设计与整合。同时根据各专业的特点，每个专业在建模过程中分三个阶段进行，每个阶段的模型可以整合进行模拟分析。本项目的建筑建模软件选用 Graphisoft 公司的 ArchiCAD，基于 IFC 格式，该软件可以实现和建筑行业中绝大部分 BIM 软件的数据互通。因软件自身的特点，在 MEP 和结构的两个专业中需要其他软件进行协同设计。具体的操作流程如图 6-11 所示。

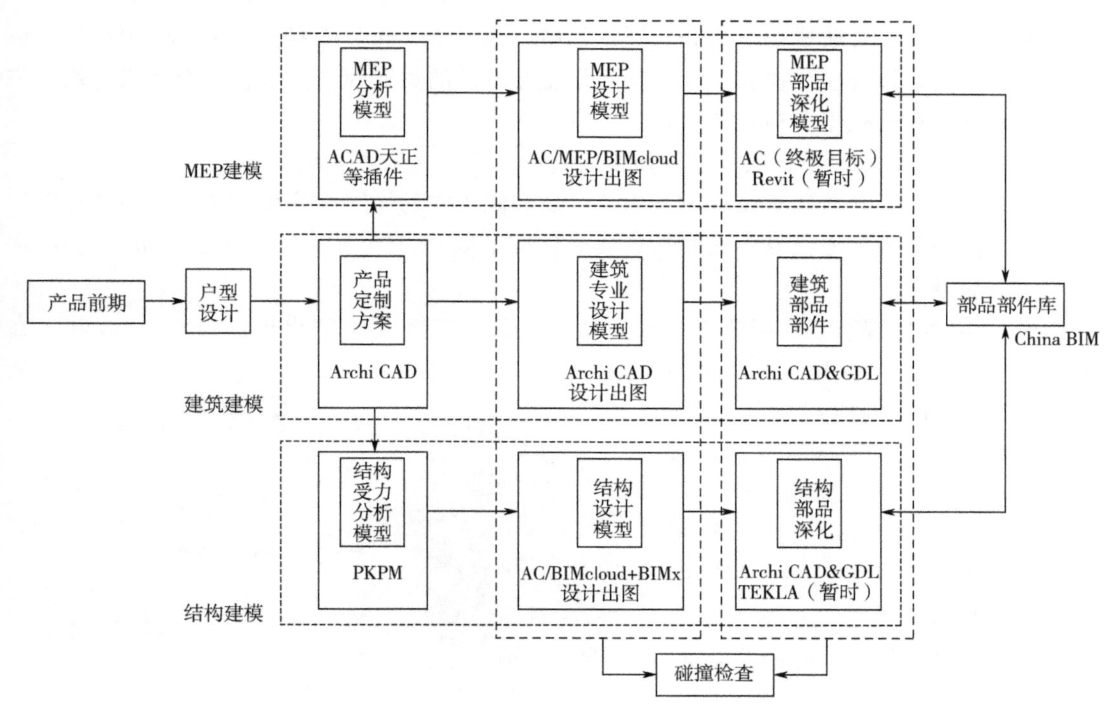

图 6-11　BIM 在设计阶段应用流程和 BIM 软件选择

2. 确定 BIM 协作模式

(1) 信息主导协作模式

在传统的建筑工程项目当中，在设计环节，以设计单位为核心多方参与配合的协作模式，称之为设计主导的合作模式。装配式建筑因为其自身特点，设计、制造和施工三个环节联系的紧密度更高，如果采用传统的合作模式，设计过程中必然难以完全满足装配式构配件的生产和施工需求，在实际操作中，必然会出现因设计过程中三个环节缺乏配合而造成构件在制造或施工过程中不合理的情况。这样的情况在该种合作模式下时有发生，这样的低效率协作会频繁做出设计更改，从而导致构件生产方和现场施工的待工待料，造成工期延长、成本增加，甚至影响装配式建筑的工程质量。

在装配式建筑中，构件生产环节和施工环节的重要性加强，在各阶段的协作模式上出现了以制造、施工为主导的合作方式。构件生产厂商根据自身的具体情况，为设计方提供符合自己生产特点的构件库，从而指导设计，该种模式相较于设计主导模式在对项目工期、成本、质量上的控制力要好很多，但由于构配件种类的限制，势必会造成建筑产品在整体上的单一、呆板，难以满足人们对建筑造型上的多样化需求。

以上两种协作方式在一定程度上受技术水平制约。传统的设计方式中，建筑信息的传递多以纸质文件和二维图纸为媒介，各个参与方之间以线性的方式进行协同工作。这种方式信息阻塞，不能满足建筑工业化和整个产业链信息的及时有效共享。

BIM 技术的出现有望解决这个技术难题。基于 BIM 技术的信息主导协作模式是 BIM 中“I”的应用方式。在设计过程，可以将各单位、各专业的数据信息整合到 BIM 模型当中，同时采取 BIMcloud 网络协同的协作方式，达到及时有效沟通的效果。这种模式下，构件生产方和施工可以在设计阶段更早的介入到项目中，把三个不同阶段容易产生的问题集中到设计阶段进行解决。该种协作模式下，信息才是主导设计的关键因素，信息是否准确高效的传递直接影响着合作的效率和项目的进程。

(2) 基于 BIMcloud 平台的异地协作模式

装配式建筑在设计阶段对设计方、构件厂商和施工方的协同要求程度高，不同参与单位的协同往往因为异地的原因导致无法达到实时协同的效果，效率较低。但 BIMcloud 的出现解决了这一难题。

BIMcloud 的出现与互联网技术的高速发展有关，BIM 技术的出现已经长达 30 年，在 BIMcloud 出现以前，BIM 技术在小规模建筑项目当中的应用成效显著，但是对于现在很多大型项目来说，参与团队遍布五湖四海，团队之间的合作效率较低。BIMcloud 为这一瓶颈提供了解决方案，它可以在任何网络上工作，你只需要拥有标准的网络接口，BIMcloud 能够从任何距离实时连接，以实现高效的协同工作。在本项目中，参与单位众多，包括咨询顾问公司、分包商、设备供应处、构件生产方等，在基于 BIMcloud 的基础上，本项目采用信息主导的协作模式（图 6-12）。

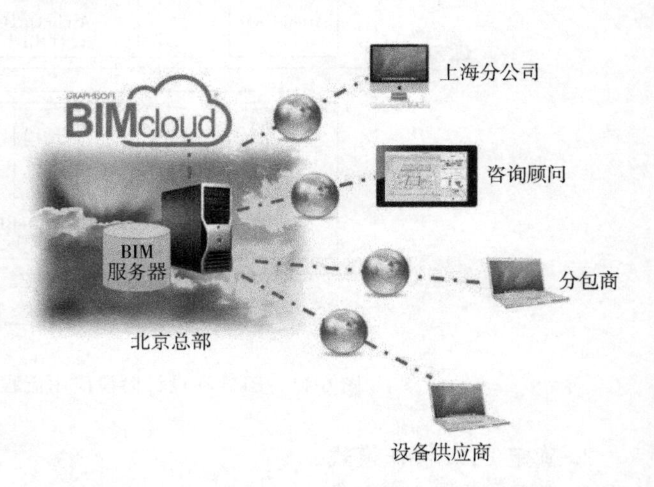

图 6-12　基于 BIMcloud 的信息主导协作模式

(三) 规划设计阶段

本项目在规划阶段中对 BIM 技术的应用主要体现在利用日照分析辅助进行建筑的总平面布局。分析软件采用的是众智 SUN 分析建筑日照分析软件，按照国家标准进行分析。项目所在地块位于北京市丰台区，东经 11.19°，北纬 39.57°，太阳最小扫掠角为 0°，测试时间选择大寒日，日照有效时间段位 08:00—16:00。

(四) 方案设计阶段

在本装配式住宅项目的方案设计阶段，主要是建筑、结构、设备等各专业设计人员进行各自专业方案的初步设计。在此阶段中，BIM 技术的应用主要是通过模拟分析、可视化设计、模块化功能、三维协同等进行对方案设计的辅助。BIM 技术在此期间的应用点主要包括五个方面：户型平面设计、抗震模拟分析、预制构件拆分设计、创建模型数据库、各专业之间的碰撞检测。

1. 基于BIM技术的户型设计

装配式建筑产品研究思想：标准化、模块化、部品化、系统集成化。户型设计是产品设计的关键，需综合考虑构件系统集成。

目前BIM在装配式户型设计中的案例很少，主要采用的方式是用传统的设计方法进行住宅的户型设计，再根据二维图纸在BIM软件中进行建模。该种户型设计模式因为对BIM软件的掌握不够成熟，难以形成有体系的设计方法。此模式带来的弊端是多样的，最直接的影响是设计出来的户型在构件拆分环节中难以得到良好的解决方案，部品式样多，难以达到标准化的要求。

在该项目设计阶段，全部采用BIM软件进行设计。在设计过程中以墙、顶、地、门窗、厨房、卫生间、家具、设备以及管线作为最基本的元素，在满足这些基本元素标准化的前提下，进行户型重组，衍生得到多样化的户型组合。

该种设计方式在设计过程中对模块构件进行了标准化的思考，便于后期构件的深化和优化，同时有助于建立属于公司自己的户型库，为下一个项目积累宝贵的资料。

2. 基于BIM技术的模块库的建立

基于BIM技术的装配式建筑标准化设计，在设计阶段需要建立装配式户型库和装配式构件产品库，标准化的设计可以使预制装配式建筑户型标准化，构件规格化，减少设计错误，提高出图效率，尤其是在预制构件的加工和现场安装上大大提高了工作效率。在构件库的建立过程中，需要配合设计单位、预制构件生产商和装配式施工单位，以确保模型的准定型，能够满足工厂标准化生产以及装配施工的要求。

在此定向安置房项目中，采取云端的方式构建数据库，将生成的构件储存在建谊共享大厅，可以随时调取原构件库当中的构件为本次项目所用。由于构件、模块库的建立处于初始节点，大部分不能直接使用，需要针对本项目的具体情况进行调整与更改，同时将本项目构建的新的标准构件和标准模块上传到网络平台上，进一步丰富构件、模块库（图6-13）。

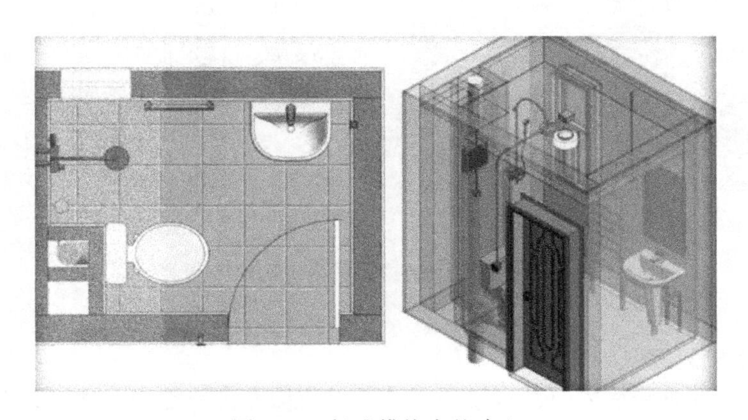

图6-13　标准模块库的建立

本项目建筑设计采用的BIM软件是Graphisoft旗下的ArchiCAD，采用ArchiCAD进行标准构件建立时需要运用 GDL 对相应的构件进行相应参数的设置。除了将构件的尺寸输入之外，其材质等参数信息也需要被添加进去，利用 BIM 软件通过公式控制，可精确计算统计各种材料的消耗量，能自动生成构件下清单、派工单、模具规格参数等生产清单，为材料的采购提供依据。

3. 基于 BIM 技术的碰撞检查分析

对预制构件进行深化除了能够满足后期进行的构件加工以外，还能保证每个预制构件在现场都能准确地安装，不发生错漏碰缺。在装配式建筑项目中，预制构件和部品的数量众多，单单依靠人工校对和筛查是很难完成的，而利用 BIM 技术可以快速准确地把可能发生在现场的冲突在设计阶段中解决。对于结构模型的碰撞检测主要采取了两种方式，第一种是直接在三维模型中实时漫游，既能宏观观察整个模型，也可微观地检查结构的某一构件或节点，精细程度可以达到钢筋级别。第二种方式是通过 BIM 软件中自带的碰撞校核功能进行构件之间的碰撞检测，在检测之前需要设置检测条件，检测完毕之后软件会自动显示所有的碰撞信息，包括碰撞的位置，碰撞数量，碰撞对象的名称、材质等，并且碰撞部分会在模型中高亮显示，以便进行检查修改。

（五）深化设计阶段

为了满足出图的要求，在装配式建筑深化设计阶段需要对预制构件进行再设计，其中包括对预制墙板楼板的配筋设计、预留洞口设计、对钢结构节点的优化等。在此项目中，设计方、制造方、施工方通过 BIMcloud 协同平台，对深化预制构件模型的过程中相互协调、共同设计。设计人员对预制构件进行配筋、防雷构件预埋、吊点设置等一系列设计工作，然后将初步配置好的预制构件模型同步至网络平台，施工人员进行进一步的施工预留洞布置，同样也是实时进行上传更新。因为，施工方和设计方是在同一个模型上进行三维设计操作，所以设计人员能够直观地观察到设计与洞口之间的问题，然后进行设计调整（图 6-14）。

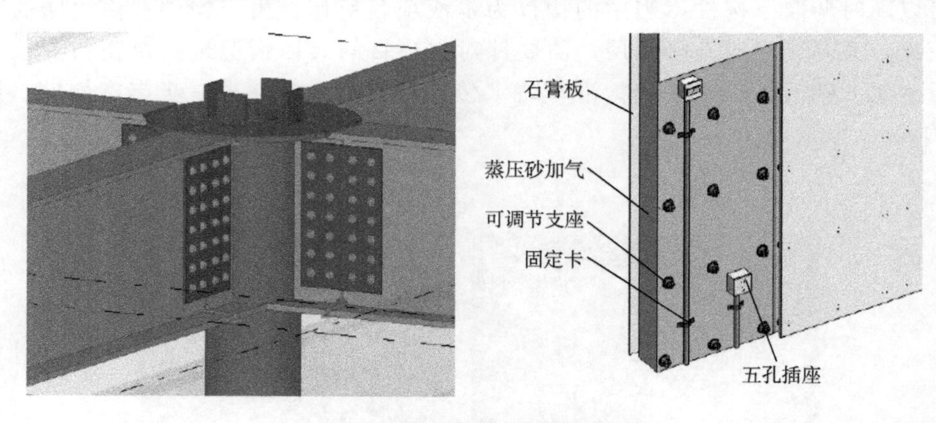

图 6-14　预制构件深化优化设计

（六）图纸生成阶段

由于现今建筑行业标准依旧是习惯于二维图纸的标准进行交付和审查，所以，对预制构件三维模型进行二维图纸的出图，是整个深化设计环节的重中之重。出图过程充分利用了 BIM 模型的联动性，只需要对 BIM 提取相应图纸信息，便可以自动得到相应的二维视图，而且与三维模型信息保持一致。

BIM技术在预制构件生产运输阶段的应用

第一节 BIM与构件生产概述

一、预制构件生产

预制混凝土构件的生产制作主要在工厂或符合条件的现场进行。预制构件类型按照建筑类型划分，一般分为市政构件和房屋构件；按照构件结构类型划分，一般分为预应力混凝土构件和普通混凝土构件。本章阐述的预制构件生产制作，主要针对房屋建筑的普通混凝土预制构件（简称预制构件）。预制构件工厂的建设规模和设备选型，主要根据工厂生产的构件类型和工程的实际需要，分别采用自动化流水生产线、固定模台生产线等工艺流程，不同的预制构件类型具有不同的生产工艺流程、机械设备、制作方法和技术标准。

（一）预制构件工厂规划建设

1. 预制构件工厂规划

预制构件工厂的规划建设应充分考虑构件生产能力、成品堆放、材料、运输、水源、电力和环境等各项因素，合理规划场内构件生产区、办公生活区、材料存放区、构件堆放区。

（1）标准预制构件工厂的基本条件

一般标准预制构件工厂占地面积150～300亩[1]，其中厂房占地面积约30000m^2，构件堆场占地面积40000～60000m^2。标准预制构件工厂通常设有五条生产线，年生产能力设定为100000～150000m^2，包括自动化预制叠合板生产线、自动化内外墙板生产线、自动化钢筋加工生产线、固定模台生产线等。构件运输覆盖半径一般控制在0～200km内。

（2）标准预制构件工厂规划建设内容

[1] 1亩≈666.67m^2

① 构件生产区：构件厂房、构件堆放、构件展示。

② 办公生活区：办公楼、实验室、员工宿舍、食堂、活动场地、门卫等。

③ 附属设施用房：锅炉房、配电房、柴油机发电房、水泵房等。

④ 其他区域用地：厂区绿化、道路、停车位等。

2. 构件生产工艺流程

（1）自动化生产线工艺流程

自动化生产线一般分为八大系统：钢筋骨架成型、混凝土拌合供给系统、布料振捣系统、养护系统、脱模系统、附件安装与成品输送系统、模具返回系统、检测堆码系统。

在固定模台生产线上设置了自动清理机、自动喷油机（脱模剂）、划线机和模具安装、钢筋骨架或桁架筋安装、质量检测等工位，对全过程进行自动化控制，循环流水作业。

相比固定台模生产线，自动化生产线的产品精确度和生产效率更高，成本费用更低，特别是人工成本投入，将比传统生产线节省 50%。

（2）固定模台工艺

固定平模工艺是指构件在固定的台座上完成各道工序（清模、布筋、成型、养护、脱模等）的加工与制作。一般生产梁、柱、阳台板、夹心外墙板和其他一些工艺较为复杂的异型构件等（图 7-1）。

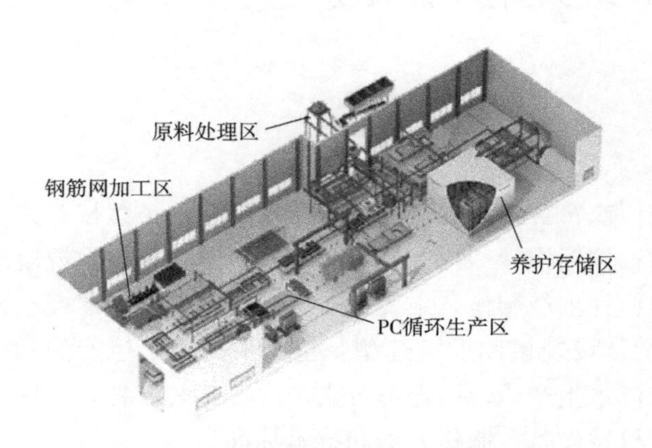

图 7-1　预制构件生产线示意图

立模工艺的特点是模板垂直使用，并具有多种功能。模板是箱体，腔内可通入蒸汽，侧模装有振动设备。从模板上方分层灌筑混凝土后，即可分层振动成型。与平模工艺比较，可节约生产用地、提高生产效率，而且构件的两个表面同样平整，通常用于生产外形比较简单而又要求两面平整的构件，如预制楼梯段等。立模通常成组使用，可同时生产多块构件。每块立模板均装有行走轮，能以上悬或下行方式做水平移动，以满足拆模、清模、布筋、支模等工序的操作需要。

3. 常用生产设备

（1）混凝土搅拌机组

混凝土搅拌机是把水泥、砂石骨料、矿物掺合料、外加剂和水混合并拌制成混合料的机械。机组主要由物料储存系统、物料称量系统、物料输送系统、搅拌系统、粉料输送系统、粉料计量系统、水及外加剂计量系统和控制系统以及其他附属设施组成。

（2）钢筋加工设备

常用的设备有：冷拉机、冷拔机、调直切断机、弯曲机、弯箍机、切断机、滚丝机、除锈机、对焊机、电阻点焊机、交流手工弧焊机、氮弧焊机、直流焊机、二氧化碳保护焊机、埋弧焊机、砂轮机等。

随着我国工业化、信息化快速发展，钢筋制品的工厂化、智能化加工和配送设备得到了大力推广和应用。包括钢筋强化机械、自动调直切断机械、数控钢筋弯箍机械、数控钢筋弯曲机械、数控钢筋笼滚焊机械、数控钢筋矫直切断机械、数控钢筋剪切线、数控钢筋桁架生产线、柔性焊网机等设备。

(3) 模具加工设备

常用剪板机、折弯机、冲床、钻床、刨床、磨床、砂轮机、电焊机、气割设备、铣边机、车床、矫平机、激光切割机、等离子切割机、天车等。

(4) 混凝土浇筑设备

常用插入式振动棒、平板振动器、振动梁、高频振动台、普通振动台、附着式振动器等。

(5) 养护设备

立式养护窑、隧道养护窑、蒸汽养护罩、自动温控系统等。

(6) 吊装码放设备

天车、汽车吊、起吊钢梁、框架梁、钢丝绳、尼龙吊带、卡具、吊钉等。

(二) 构件材料与配件

1. 混凝土

预制混凝土构件是由水泥、骨料和水按一定配合比，经搅拌、成型、养护等工艺硬化而成的建筑构件。

(1) 混凝土材料

混凝土的主要材料有水泥、砂、石子、外加剂、矿物掺合料、水。

① 水泥：预制构件生产通常选用普通硅酸盐水泥。

② 砂：预制混凝土构件生产中通常使用中砂，不得直接使用海砂。

③ 石子：根据构件尺寸选取相应的连续级配粒级的山碎石或尾矿石。在构件生产中通常使用的石子粒径为5～15mm，15～20mm，20～40mm。

④ 外加剂：用以改善混凝土性能的材料，按其主要使用功能分为四类。第一类，改善混凝土拌合物流变性能：各种减水剂、泵送剂等。第二类，调节混凝土凝结时间、硬化性能：缓凝剂、促凝剂、速凝剂等。第三类，改善混凝土耐久性：引气剂、防水剂、阻锈剂和矿物外加剂等。第四类，改善混凝土其他性能：膨胀剂、防冻剂、着色剂等。

⑤ 矿物掺和料：为了节约水泥、改善混凝土性能而加入的矿物粉体材料。常用粉煤灰、粒化高炉矿渣粉、沸石粉、燃烧煤矸石等。

(2) 混凝土配合比设计

① 混凝土配合比设计中的三个重要参数，水灰比、用水量、砂率，是决定混凝土强度的主要因素，决定了混凝土拌合物的流动性、密实性和强度等。

② 配合比设计步骤。第一，初步配合比设计阶段，用水灰比计算方法，水量、砂率查表方法以及砂石材料计算方法等确定计算初步配合比。第二，实验室配合比设计阶段，根据施工条件的差异和变化，材料质量的可能波动调整配合比。第三，基准配合比设计阶段，根据强度验证原理和密度修正方法，确定每立方米混凝土的材料用量。第四，施工配合比设计阶段，根据实测砂石含水率进行配合比调整，确定施工配合比。

(3) 混凝土质量要求及影响因素

① 强度：混凝土强度应满足设计要求，强度等级按立方体抗压强度标准值划分，采用

符号 C 与立方体抗压强度标准值 MPa 表示。

② 影响因素：原材料性能、混凝土配合比、搅拌与振捣、养护条件、龄期和试验条件等。

（4）预制构件用混凝土与现浇混凝土的区别

① 因构件厂需要模具、模台周转，加快制作节拍，配合比中一般不使用缓凝剂。

② 预制构件混凝土的坍落度通常在 80～160mm，配合比中一般不使用泵送剂。

③ 预制构件混凝土用的砂石质量要求比现浇混凝土高，特别是清水混凝土构件。

2. 钢筋

钢筋是预制混凝土构件中的主要材料，包括光圆钢筋、带肋钢筋等。钢筋自身具有良好的抗拉、抗压强度，同时与混凝土之间具有良好的握裹力，在混凝土中主要承受拉应力。

（1）成品钢筋

主要有桁架筋和点焊网片。桁架筋和点焊网片多采用排焊机械制造，钢筋之间使用电阻点焊焊接。

（2）钢筋连接件

钢筋连接件主要有直螺纹套筒、锥螺纹套筒、灌浆套筒等，装配式预制混凝钢筋连接用灌浆套筒是通过水泥基浆料的传力作用，依靠材料之间的黏结咬合作用连接钢筋与套筒，将钢筋对接连接。国内建筑工程的灌浆套筒接头应满足国家现行行业标准《钢筋机械连接技术规程》JGJ 107 中 I 级接头性能要求。

3. 预埋件

装配式预制混凝土构件中的预埋件有起吊件、安装件等，对于有特殊要求的比如裸露的埋件，需进行热镀锌处理。

4. 保温连接件

保温连接件又叫拉结件，用于连接预制夹心保温墙体的内、外页混凝土墙板，传递外页墙板剪力，使内、外页墙板形成整体。连接件应满足防腐和耐久性要求、节能设计要求；抗拉强度、弯曲强度、剪切强度应满足国家标准或行业标准规定；连接件的选型和布置需要进行荷载计算。

保温连接件按材质可分为非金属和金属两大类，其中玻璃纤维复合材料（FRP）和不锈钢连接件应用最广。

（三）预制构件加工与制作

1. 装配式预制构件的主要类型

装配式预制构件主要有预制框架柱、叠合梁、叠合板、空调板、阳台板、楼梯板、内墙板、外墙板、夹心保温外墙板、外挂墙板等。

2. 预制构件加工制作流程

（1）加工准备及工艺流程

首先备好水泥、钢筋、砂石、外加剂、掺合料、保温材料、模具、成品钢筋、连接套筒、保温连接件、预埋件等，其质量应符合现行国家及地方有关标准的规定（图 7-2）。

（2）预制构件制作

① 模具验收、清理和组装。模具验收：检查模具外观尺寸和底架、台模、边模等焊接部位是否牢固、有无开焊或漏焊。模具清理：新制模具应使用抛光机进行打磨抛光处理，将

模具内腔表面的杂物、浮锈等清理干净。脱模剂涂刷：常用油性蜡质脱模剂或水性脱模剂，不得漏刷、积聚，并应注意保护钢筋不被脱模剂污染。

图 7-2 预制构件机械化生产

② 钢筋骨架、网片和预埋件制作、安装。钢筋骨架、网片和预埋件必须严格按照构件加工图及下料单要求制作。

③ 预制构件成型。可采用数控布料机准确布料，数控振捣台、高频振动台或附着式振动器等振捣混凝土使其密实，三明治夹心外墙板生产过程中安装完保温连接件和灌浆套筒。

④ 混凝土养护。构件成型后，需加强混凝土养护，防止混凝土产生干缩裂缝和强度降低。可采用覆盖浇水的自然养护或蒸汽养护。

⑤ 脱模与表面处理。预制构件起吊时，混凝土立方体抗压强度要满足设计要求，且不宜小于设计强度的 75%。构件出筋部位按技术规程需冲刷粗糙面，外露粗骨料，加强新旧混凝土结合，防止开裂。预制构件在脱模后存在的不影响结构受力的缺陷可以修补。

⑥ 预制构件标识。预制构件验收合格后，应将工程名称、构件型号、生产日期、生产厂家、装配方向、吊点标识、合格状态、监理单位盖章等标识在明显部位。

3. 质量控制要点

(1) 材料检验

① 应按照现行国家标准《混凝土结构工程施工质量验收规范》GB 50204 要求对钢筋、水泥等原材料进行进场复试。

② 夹心保温外墙板用保温板材，复试项目为导热系数、密度、压缩强度、吸水率、燃烧性能。

③ 钢筋连接灌浆套筒，应制作连接接头进行工艺检验，抗拉强度检验结果应符合现行国家行业标准《钢筋机械连接技术规程》JGJ 107 中的 I 级接头要求。

④ 生产过程应留置混凝土试块，并进行强度检验，试块强度应符合设计要求。

⑤ 夹心保温外墙板用保温连接件需制作试件，测试抗拉强度，检验结果应符合设计要求。

⑥ 应将水泥、钢筋、保温板、灌浆套筒连接接头、混凝土标养试块、保温连接件抗拉强度等见证取样，委托具有见证资质的检测机构进行见证检测。

(2) 制作过程质量控制要点

① 钢筋半灌浆套筒接头应严格按照现行国家行业标准《钢筋机械连接技术规程》JGJ 107 要求进行丝头加工和接头连接。

② 夹心保温外墙板用连接件数量和布置方式应符合设计要求。

③ 混凝土浇筑前应对钢筋、埋件、灌浆套筒和连接件等进行隐蔽验收。

④ 内外墙板、柱的外露钢筋需要重点控制，防止位移误差过大，影响与灌浆套筒的连接。

⑤ 灌浆套筒与模板连接需紧固，进出浆孔需封堵，防止进灰。

⑥ 拆模后需要检查灌浆孔是否通透。

(3) 质量验证

对预制混凝土构件性能进行检验，包括预制楼梯和预制叠合板结构性能检验、夹心保温外墙板的传热性能检验等。具体检验方法见《混凝土结构工程施工质量验收规范》GB 50204。

(四) 预制构件存放与运输

1. 构件存放与保护

(1) 存放场地要求

预制构件的存放场地一般为硬化地面和人工地坪，场地应具有足够的承载能力和平整度，同时具有排水设施（图 7-3)。

(2) 构件支撑

预制楼板、阳台板、楼梯等水平构件宜平放，堆垛的高度应通过承载力验算确定，一般不超过 6 层，垫块的位置应在一条直线上。

图 7-3 预制构件存放

(3) 成品保护

构件成品周围不应进行污染作业，外墙门框、窗框和外饰面的表面应采用必要的防护措施。对于清水混凝土构件应建立严格有效的保护措施，对于外露埋件或连接件要进行防锈处理。覆盖物应清洁，不得污染预制构件表面。

2. 构件运输

预制构件运输前，应制定科学合理的构件运输方案。预制构件应采用专用运输车辆，并配有简易运输架。运输方式分为立运法和平运法，墙板等竖向构件采用立运法，楼板、屋面板等构件采用平运法。

预制构件在运输的时候应固定牢固，防止移动、错位或倾倒。构件重叠平运时，垫木应放在吊点位置，且在同一垂线上。外墙板、剪力墙等竖向构件宜采用插放架对称立放，构件倾斜角度应大于 80°，相邻构件间要用柔性垫层分隔。应根据吊装顺序组织运输，提高施工效率。运输外墙板的时候，所有门窗必须扣紧，防止碰坏。在不超载和确保安全的前提下，尽可能地提高装车量，降低运输成本（图 7-4)。

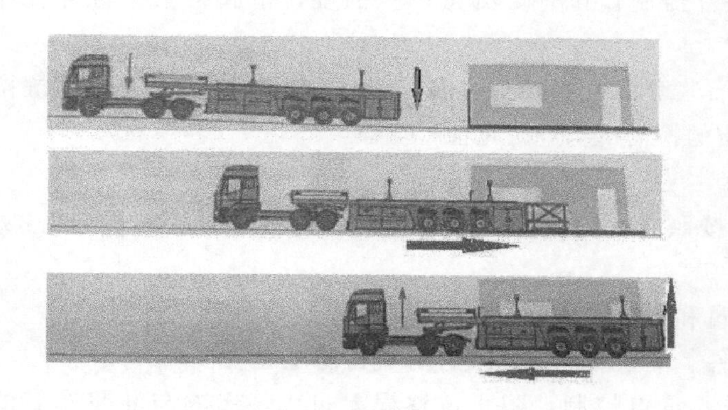

图 7-4 预制构件运输

（五）构件质量验收

预制混凝土构件的质量验收应依据相关现行国家标准严格执行，主要依据标准有《装配式混凝土建筑技术标准》GB/T 51231、《混凝土结构施工质量验收规范》GB 50204、《钢筋套筒灌浆连接应用技术规程》JGJ 355 等。预制混凝土构件的强度还应符合《混凝土强度检验评定标准》GB/T 50107 的规定。对制作构件所用的原材料需见证取样送检、构件制作过程进行隐蔽检验、构件成品进行出厂检验。

二、BIM 技术应用于预制构件生产

（一）现阶段 PC 构件生产的普遍状态及问题

随着越来越多的企业开始重视建筑工业化的转型，一些 PC 构件的生产加工工厂也纷纷建立起来，但现阶段，所有的工厂都面临着以下的问题：

① 对于产品种类的不确定性导致工厂规划的不科学性。对于预制工厂在建立前的产品种类选型与定位，必须对市场需求有一个清楚的认识，以满足市场需求为前提才是生存下去的硬道理。提前对产品的近期需求与中远期需求进行总体规划，生产符合市场需求的产品，才能保证经济性与科学性。

② 仅实现工厂化，未实现机械化。达到工厂化的制造方式并不困难，可以简单地理解为将工地的工作搬到了工厂车间内去完成，改变了工作场地，改善了工作环境。但是并没有提高太多的生产效率，工厂内依旧实行粗放生产，依然还是人海战术进行作业，对于产品质量无法很好控制。

③ 仅实现机械化，未实现自动化。在预制件的工厂化生产中引入机械化的方法后，提高了工作效率，减少了不良品的出现频率。但是整个生产流程都是以工作站点的形式存在，各个站点之间交流不便、协同困难，在管理方面造成很多不便，同时也不利于工艺技术的革新。

④ 仅实现自动化，未实现集团管理信息现代化。预制构件自动化生产的流水线现如今已经逐渐被各家 PC 工厂所引进和使用，其特点是相对较少的占地面积就能够达到较高的产能，同时人工数量也大幅度减少，对于质量控制、安全管理等方面都有很好的表现。但是在集团跨区域统筹管理多个 PC 工厂时，存在的诸多问题也正是当前各大型集团公司所急需解决的问题。

以上描述的是信息化管理发展过程中不同阶段的问题，即信息技术的使用度问题。现阶段大部分构件生产停留在工厂化和局部机械化的阶段，信息技术使用匮乏，因此效率很低，质量无法大规模管控。

（二）BIM 技术对构件生产带来的改变

管理 PC 构件生产的全流程，是整个 BIM 项目流程中的一个部分，是 PC 构件模型信息以及流程过程中管理信息交织的过程，是有效进行质量、进度、成本以及安全管理的支撑。利用 BIM 在项目管理中独特的优势，贴合预制构件特有的生产模式，可极大提高预制构件的生产效率，有效保证预制构件的质量、规格。BIM 技术在预制构件生产中的作用主要体现在以下几个方面：①预制构件的加工制作图纸内容理解与交底；②预制构件生产资料准

备，原材料统计和采购，预埋设施的选型；③预制构件生产管理流程和人力资源的计划；④预制构件质量的保证及品控措施；⑤生产过程监督，保证安全准确；⑥计划与结果的偏差分析与纠偏。

基于BIM模型的预制装配式建筑部件计算机辅助加工（CAM）技术及构件生产管理系统，实现BIM信息直接导入工厂中央控制系统，与加工设备对接，PLC识别设计信息，设计信息与加工信息共享，实现设计加工一体化，无需设计信息的重复录入，大大减轻了工作量，从而提高了工厂的生产效率。

（三）BIM技术与RFID技术

RFID（Radio Frequency Identification，射频识别），是一种非接触式的自动识别技术，它通过射频信号自动识别目标对象并获取相关数据，识别工作无需人工干预，可工作于各种恶劣环境，RFID技术可同时识别多个标签，操作快捷方便。

近年来，随着物联网概念的兴起和传播，RFID技术作为物联网感知层最为成熟的技术，再度受到了人们的关注，成为物联网发展的排头兵，以简单RFID系统为基础，结合现有的网络技术、数据库技术、中间件技术等，借助物联网的发展契机，构筑由海量的阅读器和移动的电子标签组成的物联网，这已成为RFID技术发展的趋势。

RFID系统在具体的应用过程中，根据不同的应用目的和应用环境，其组成会有所不同，但从RFID系统的工作原理来看，典型的RFID系统一般都由电子标签、阅读器、中间件和软件系统这些部分组成。

RFID的基本工作特点是阅读器与电子标签是不需要直接接触的，两者之间的信息交换是通过空间磁场或电磁场耦合来实现的，这种非接触式的特点是RFID技术拥有巨大发展应用空间的根本原因。另外，RFID标签中数据的存储量大、数据可更新、读取距离大，非常适合自动化控制。RFID具有扫描速度快、适应性好、穿透性好、数据存储量大等特点。

建筑物生命周期的每个阶段都要依赖与其他阶段交换信息进行管理。装配式建筑理想状态下的管理，应当能够跟踪每一个建筑构件全生命周期的信息。同时，相关的信息应以一种便捷的方式进行存储，使所有的项目参与方有效地访问这些数据。

对于数据的处理，在此提出了一种构想，即在BIM数据库和组件RFID标签中添加结构化的数据，标签上含有组件的相关数据，相关人员可以及时准确地获取这些信息，提高管理的效率和水平。

在这种BIM与RFID数据交换的构想中，目标构件在制造期置入RFID标签，并在几个时间点进行扫描。扫描过程读取存储的数据，或在系统要求下修改数据。扫描的数据转移到不同的软件应用程序进行处理，以管理构件相关的活动。相关应用软件通过API接口实现BIM数据库与RFID标签之间的信息读写。RFID的具体信息，在设计阶段作为产品信息的一部分添加到BIM数据库中。

上述方法虽然可以利用现有的软硬件在技术上实现，但由于较高的实施和定制成本，目前在经济上不可行。虽然RFID和BIM的应用还有很多挑战需要面对，但是作为当前建筑行业技术发展的一个主流，随着相关技术的不断成熟，必然会在建筑行业掀起一场新的技术革命。

第二节　BIM 在构件生产过程中的应用

一、利用 BIM 技术设计构件模板

预制构件的模具是以特定的结构形式通过一定的方式使材料成型的一种工业产品，也是能成批生产出具有一定形状和尺寸要求的工业产品零部件的一种生产工具（图 7-5、图 7-6）。用预制构件模具生产构件所具备的高精度、高一致性、高生产率是任何其他加工方法所不能比拟的，在很大程度上模具决定着产品的质量、效益和新产品开发能力。模具的重要性体现在下面几点。

图 7-5　预制阳台

图 7-6　预制楼梯

（一）成本

有数据显示采用装配工法的工业化建筑成本，预制构件生产和安装之比为 7∶3，而在预制构件的成本组成中，模具的摊销费用约占 5%～10%，由此可见，模具的费用对于整个工业化建筑成本是非常重要的。模具设计得好，不仅可以减少工作量、节约时间，更可以节省成本开支。

（二）效率

生产效率对于构件厂而言是直接影响预制构件制造成本的关键因素，生产效率高预制构件成本就低，反之亦成立。影响生产效率的因素很多，模具设计合理与否是其中很关键的一个因素，如果不能在规定的节拍时间内完成拆模、组模工序，就会导致整条生产线处于停滞状态。

（三）质量

采用装配工法的工业化建筑较采用传统现浇工法建筑的一个显著特点就是精度得到极大

地提升。混凝土是塑性材料，成型完全要依靠模具来实现，所以工业化预制构件的尺寸完全取决于模具的尺寸。无论是已经发布实施的国家行业标准《装配式混凝土结构技术规程》JGJ 1—2014 还是各地地方标准，对预制构件的尺寸精度要求都非常高，所以模具设计得好与坏将直接影响预制构件的尺寸精度，特别是随着模具周转次数的增大，这种影响将体现得更为明显。

因而无论是从成本角度、生产效率还是构件质量方面考虑，模具设计是关系到工业化建筑成败的关键性因素。

提到了模具设计的重要性，那么如何解决这些问题就需要模具设计人员来思考、总结以往模具设计经验，模具设计师应考虑模具的设计使用寿命、模具间通用性以及模具是否方便生产等。

完成模具设计需要综合考虑成本、生产效率和质量等因素，缺一不可。对于任何一个PC 预制构件厂而言，谁控制好了模具的加工质量，谁就能在预制构件的生产质量上拔得头筹。预制构件模具的制作由于构件造型复杂，特别是三明治外墙板构件存在开口造型、灌浆套筒开口及大量的外露筋而比较困难，所以采用建模软件进行预制构件模具设计，通过其三维可视化、精准化、参数化等优势，将大量的脑力工作通过三维的手段进行简化，可直接对应构件建模进行检查纠错，BIM 在预制构件模板工程中的作用体现在以下几点。

1. 模板成本控制

BIM 模型被誉为参数化的模型，因此在建模的同时，各类的构件就被赋予了尺寸、型号、材料等的约束参数。BIM 是经过可视化设计环境反复验证和修改的成果，由此导出的材料设备数据有很高的可信度，如材料统计功能、模板支架搭设汇总表功能，可按楼层、结构类别快速形成项目，统计出混凝土、模板、钢管、方木、扣件/托等用量。精确的材料用量计算，有效提高了成本管控能力。合理的材料采购、进场安排计划，有利于保障工程进度及成本控制。在工程预算中可以参考 BIM 模型导出的数据，为造价控制、施工决算提供有利的依据。

2. 模板方案的编制和优化

装配式建筑模板的结构相对复杂，对模板方案从传统设计的平面施工图纸上及文字上很难把握住复杂结构，充分利用 BIM 模型的三维图像的显示，使其显得形象且直观。利用BIM 的虚拟模型实行模拟施工能准确地验证模板工程安全方案编制的可行性、合理性，主要查看以下三点内容：①支架架种与杆件、原材料的选配。利用架种、构架对施工工程的适用情况，检查与其配合的措施是否可靠；选用杆件、原材料尺寸与质量、品质是否过关，控制的措施是否有效。②荷载取值。支架上承与下传荷载；支架立杆轴力的不均布系数等的多种取值；浇筑的先后与各层薄厚的影响；多层连支荷载的确定；倾斜杆件的水平分力与其侧力作用取值。其中主要勘验荷载能否在最大不利情形下取值。③架体的构造与承、传、载，有无横杆直接承载不安全的情况出现。

3. 辅助审核与技术交底

通过 BIM 模型，可进行 3D 可视化审核，审核人员应用经验会更专注于模板工程的设计合理性本身，将审核从文字、公式验算等工作中解脱出来，解决审核工作量大、与设计人员交流不顺畅、审核难度大、容易审核漏缺陷等问题。通过 BIM 模型三维显示效果，有助于技术交底和细部构造的显示，让工人更加直观地接受交底内容。采用 BIM 模型对模板施工中所有可能发生的安全措施、防护手段以及危险预演包括依照预定的方案进行施工模拟。

基于BIM技术的设计软件大大提升了建模及模型的应用效率和质量，解决了模板工程设计过程中计算难、画图难、算量难、交底难四个难题。BIM技术可视化、优化性、可出图性等方面的创新，为模板工程的发展提供了技术支持，也为控制危险源和降低成本提供了新的技术手段。

二、BIM技术在构件生产管理中的应用

运用BIM技术在前期深化设计阶段所生成的构件信息模型、图纸及物料清单等精确数据，能够帮助构件生产厂商进行生产的技术交底、物料采购准备，以及制定生产计划的安排，堆放场地的管理和成品物流计划。提前解决和避免了在构件生产的整个流程中出现异常状况。

BIM设计信息导入中央控制室，通过明确构件信息表（各个构件对应标签，生产预埋芯片）、产量排查，进一步确定不同构件的模具套数、进场物料用量的排查、人力及产业工人配置等信息。

根据构件生产加工工序及各工序作业时间，按照项目工期要求，考虑现场构件吊装顺序排布构件装车计划和生产计划，制定排查计划。依据BIM提供的模型数据信息及排查计划，细化每天所需不同构件生产量、混凝土浇筑量、钢筋加工量、物料供应量、工人班组。对同一模台进行不同构件的优化布置，提高模台利用率，相应提高生产效率。

设计人员将深化设计阶段完成后的构件信息传入数据库，转换成机械能够识别的数据格式便进入构件生产阶段。通过控制程序实现自动化生产，减少人工成本、出错率以及提高生产效率和精确程度。利用BIM输出的钢筋信息，通过数控机床实现对钢筋的自动裁剪、弯折，然后根据BIM所生成的构件图纸信息完成混凝土的浇筑、振捣，并自动传送至构件养护室进行养护，直至构件运出生产厂房实现有序堆放，预制构件生产的主要工艺流程如图7-7所示。

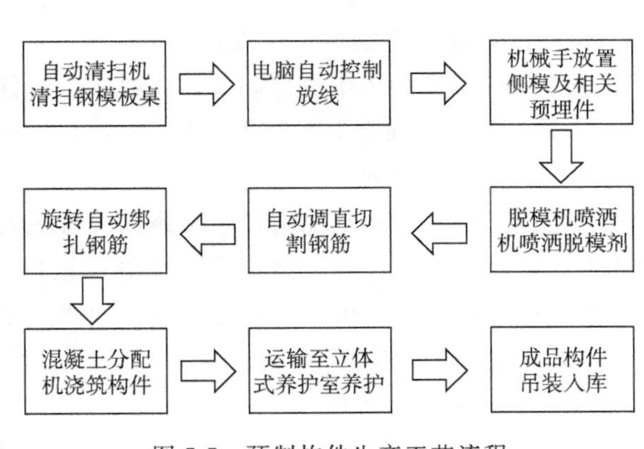

图7-7　预制构件生产工艺流程

在预制构件生产的整个工艺流程中，会一直有信息自动化的监控系统进行实时监控，一旦出现生产故障等非正常情况，便能够及时反映给工厂管理人员，这样管理人员便能迅速地做出相应措施，避免损失。而且，在这个过程中，生产系统会自动对预制构件进行信息录入，记录每一个构件的相关信息，如所耗工时、构件类型、材料信息、出入库时间等。

在构件生产制造的阶段，为了实现构建模型与构建实体的一一对应和对预制构件的科学管理，项目计划采用BIM结合RFID（射频识别）技术加强构件的识别性。所以，需要在构件生产阶段对每个构件进行RFID标签置入。

通过RFID技术，模型与实际构件一一对应，项目参与人员可以对PC构件数据进行实

时查询和更新。在构件生产的过程中，人员利用构件的设计图纸数据直接进行制造生产，通过对生产的构件进行实时检测，不断校正构件数据库中的信息，实现构件的自动化和信息化。已经生产的构件信息的录入对构件入库出库信息管理提供了基础，也使后期订单管理、构件出库、物流运输变得实时而清晰。而这一切的前提和基础，就是依靠前期精准的构件信息数据以及同一信息化平台，所以，可以看出 BIM 技术对于构件自动化生产、信息化管理的不可或缺性。

三、BIM 的设计生产装配一体化应用及优势

（一）基于 BIM 技术的装配式平台化设计

① 基于 BIM 平台化设计软件，统一各专业的建模坐标系、命名规则、设计版本和深度，明确各专业设计协同流程、准则和专业接口，可实现装配式建筑结构、机电、内装的三维协同设计和信息共享。

② 创新建立装配式建筑标准化、系列化构件库和部品库，加强通用化设计，提高设计效率。

③ 创新装配式建筑构件参数化的标准化、模块化组装设计和深化设计。

④ 创新设计模板挂接设计、生产及装配式相关信息，模型与信息的自动关联，信息数据自动归并和集成，便于后期工厂及现场数据共享和共用。

（二）基于 BIM 的工厂生产信息化技术

BIM 软件可实现设计—构件拆分—深化设计—加工图的转换，通过 BIM 软件关联构件设计信息，可以实现设计信息到构件生产信息的传递和共享，避免了大量烦琐数据信息的二次输入和信息失真，建立工厂生产信息化管理平台，实现设计、生产、管理信息共享。模型与数据信息实时关联，设计模型一旦变更，与其关联的二维图纸信息、数据库信息自动做出相应更改，保证模型与数据、图纸等信息的一致性。

1. 设计信息导入生成生产管理系统

把 BIM 设计信息导入中央控制室，通过明确构件信息表（各个构件对应标签，生产预埋芯片）、产量，进一步确定生产不同构件的模具套数及物料进场时间、人力资源配置等信息。

2. 生产计划排产管理

按照项目工期要求和现场构件吊装顺序，考虑各构件生产加工工序及各工序时长，排布构件的生产计划和装车计划，制定排产计划。根据 BIM 模型提供的数据信息和制定的排产计划，布置每天所需构件生产量，做好原材料供应量、模台需要量、钢筋加工量、混凝土浇筑量、工人班组的细化安排。

3. 材料库存及采购管理

根据生产排产计划，制定物料采购计划。生产过程中，实时记录物料消耗量，且库存量是实时显示的，通过分析构件生产的物料所需量和物料库存量，确定采购量，并自动生成采购报表，适时提醒管理人员依据供应商数据库，自动下单。

4. 构件堆场管理

通过构件编码信息，关联构件的产能和现场需求，自动化生成构件产品存储计划、包括构件类型和数量。在构件库存管理中，通过构件编码快速确定构件的具体位置。

5. 生产全过程信息实时采集

对生产全过程进行实时监控，采集各个生产工序的加工信息，如作业名称、工序时间、过程质量等，并及时了解构件的库存信息，将信息汇总分析来辅助管理决策。

6. 基于 BIM 的 CAM 智能化加工

工厂信息化管理平台对存储在 BIM 模型上的构件设计信息进行管理与转换，使其转变为 PLC（可编程逻辑控制器）可识别的生产信息，再利用 CAM（计算机辅助加工）技术，实现对构件的自动化生产，实现设计加工一体化，避免了设计信息重复录入生产系统（图 7-8）。

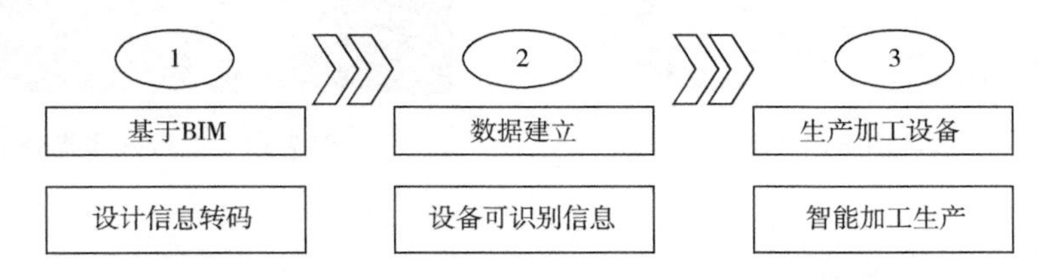

图 7-8　CAM、MES 的工厂自动化生产和设备信息化管理技术

基于 BIM 技术形成的可识别构件设计信息，通过数据转换，被生产线各加工设备识读，自动完成划线定位、模具安放、钢筋摆放、混凝土浇筑、振捣、抹平、养护、拆模、起吊等一系列工序，实现自动化生产。

（三）基于 BIM 的现场装配信息化技术

基于 BIM 的设计信息，融合无线射频（RFID）、移动终端等信息技术，共享设计、生产和运输等信息实现现场装配的信息化应用，提高现场装配效率和管理精度。

1. 构件运输和安装方案的信息化控制

分析现场构件吊装需求及运输情况，通过对构件安装计划和运输计划的协同管理，明确运输构件类型、数量和时间，协同配送运输，确保能及时、准确地满足装配现场构件需求。

2. 装配现场的工作面管理

通过 BIM 软件模拟装配现场的施工总平面，布置好场内道路、临时建筑、用水、用电、构件及材料堆放等位置，优化各功能区布局，实现可视化管理，动态优化。

3. 工作面划分及工作面交接管理

将各平、立面划分成独立的管理区域，定义为不同的工作面，将图纸、清单、合同、进度、质量安全、分包管理等信息分成独立管理区，加深总承包管理的深度，提高总承包管理的细度。

4. 装配施工方案及工艺模拟与优化

基于综合优化后的 BIM 模型，对构件吊装安装、节点连接、支撑设置等进行三维模拟，达到对工序及工艺的优化。

5. 构件的三维可视化指导操作

通过移动终端，可实时查看建筑的设计信息和构件深化设计信息等资料，确保构件、部品部件等安装的精准性。通过节点细部展示和数据信息查询，避免构件装配失误。

6. 构件信息追溯

基于 BIM 的全过程信息追溯系统，通过手机扫描预制构件二维码信息或通过 RFID 技术，进行构件从生产、运输到现场安装的信息追溯（图 7-9、图 7-10）。

图 7-9　预埋图 RFID 芯片卡

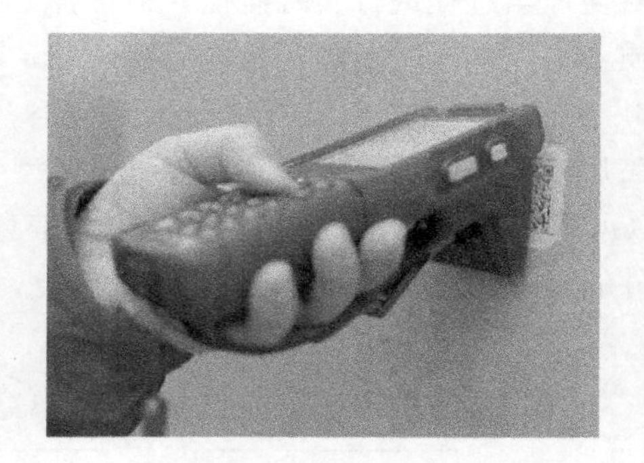
图 7-10　执行操作指令

7. 装配现场的进度信息化管理

对每个进度计划添加楼栋单体、楼层、分区及专业等属性，与模型具体构件属性相对应，实现模型构件和进度计划的关联。

（1）移动终端的信息采集

通过现场拍照、录像、扫描和施工日志的填报，将施工现场的实际进度实时如实反馈至模型中，与计划进度形成对比，实现进度管理的信息化。对施工进行全过程记录，使任意时段的工况和工作面状态都可以查询。

（2）进度控制

通过三维动态图对实体进度实时显示，借此实现计划进度与实体进度的对比分析、关键节点偏差自动分析及深度追踪，以便找出进度偏差，实现进度控制。

（3）装配现场的商务合约和成本信息化控制

①通过施工信息管理平台实现工程量自动计算，并对各维度（时间、部位、专业、分部分项）工程量自动汇总；②实现主包与分包合同单价的自动关联，控制分包单价；③实现预算成本、目标成本和实际成本的三项对比。

（4）装配现场的劳务人员信息化管理

对劳务人员的基础信息、进出场情况、考勤记录、作业情况等实现信息化管理。

第三节　装配式预制构件生产虚拟仿真

1. 侧翻工位

侧翻工位用于预制构件脱模，侧翻机采用液压顶升侧立模台方式脱模，独特的前爪后顶安全固定方式，有效防止立起中工件侧翻，保障人机安全及工件完整，同时大幅提高起吊效率。

2. 模台清理工位

模台清理工位用于模台清理，清理机采用双辊刷清扫，轻松清扫模台上的混凝土残渣及粉尘，清洁的效率更高，清洁的效果更好。

3. 中央控制室

中央控制室是PC生产线的核心，采用基于工业以太网的控制网络，集PMS（生产管理系统）、ERP（企业资源计划）系统、搅拌站控制系统、全景监控系统于一体，使工厂实现自动化、智能化、信息化，其配套的ERP系统借助RFID技术（射频识别技术）可实现构件的订单、生产、仓储、发运、安装、维护等全生命周期管理。

4. 喷漆工位

喷漆工位用于模台脱模剂处理，主要设备为脱模剂喷雾机，模台经过时自动喷洒脱模剂，雾化喷涂，喷涂更均匀，不留死角，效果更好，独特设计的宽幅油液回收料斗，耗料更少，便于清洁。

5. 划线工位

划线工位根据图纸内容，将预制构件的模具位置通过数控方法划线。

6. 装模配筋工位

装模配筋工位可进行预制构件模板安装、配筋、水电预埋、连接件预埋等工序。

7. 复查工位

复查工位对配筋、水电预埋、连接件等工序进行核对及整改。

8. 摆渡工位

摆渡工位是生产线中用于模台垂直方向运输的工具，主要由摆渡车组成。

9. 浇筑振捣工位

浇筑振捣工位用于预制构件混凝土浇筑振捣，包括布料机、振动台。布料机采用程序控制，完美实现按图布料，可根据混凝土种类性质配置摊铺式或螺旋式布料机。振动台采用独特隔振设计，有效隔绝激振力传导于地面；无地坑式设计，使设备的安装、维护、保养更加便捷；振动系统采用零振幅启动、零振幅停止，激振力、振幅可调，有效解决构件成型过程中的层裂、内部不均质、气穴、密度不一致等问题。

10. 抹平工位

抹平工位进行混凝土抹平，主要设备为振动赶平机。振动赶平机采用二级减振，有效解决振动板与振动架之间的振动问题，小车行走的赶平方式，实现模台全覆盖赶平。

11. 预养护窑

预养护窑用于预制构件与养护，采用低高度设计，有效减少加热空间，降低能耗，前后提升式开关门，自动感应进出模台，充分减少窑内热量损失，高效节能。

12. 收光工位

收光工位进行混凝土收光，主要设备为抹光机。抹光机的抹盘高度可调，能满足不同厚度预制板生产需要，横向纵向行走速度变频可调，保障平稳运行。

13. 拉毛工位

拉毛工位可用于将混凝土表面做成粗糙状，达到设计要求。

14. 立体养护箱

立体养护箱用于预制构件标准养护，采用多层叠式设计极大满足了批量生产的需要，可满足8h构件养护要求；每列养护室可实现独立精准的温度控制，并确保上下温度均匀；蒸汽干热加热，直接蒸汽加湿；布置形式可以采用地坑型、地面型，根据生产类型定制每一层的层高。

BIM技术在装配式建筑施工过程中的应用

第一节　BIM 技术在施工准备阶段的应用

一、利用 BIM 技术对构件进行精细化管理

（一）基于 BIM 的施工精细化管理可行性分析

精细化施工管理是对施工过程的细节进行精确标准的控制，从而达到最大限度节省资源、降低成本的目的。BIM 技术是建筑物各种信息的整合、流通，能为精细化施工提供完整准确的信息，提高精细化施工管理的效率。在以前的工程项目中，基本没有把 BIM 与精细化施工管理同时使用的，但从理论研究的角度来看，把 BIM 理念和精细化施工管理结合起来应用于工程项目是可行的（图 8-1）。

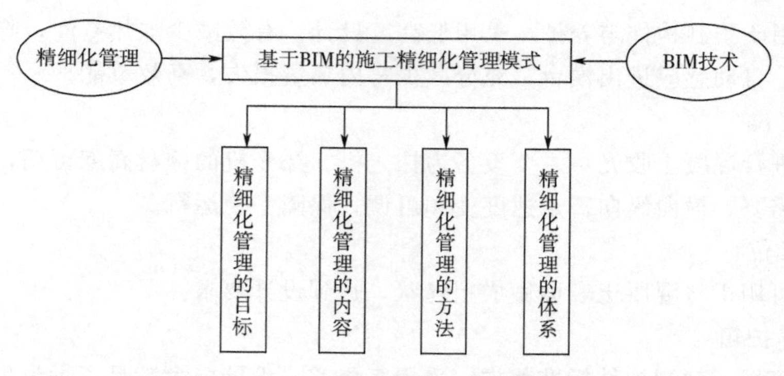

图 8-1　基于 BIM 的施工精细化管理模式

1. BIM 技术与精细化施工管理有共同的目标

施工精细化管理是从管理的角度出发，制定具体化、明确化责任制度，落实每一个参与

者的责任要求，最大限度地减少施工过程中消耗的资源，达到对施工过程的精确控制，减少材料浪费，降低施工成本。而BIM技术则是从技术方面，通过信息化、可视化等手段将任务按阶段进行准确划分，对施工过程进行施工模拟，找到工序中的薄弱环节，及时修正施工方案，从而降低施工成本、提高项目效益，由此可见，两者的目标一致，最终都是为了降低施工成本。

2. 精细化施工管理与BIM都需要各个单位共同参与

BIM是一种建筑物全生命周期的信息共享技术，涉及众多参与方和建设的每一个阶段，需要每个参与方如业主、设计单位、政府的合作与交流。精细化施工管理是一种全面的管理方式，渗透到工作的每一个环节，需要每一个活动参与者都形成精细化思想，切实落实好精细化制度。形成以精细化理念为核心的企业文化，这种企业文化是精细化施工管理的重要保证。两者具有共同群众基础，在参与人员方面具有一致性。

3. 精细化施工管理可以从管理层面上弥补BIM的不足

目前，国内的大部分关于BIM的研究应用都是集中在图纸深化设计、场地动态布置、施工进度模拟、施工工艺模拟、BIM算量、管线综合优化等技术层面上的研究，缺少了基于BIM技术管理模式的研究。要真正的使用好BIM，不仅需要先进的软件和单节点的技术应用，还需要有先进的管理方案与之配套，才能最大限度发挥BIM的作用，从整体上把握施工的目标，减少资源浪费，确保施工目标的完成。通过精细化施工管理弥补BIM管理上的不足之处，从根源上消除BIM技术发展障碍。

4. BIM技术反过来推动精细化施工管理的发展

BIM技术为精细化施工管理注入了信息元素，反过来推动了精细化施工管理的发展。BIM的核心是实现信息的传递共享，BIM模型中存储着建筑物的各种信息，这个建筑信息模型可以作为工程项目的基础，为项目各专业施工提供精确真实的数据，优化施工方案，合理配置人员及材料的使用，从而促进精细化施工管理的发展。

5. 融入BIM技术的精细化施工管理操作性更强

把BIM应用于精细化施工管理中，为精细化管理提供了准确、真实的数据支撑，使得工作细化，考核量化有所依据，不再是凭经验划分。使得精细化管理不再是空洞的规章制度，而是有理有据的进行，增强了精细化管理的可操作性。

（二）基于BIM的施工精细化管理的提出

基于BIM的施工精细化管理模式是以精细化管理为基础，以BIM技术为核心，将施工过程精确、详细的分解细化，落实每一步的责任，将责任明确化、具体化、数量化，以最大限度地减少管理所占用的资源和降低管理成本为主要目标。

（三）基于BIM的施工精细化管理的内涵

基于BIM的施工精细化管理模式不仅运用了精细化施工管理理论，也充分融入了BIM技术特征。基于BIM的施工精细化管理模式主要包括四个方面：基于BIM的施工精细化管理的目标；基于BIM的施工精细化管理的内容；基于BIM的施工精细化管理的方法；基于BIM的施工精细化管理体系。

1. 基于BIM的施工精细化管理的目标

结合精细化管理的目标和BIM技术的特点，基于BIM的施工精细化管理的目标不仅包含了精细化管理的目标，也提出了新的要求。BIM 技术的融入，不仅仅是技术上变革，也是工作方法的转变。由经验型管理向科学型管理转变，使原来模糊的工作明确化、精细化、规范化、信息化，实现各任务目标明确、步骤清晰、责任落实、有据可依和数据共享。提高沟通效率，降低人为参与的幅度提高管理效率，最终达到最大限度地减少管理所占用的资源和降低管理成本的目标。

2. 基于 BIM 的施工精细化管理的内容

基于 BIM 的施工精细化管理是一个全面化的管理模式，贯穿在项目管理的各个方面之中，其管理内容和精细化管理的内容保存一致，主要包括以下几个方面。

① 规范要求精细化。在项目中要实施施工精细化管理必须要有准确、清晰的规范和要求，使项目的各参与方如总包、监理、业主、供应商等都遵循规范化的制度进行生产管理，减少人为参与，通过制度管人，让项目中的每一个活动都有规范的操作要求，明确的目标要求，做到有法可依有章可循。

② 操作流程精细化。操作流程精细化是指在施工过程中的每个活动要提前做好规划，在执行的过程中有明确的操作顺序和方法，活动完成后可进行回顾，检查反馈问题。

③ 审核过程精细化。当活动结束后，要对活动的结果进行量化审核，使参与者了解任务执行的情况，及时发现执行中存在的问题和发挥的优势，实时优化，减少损失。

④ 精确分析结果。通过各种有效的手段对结果进行多角度多层次的跟踪分析，对活动中出现的优势和不足进行深入的分析，查找原因，为施工方案的优化提供准确的数据。

3. 基于 BIM 的施工精细化管理的方法

① 细化，精细化管理的前提。细化管理贯穿于整个工程项目的各个环节。在工程项目中需要将项目进行分解细化，分解为适合项目的基础单元，进行任务安排，编制施工进度计划。任务分解的越细，管理者对项目的掌控度就越强，但任务划分过细，会增加管理成本，因此，根据项目特点进行合理划分。

② 量化，科学见于计量。工程项目的所有活动，都与数学计量息息相关，量化是项目进行施工进度编制、材料采购、人员安排的基础。结合信息技术，对项目中一些模糊的工作进行量化，可量化的工作进行清晰化。

③ 流程化，管理始于流程。对工程项目中的重要活动，以目标为导向进行流程设计，加强对施工活动的控制，提升工作效率。

④ 标准化，绩效起于标准。施工项目工程项目管理者要对安全生产、质量管理、文明施工、模型建立等具有重复性的工作创建标准，加强对项目的监管能力，提升项目管理水平。

⑤ 协同，高效来自协作。工程项目施工是一个庞大的群体活动，是由多人共同协作完成的，因此协同工作是工程实施的必备条件。优秀的团队协作能够极大地提高工作效率。

4. 基于 BIM 的施工精细化管理体系

基于 BIM 的施工精细化管理体系是基于 BIM 的施工精细化管理模式的重要组成部分，它包含了质量、进度、成本和安全四个方面，理论体系各要素相互独立又相互联系相互影响。也就是说各要素都能够独立的运行，单独管控，但也要实现各要素之间的内部的统一。

（四）基于 BIM 的施工精细化管理的优越性

1. 深化设计，指导生产

使用 BIM 软件建立模型，对建筑物构件进行参数化建模，包括构件内部的钢筋分布，管线排布，线管线盒位置以及连接件位置，并在BIM应用平台将各个构件进行拼装检查，确保构件之间连接完好。把做过的各类构件作为构件集分类编码存储，形成标准化构件库，为以后建立构件提供支持，提高建模效率。将做好的构件导入到预制构件生产系统，提高生产效率，保证生产质量

2. 场地动态布置，合理利用空间

根据施工场地的环境现状，施工设备，施工配套及建成后交通路线等各种影响因素进行施工场地布置。可以在场地各实体中添加工程属性，例如计划使用的时间、平面和空间位置、施工用途、拆除时间等信息，并且将其与施工进度关联，可以根据进度实时查询每个设施当前使用情况，及时修改添加设施，进而实现整个施工场地的动态布置。

3. 施工进度模拟，精确制定计划

将BIM模型与施工进度关联，可以查看和修改任意时刻构件的生产日期、装载情况、吊装信息、支护配件等信息，实时准确地为采购计划、存储、拆分建筑实体等提供数据支撑。可以直观、精确地对整个项目的施工过程进行控制，减少资源浪费。

4. 施工工艺模拟，形象直观易操作

通过BIM的三维可视化功能对施工工艺进行模拟，对不同方案进行论证，提前发现施工难点吃透技术难题。将施工工艺流程直观、形象地展现到施工人员眼前，普及并提高每一个施工个体的综合能力从而加快施工速度。生动形象地展示各专业成果，提高施工过程中各阶段、各专业之间的沟通协调能力。

5. 动态算量，精确明了

传统的项目成本算量，往往都是在项目开始和项目完成后做总的成本分析，缺乏中间过程数据去支撑项目成本管控。而通过BIM技术的实施，在项目施工过程中，可以在任何一个时间点快速提供工程基础信息，通过计划目标成本与实际施工的实物消耗量、分项单价、分项合价等数据进行对比，可以迅速有效地核算当前项目运营管理的情况，对资源消耗量偏差进行阶段性成本分析，为项目及公司的决策提供数据支撑。

二、优化整合预制构件生产流程

装配式建筑的预制构件生产阶段是装配式建筑生产周期中的重要环节，也是连接装配式建筑设计与施工的关键环节。为了保证预制构件生产中所需加工信息的准确性，预制构件生产厂家可以从装配式建筑BIM模型中直接调取预制构件的几何尺寸信息，制定相应的构件生产计划，并在预制构件生产的同时，向施工单位传递构件生产的进度信息。

为了保证预制构件的质量和建立装配式建筑质量可追溯机制，生产厂家可以在预制构件生产阶段为各类预制构件植入含有构件几何尺寸、材料种类、安装位置等信息的RFID芯片，通过RFID技术对预制构件进行物流管理，提高预制构件仓储和运输的效率（图8-2）。

三、加快装配式建筑模型试制过程

为了保证施工的进度和质量，在装配式建筑设计方案完成后，设计人员将BIM模型中所包含的各种构配件信息与预制构件生产厂商共享。生产厂商可以直接获取产品的尺寸、材

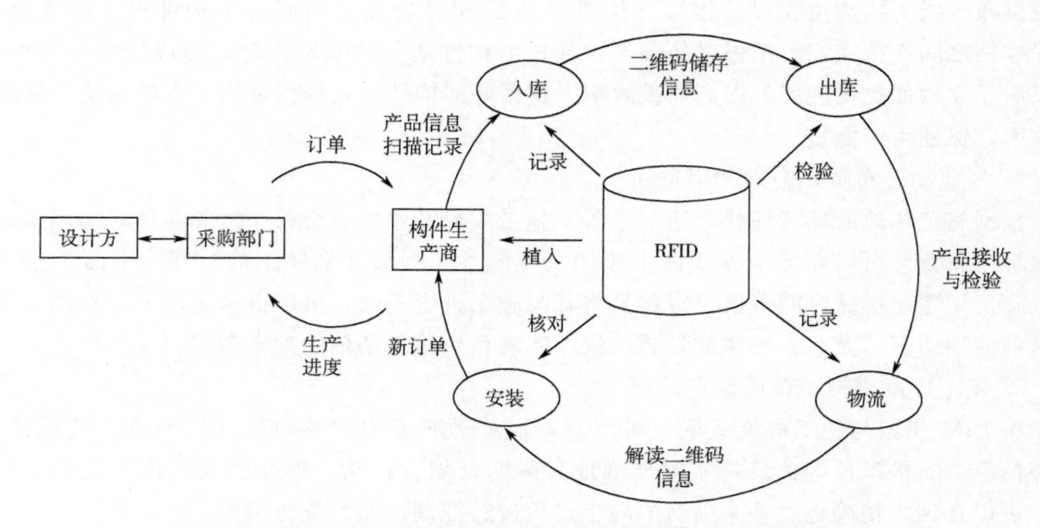

图 8-2 基于 BIM 和 RFID 技术的预制构件生产与物流流程优化

料和预制构件内钢筋的等级等参数信息。所有的设计数据及参数可以通过条形码的形式直接转换为加工参数，实现装配式建筑 BIM 模型中的预制构件设计信息与装配式建筑预制构件生产系统的直接对接，提高装配式建筑预制构件生产的自动化程度和生产效率。还可以通过 3D 打印的方式，直接将装配式建筑 BIM 模型打印出来，从而极大地加快了装配式建筑的试制过程，并可根据打印出的装配式建筑模型校验原有设计方案的合理性（图 8-3)。

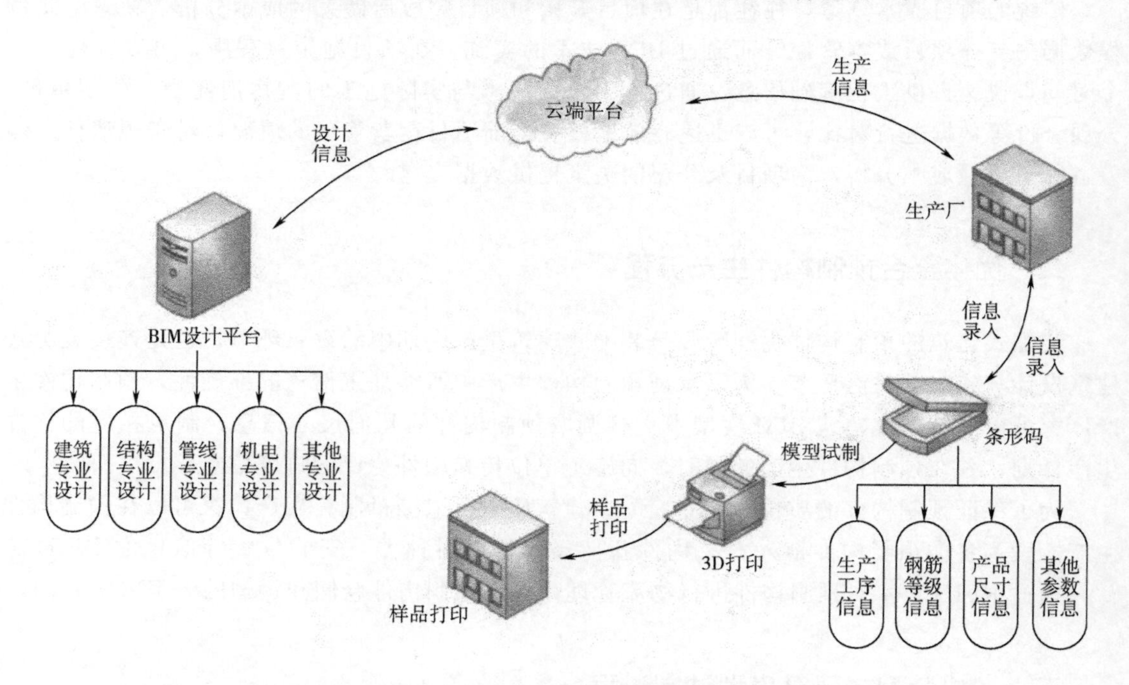

图 8-3 基于 BIM 技术的装配式建筑试制流程

第二节　基于BIM的现场装配信息化管理

一、装配式建筑项目信息化管理内涵及特点

装配式建筑项目信息化管理指在装配式建筑项目的全生命周期中，运用各种信息化手段，如BIM，加强建设项目的控制，实现质量、工期、成本等目标，完成建筑项目的建设。装配式建筑项目信息化管理与传统建设项目管理有很多相同之处，但是根据装配式建筑项目特点，二者在管理方面会有所不同。

（一）多专业、多行业间的协同施工及管理

与传统项目管理不同，装配式建筑施工可以多专业、多阶段同时施工。传统项目管理施工过程多为流水施工，这种施工模式使各个阶段的工作环环相扣，一个阶段的工作滞后可能会影响后续工作的进度乃至整个工期。装配式建筑各专业可同时施工，也可多个工作面同时工作，项目管理灵活。

此外，装配式建筑整个生产过程都是各领域、各专业协同。装配式建筑构件从生产、运输到装配各个环节需要不同专业及各参与方的协同配合，尤其要做好构件的跟踪、管理，既要满足施工进度要求，也要避免在施工现场堆放时间过长，这样既能保证构件质量又避免影响现场作业。构件的吊装需要技术人员协调配合，满足精度要求，项目管理人员要做好协调管理工作，保证吊装、安装质量。

（二）现场建造工艺及施工技术重点转移

装配式建筑相对于传统现浇建筑的建造工艺及施工技术有很大不同。传统现浇建筑工艺基本流程为：平整工作面—钢筋绑扎—模板搭建—混凝土现浇—混凝土养护，天气恶劣，如遇雨雪还需对混凝土进行特殊的处理与保护，以保证施工质量。装配式建筑的构件在工厂生产，施工现场不需要进行钢筋绑扎、支模、混凝土养护等工序，不仅能减少工期，减少人工，而且工作环境更加稳定，有利于控制建筑项目的质量。

现场建造工艺的改变使施工技术的重点也发生转移。装配式建筑现场施工偏重于构件的连接，构件连接技术是整个装配式建筑的重点，部分地方出台了相关规范及标准，如上海市制定的《混凝土预制装配式住宅构造节点图集》、沈阳市制定的《装配整体式混凝土构件生产和施工技术规范（DB2101/T J07-2011）》等都是规范构件连接的，国家层面也在深入研究，但标准方面还相对空白，尚需时日。

（三）信息化管理需求强

装配式建筑项目管理信息化程度高，全生命周期都需要信息传递和共享。设计阶段，各专业设计师需要信息共享，协同设计，并与业主、客户沟通，满足个性化设计的需要。设计人员再将设计方案及时传递给工厂技术人员及相关管理人员，生产加工合适的部品、构件；物流运输过程中，要对车辆和构件部品进行定位追踪，了解运输进度；现场施工安装时，各专业需紧密配合，保证装配施工的质量，尤其在发生工程变更时，需及时进行信息传递与沟

通，采取相应措施；后期的运营维护更需要在建筑信息的基础上进行智能化管理应用。因此装配式建筑具有强烈的信息化管理需求，需要研发信息管理系统，满足管理的需要。

二、BIM-ERP相结合的信息化管理平台

ERP（Enterprise Resource Planning，企业资源计划）是建立在信息技术的基础上的。各企业依据自身的管理需求，建立具有不同功能模块的ERP系统，以此提供企业的各项管理信息，便于管理层和各级人员了解企业的数据、信息，并进行协调、沟通，辅助决策和安排工作。ERP系统是在NIRP（物料需求计划）上发展而来的，却又有不同之处。相比之下，ERP系统更侧重于供应链管理，优化资源配置。它具有集成、统一、完整以及开放性的特征，是现代企业有力的辅助管理工具，最终实现企业的管理目标。

ERP系统可根据企业需要设置不同的模块，现有ERP系统主要有人力资源管理模块、财务管理模块、采购管理模块、库存控制模块、会计核算模块、生产控制管理模块、物流管理模块、分销管理模块等，各模块之间可快速关联，任意组合。

EPC企业需建立一个总部数据中心，在BIM技术的基础上，成为装配式建筑各环节的运算服务器。并由各岗位的工作人员进行前端数据、信息的采集，将其汇总到项目的BIM云平台，再将各项目的数据、信息上传到企业BIM大数据平台，为企业ERP系统提供基础数据支持（项目数据、信息也可以直接与ERP系统对接），最终实现企业对各个项目的管理、控制。

在实际过程中，BIM技术提供和实现基础数据，ERP系统记录过程数据，BIM和ERP的合作就可以实现实际与计划的对比，发现、预警内部管理问题。由于计划数据和过程数据自动生成，并自动进行拆分、归集，还可以减少工作量，减轻工作强度，避免手工记录基础数据信息的不及时、不完善和不正确风险，有助于提升企业的管理能力。

在基础数据分析系统服务器上，有两套Web Service数据库，一套是BIM客户端使用的，可通过分析系统服务器数据库中的数据获取并可以操作；另外一套给ERP系统使用，只能用于获取该服务器数据库中的ERP数据。

三、BIM在装配式建筑信息化管理中的应用研究

（一）基于BIM的协同设计

传统的2D设计模式在工程项目设计中易产生信息丢失、错误等，设计成果高人工、低效率、质量不稳定，项目中缺乏有效的协同设计技术提供底层支撑，工作流程管理及生产方式落后，不符合现代信息化发展的需要。

基于BIM＋互联网技术的协同设计与常规设计各方相对独立的关系不同，在预制装配式建筑的设计过程中，施工方、构件生产方提前介入到设计过程中，进行更广更深的协同设计，提前避免项目可能遇到的问题，保证设计成果满足生产及施工的需求。

1. 协同设计应用方法

搭建协同平台，是通过互联网技术连接设计—生产—施工—运维的有效途径。将各专业间的相关设计数据和文档信息数据整合到一个平台上，使各专业共享建筑项目信息数据并进

行协同设计，辅助设计团队对项目进行准确、有效地协调审查和管理分析，从而能够快速、高效、合理地完成设计工作。

协同平台主要的功能包括：项目各参与方共同参与 BIM 模型设计及文档管理；各参与方信息交互及权限管理；BIM 模型信息提取；BIM 模型操控；平台接口的统一；配备（移动）客户端，如手机等实现查询功能。

多专业、多环节、相关方信息共享，可通过 VDI（桌面虚拟化）＋BIM＋互联网，实现建筑、结构、机电、装修等方面的异地、远程、实时协同设计（基于 BIM 的协同设计包括建模、模型整合、碰撞检查、构件拆分与优化、模型出图）。

2. 协同设计应用工具及典型应用场景

目前国内预制装配式建筑设计管理工具，主要有 Autodesk 公司的 Revit、Navisworks，Revizto 软件，Nemetschek 公司的 Allplan 软件，以及 Bentley 的 ProjectWise 软件，等等。Revit 是现在使用最为广泛的美国 Autodesk 公司的一套系列软件，是我国建筑行业 BIM 技术中使用最广泛的一个软件，包含建筑、结构、机电三个方面的设计功能。在预制装配式建筑中，Revit 作为常用的三维模型设计工具，创建好模型以后，导入到设计检视工具 Navisworks 中做碰撞检查，最后将三维模型上传到 Revizto 云平台上进行异地交流沟通。

（1）建模

在确定了各专业的设计意图并明确了设计原则之后，设计人员就可利用 BIM 软件，如 Revit 等，建立详尽的预制构件 BIM 模型，模型包含钢筋、线盒、管线、孔洞和各种预埋件。建立模型的过程要以最初方案和二维施工图为基础，满足各专业技术规范的要求，还要随时注意各专业、各参与方的协同和沟通，考虑到实际安装、施工的需要，如线盒、管线、孔洞的位置，钢筋的碰撞，施工的先后次序，施工时人员和工具的操作空间等。

（2）结构专业钢筋、预埋等碰撞检查、模型修改

首先，将拼装好的 Revit 结构整体模型导入 Navisworks 软件中，添加碰撞测试，根据需求设置碰撞忽略规则，修改碰撞类型以及碰撞参数等，选择碰撞对象，然后运行碰撞检查。最后，对检查出的碰撞进行复核，并返回 Revit 软件修改模型。

（3）专业间碰撞检查、模型修改

将各专业模型整合到 Navisworks 后，添加各专业间的碰撞测试，如建筑模型暖通，设置碰撞忽略规则，修改碰撞类型以及碰撞参数等，选择碰撞对象，然后运行碰撞检查。最后，对检查出的碰撞进行复核，并返回 Revit 软件修改模型。

（4）在协同设计云平台上整合建筑、结构和 MEP 模型

将整合好的各专业模型及图纸文档上传到 BIM 协同云平台，以 Revizto 云平台为例，在协同平台上可以进行漫游、查看、测量、隐藏、半显、剖切模型构件等操作，供项目参与人员进行实时异地协同审图及交流沟通，如查看构件属性、图纸审核、文档批注等。还可以将构件的扩展属性与构件的加工、运输和安装进度状态关联起来，通过对构件的颜色或亮显等属性设置，使项目参与人员实时、直观地掌握工程的进度情况，跟踪并提前处理掉设计、施工问题，为项目节省成本。

（5）调整优化设计

根据碰撞检查报告及校对信息对模型进行修改调整，逐步优化设计、审核的修改批注，如在 Revit 中对当前模型进行优化，并将优化后的模型数据上传到协同设计平台。

(6) 校核出图

经过初步校对、审核以及碰撞检查后，在二维图纸中再次进行图纸校核。在 Revit 中创建相应图纸，如平面图、立面图、剖面图，校核完成后，可生成 CAD 或 PDF 图纸以及材料明细表，最终生成构件深化设计图纸。

在深化设计阶段，将装配式建筑整体模型进行拆分，形成包括外墙、内墙、梁、柱、楼梯、叠合板、阳台板、空调板等预制构件，在工厂完成构件的生产并将其运输到施工现场，然后通过局部浇筑，将各个独立的构件可靠地连接在一起，完成装配式建筑的建造。因此，深化设计工作至关重要。深化设计要考虑建筑、结构、机电等专业，做好预埋预留，减少图纸的错漏碰缺等问题，还要考虑构件生产工艺和施工安装工艺，确保构件便于生产并能在施工现场被精确安装。由于预制构件的种类繁多，要保证每个预制构件在现场拼装不发生问题，只能依靠 BIM 技术，各专业之间通过协同平台把可能在安装现场发生的冲突和碰撞提前在 BIM 模型中进行模拟，保证深化设计图纸的准确性和可实施性。

为了提高深化设计的效率，在基于互联网的云平台上进行项目信息数据及图纸文档的共享是十分必要的，以便各参与方能够在协同平台上针对深化设计方案及时进行审核、沟通和交流，提前避免施工中可能遇到的各种问题。

(二) 基于 BIM 的物流运输信息化管理

根据现场构件装配计划，排布详细的构件物流运输计划（具体车辆信息、运输构件数量、构件编码、运输时间、运输人、到达时间等信息），并通过 GPS 定位跟踪运输车辆。

通过 RFID 技术（或二维码扫描技术）、GIS 技术、GPS 技术实现预制构件出厂、运输、进场和安装信息的采集和跟踪。通过基于云平台与互联网的 BIM 模型，进行实时信息传递，项目参与各方可以及时掌握预制构件的物流进度信息。对构件的跟踪定位，共需要四个管理流程，依次实现对预制构件出厂、运输、进场、吊装所有环节的跟踪管理（图 8-4、图8-5）。

图 8-4　构件运输进场

图 8-5　读取构件信息

(三) 基于 BIM 的现场装配信息化管理

1. 构件运输、安装方案的信息化控制

依赖物流平台技术，通过搭建构件工厂-现场物流配送平台，实现根据实际进度下单、配送，达到现场零库存的目标，解决大面积铺开装配式建筑后产能、场地不足的问题。根据相关规范规定预制构件的运输应符合下列规定：①预制构件的运输线路应根据道路、桥梁的实际条件确定，场内运输宜设置循环线路。②运输车辆应满足构件尺寸和载重要求。③装卸构件时应考虑车体平衡，避免造成车体倾覆。④应采取防止构件移动或倾倒的绑扎固定措施。⑤运输细长构件时应根据需要设置水平支架。⑥对构件边角部或链琐接触处的混凝土，宜采用垫衬加以保护。

预制构件的堆放应符合下列规定：①场地应平整、坚实，并应有良好的排水措施。②应保证最下层构件垫实，预埋吊件宜向上，标识宜朝向堆垛间的通道。③垫木或垫块在构件下的位置宜与脱模、吊装时的起吊位置一致。重叠堆放构件时，每层构件间的垫木或垫块应在同一垂直线上。④堆垛层数应根据构件与垫木或垫块的承载能力及堆垛的稳定性确定，必要时应设置防止构件倾覆的支架。⑤施工现场堆放的构件，宜按安装顺序分类堆放，堆垛宜布置在吊车工作范围内且不受其他工序施工作业影响的区域。⑥预应力构件的堆放应考虑反拱的影响。

墙板构件应根据施工要求选择堆放和运输方式。对于外观复杂墙板宜采用插放架或靠放架直立堆放、直立运输。插放架、靠放架应有足够的强度、刚度和稳定性。采用靠放架直立堆放的墙板宜对称靠放、饰面朝外，倾斜角度不宜小于80°。

通过对构件预埋芯片，实现基于构件的设计信息、生产信息、运输信息、装配信息的信息共享。通过安装方案的制定，明确相对应构件的生产、装车、运输计划。依据现场构件吊装的需求和运输情况的分析，通过构件安装计划与装车、运输计划的协同，明确装车、运输构件类型及数量，协同配送装车、协同配送运输，保证满足构件现场及时准确的安装需求。

项目施工过程是一种多因素影响的复杂建造活动，往往在实施过程中参与方较多，按照施工进度分阶段统计工程量，计算体积，再将建筑人工和建筑机械的使用安排结合，实现施工平面、设备材料进场的组织安排。具体应用组织如下：①临时建筑。对现场临时建筑进行模拟，分阶段备工备料，计算出该建筑占地面积，科学计划施工时间和空间。②场地堆放的布置。通过BIM模型分析各建筑以及机械之间的关系，分阶段统计出现场材料的工程量，合理安排该阶段材料堆放的位置和堆放所需的空间，有利于现场施工流水段顺利进行。③机械运输（包括塔式起重机、施工电梯）等的安排。塔式起重机安排在施工平面中，以塔式起重机半径展开，确定塔式起重机吊装范围。通过四维施工模拟施工进度，显示整个施工进度中塔式起重机的安装及拆除过程，和现场塔式起重机的位置及高度变化进行对比。施工电梯的安排应结合施工进度，利用BIM模型分阶段备工备料，统计出该阶段材料的量，加上该阶段的人员数量，与电梯运载能力对比，科学计算完成的工作量。

在施工前对场地进行分析及整体规划，处理好各分区的空间平面关系，从而保障施工组织流程的正常推进及运行。施工场地规划主要包括承包分区划分、功能分区划分、交通要道组织等。基于Revit软件中的场地建模功能可对项目整体分区及周边交通进行三维建模布置，通过三维高度的可视化展示，可对其布置方案进行直观检查及调整。

通过BIM 5D模拟工程现场的实际情况，有针对性的布置临时用水、用电位置，实现工程各个阶段总平面各功能区的（构件及材料堆场、场内道路、临建等）动态优化配置。

2. 装配现场施工关键工艺展示

对于工程施工的关键部位，如预制关键构件及部位的拼装，其安装相对比较复杂，因此合理的安装方案非常重要，正确的安装方法能够省时省费，传统方法只有在工程实施时才能得到验证，容易造成二次返工等问题。同时，传统方法是施工人员在完全领会设计意图之后，再传达给建筑工人，相对专业性的术语及步骤对于工人来说难以完全领会，基于BIM

技术，能够提前对重要部位的安装进行动态展示，提供施工方案讨论和技术交流的虚拟现实信息。在基于 BIM 的装配式结构设计方法中调整优化后的 BIM 模型可用于指导预制构件的生产和装配式结构的施工。进度模拟能够优化预制构件装取施工的过程，并能够体现预制构件在施工时的需求量，所以利用进度模拟指导预制构件的生产和运输，可保证预制构件的及时供应以及施工现场的零堆放。通过进度模拟，可对每个时间点需要的预制构件数目一目了然，可以依据 BIM 模型同预制构件厂商议预制构件的订货。同时每个预制构件的进场时间等均可附加在 BIM 模型中的进场日期属性中，并通过时间设置使得 BIM 模型中的预制构件呈现三种状态：已完成施工、正在施工和未施工。通过这样的 BIM 模型，施工方可方便地对施工现场管理控制，并实时监控预制构件的生产和运输情况。预制构件厂可以根据需要直接从预制构件库中调取构件进行生产，不再需要复杂的深化设计过程。

在复杂工程中的某些复杂区域，结构情况错综复杂，进行施工技术交底时无法对其特点、施工方法详尽说明，这时可采用三维可视化施工交底，但是有时三维可视化施工也不能满足要求，这时则需要进行复杂节点的施工模拟，使施工人员迅速了解施工过程与方法。节点的施工模拟需要定义操作过程的先后顺序，将其与节点的各个部件关联，通过施工动画的形式将节点的施工过程形象地展示在施工人员面前，对于迅速了解并掌握施工方法具有重要作用。同时，节点的施工模拟也可以检验节点的设计是否能够进行实际施工，当不能施工时则需要进行重新设计。

基于综合优化后的 BIM 模型，可对构件吊装、支撑、构件连接、安装以及机电其他专业的现场装配方案进行工序和工艺模拟及优化。

3. 装配现场的进度信息化管理

施工进度可视化模拟过程实质上是一次根据施工实施步骤及时间安排计划对整体建筑、结构进行高度逼真的虚拟建造过程。根据模拟情况，可对施工进度计划进行检验，包括是否存在空间碰撞、时间冲突、人员冲突及流程冲突等不合理问题，并针对具体冲突问题，对施工进度计划进行修正及调整。计划施工进度模拟是将三维模型和进度计划集成，实现基于时间维度的施工进度模拟。可以按照天、周、月等时间单位进行项目施工进度模拟。对项目的重点或难点部分进行细致的可视化模拟，进行诸如施工操作空间共享、施工机械配置规划、构件安装工序、材料的运输堆放安排等模拟。施工进度优化也是一个不断重复模拟与改进的过程，以获得有效的施工进度安排，达到资源优化配置的目的。

4. 装配现场的商务合约和成本信息化控制

工程项目的成本控制与管理是指施工企业在工程项目施工过程中，将成本控制的观念充分渗透到施工技术和施工管理的措施中，通过实施有效的管理活动，对工程施工过程中所发生的一切经济资源和费用开支等成本信息进行系统的预测、计划、组织、控制、核算和分析等一系列管理工作，使工程项目施工的实际费用控制在预定的计划成本范围内。由此可见，工程施工成本控制贯穿于工程项目管理活动的全过程，包括项目投标、施工准备、施工过程、竣工验收阶段，其中的每个环节都离不开成本管理和控制。

（1）实现工程量的自动计算及各维度（时间、部位、专业）的工程量汇总

工程量是以自然计量单位或物理计量单位表示的各分项工程或结构构件的工程数量。工程造价以工程量为基本依据，工程量计算的准确与否，直接影响工程造价的准确性，以及工程建设的投资控制。工程量是施工企业编制施工作业计划，合理安排施工进度，组织现场劳

动力、材料以及机械的重要依据，也是向工程建设投资方结算工程价款的重要凭证。传统算量方法依据施工图（二维图纸），存在工作效率较低、容易出现遗漏、计量精细度不高等问题。

使用BIM模型来取代图纸，直接生成所需材料的名称、数量和尺寸等信息，通过此模型，系统能识别模型中的不同构件，并自动提取建筑构件的清单类型和工程量（体积、质量、面积、长度等）等信息，自动计算建筑构件的资源用量及成本，用以指导实际材料物资的采购。而且BIM对于图纸的信息将始终与设计保持一致，在设计出现变更时，该变更将自动反映到所有相关的材料明细表中，造价工程师使用的所有构件信息也会随之变化。

（2）实现主、分包合同信息的关联

工程合同管理是对项目合同的策划、签订、履行、变更以及争端解决的管理，其中合同变更管理是合同管理的重点。合同管理伴随着整个项目全生命周期的信息传递和共享。BIM在信息的存储、传递、共享方面的完整性和准确性，为合同管理带来了极大的方便。

此外，对于进度款的申请与支付方面，传统模式下工程进度款申请和支付结算工作较为烦琐，基于BIM能够快速准确地统计出各类构件的数量，减少预算的工作量，且能形象、快速地完成工程量拆分和重新汇总，为工程进度款结算工作提供技术支持。

5. 装配现场质量管理

在工程建设中，无论是勘察、设计、施工还是机电设备的安装，影响工程质量的因素主要有“人、机、料、法、环”等五大方面，即：人工、机械、材料、方法、环境。所以工程项目的质量管理主要是对这五个方面进行控制。

工程实践表明，大部分传统管理方法在理论上的作用很难在工程实际中得到发挥。由于受实际条件和操作工具的限制，这些方法的理论作用只能得到部分发挥，甚至得不到发挥，影响了工程项目质量管理的工作效率，造成工程项目的质量目标最终不能完全实现。工程施工过程中，施工人员专业技能不足、材料的使用不规范、不按设计或规范进行施工、不能准确预知完工后的质量效果、各个专业工种相互影响等问题对工程质量管理造成一定的影响。

BIM技术的引入不仅可以提供一种可视化的管理模式，而且能够充分发掘传统技术的潜在能量，使其更充分、更有效地为工程项目质量管理工作服务。传统的二维管控质量的方法是将各专业平面图叠加，结合局部剖面图，设计审核校对人员凭经验发现错误，难以全面分析。而三维参数化的质量控制，是利用三维模型，通过计算机自动实时检测管线碰撞，精确性高。二维质量控制的缺点与三维质量控制的优点见表8-1。

表8-1　二维质量控制的缺点与三维质量控制的优点

二维质量控制缺点	三维质量控制优点
手工整合图纸，凭借经验判断，难以全面分析	电脑自动在各专业间进行全面检验，精确度更高
均为局部调整，存在顾此失彼情况	在任意位置剖切大样及轴测图大样，观察并调整该处管线标高关系
标高多为原则性确定相对位置，大量管线没有精确确定标高	轻松发现影响净高的瓶颈位置
采用“平面+局部剖面”的方式，对于多管交叉的复制部位表达不够充分	在综合模型中直观的表达碰撞检测结果

6. 装配现场安全管理

相对于一般的工业生产，由于建筑施工生产的特殊性，工程施工具有其自身的特点。现在的建筑结构复杂、层数多，要求其在结构设计、现场工艺、施工技术等方面进行提升，因此施工现场复杂多变，安全问题较多，见表 8-2。

表 8-2 建筑施工安全问题

施工特点	安全问题
施工作业场所的固化使安全生产环境受到限制	工程项目坐落在一个固定的位置，项目一旦开始就不可能再进行移动，这就要求施工人员必须在有限的场地和空间集中大量的人、材、机来进行施工，因而容易产生安全事故
施工周期长、露天作业使劳务人员作业条件十分恶劣	由于施工项目体积庞大，从基础、主体到竣工、施工时间长，且大约 70%的工作需露天进行，劳动者要忍受不同季节和恶劣环境的变化，工作条件极差,很容易在恶劣天气发生安全事故
施工多为多工种立体作业，人员多且工种复杂	劳务人员大多具有流动性、临时性,没有受过专业的训练，技术水平不高，安全意识不强，施工中的违规操作容易引起安全事故
施工生产的流动性要求安全管理举措及时、到位	当一个施工项目完成后，劳务人员转移到新的施工地点,脚手架、施工机械需重新安装，这些流动因素都包含了不安全性
生产工艺的复杂多变	生产工艺的复杂多变要求完善的配套安全技术措施作为保障，且建筑安全技术涉及高危作业、电气、运输、起重、机械加工和防火、防毒、防爆等多工种交叉作业，组织安全技术培训难度大

BIM 技术能够很好应用于建筑全生命周期中的各个阶段，尤其是在施工阶段，BIM 不仅建立了真实的施工现场环境，其 4D 虚拟施工技术还能够动态地展现整个施工过程，这正是模拟劳务人员疏散所需的模型环境。将建立好的施工场景导入疏散软件中作为疏散场景，通过参数的设定进行疏散模拟分析。从另一个角度考虑，BIM 技术建立的施工动态场景正是进行动态疏散模拟的最佳环境。如果在 BIM 软件中进行二次开发，附加安全疏散模拟分析模块，将疏散仿真软件中的分析功能添加进去，就能以最真实的场景进行疏散模拟分析，其结果更加准确，极大地发挥了 BIM 技术优势。具体仿真疏散框架设计如图 8-6 所示。

建立基于 BIM 技术的施工劳务人员安全疏散体系，基于 BIM 技术建立施工场景的静态场景和动态场景，将动态场景中的某阶段施工场景抽离出来和疏散仿真技术相结合，建立了施工人员的安全疏散模型，将疏散模拟的结果进行分析并反馈到施工项目管理中，进行施工优化。

7. 绿色装配现场施工管理

绿色建筑是指在建筑的全生命周期内，最大限度地节约资源（节能、节地、节水、节材）、保护环境和减少污染，为人们提供健康、适用和高效的使用空间，与自然和谐共生的

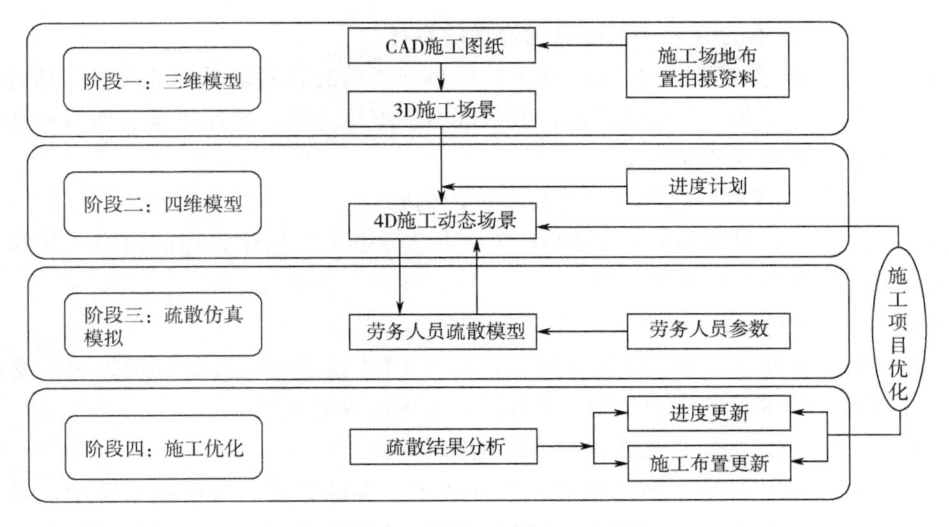

图 8-6　仿真疏散框架设计图

建筑。同样 BIM 技术的出现也打破了业主、设计、施工、运营之间的隔阂和界限，实现对建筑全生命周期的管理。绿色建筑目标的实现离不开设计、规划、施工、运营等各个环节的绿色，而 BIM 技术则是助推各个环节向绿色指标靠得更近的先进技术手段。

施工场地规划利用 BIM 模型对施工现场进行科学的三维立体规划，板房、停车场、材料堆放场等构件均建立参数化可调族。

随着工程的进展施工场地规划可以进行相应的调整，直观地反映施工现场各个阶段的情况，提前发现场地规划问题并及时修改，保证现场道路畅通，消除安全隐患，为工程顺利实施提供保障。在模拟过程中，根据施工进度和工序的安排，编制 Project，导入 Navisworks 进行施工进度模拟。结合 Revit 明细表对不同施工阶段各部位所需各种材料的统计，完成各施工阶段不同材料堆放场地的规划，实现施工材料堆放场地专时、专料、专用的精细化管理，避免因工序工期安排不合理造成的材料、机械堆积或滞后，避免了有限场地空间的浪费，最大化利用现场的每一块空地。

构建基于 BIM 技术的绿色施工信息化管理体系不仅要充分利用 BIM 技术的优势，最关键的是要融入绿色施工理念，实现绿色施工管理的目标。基于 BIM 技术的绿色施工信息化管理体系主要包括以下四个要素（图 8-7）。

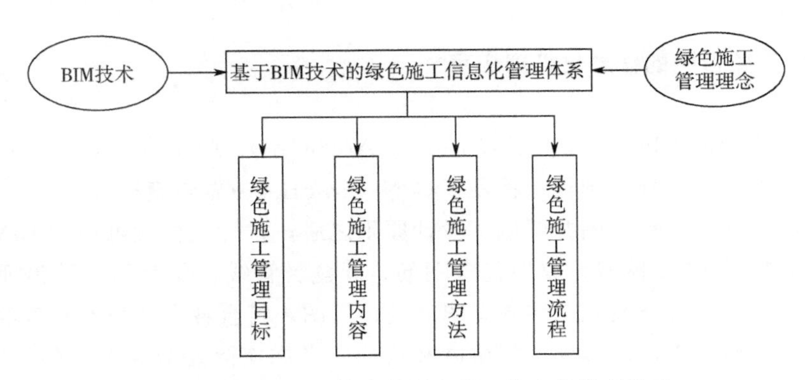

图 8-7　基于 BIM 技术的绿色施工信息化管理体系

（1）基于BIM技术的绿色施工信息化管理的目标

“BIM能做什么”是建立基于BIM技术的绿色施工信息化管理目标的前提，结合绿色施工的要求主要达到以下几个方面的目标：节约成本、缩短工期、提高质量、四节一环保（节地、节水、节材、节能与环保）。

（2）基于BIM技术的绿色施工信息化管理的内容

“应该用做什么”，应该确定基于BIM技术的绿色施工信息化管理的内容，从绿色施工管理的角度可以划分为事前策划、事中控制、事后评价三个部分。

（3）基于BIM技术的绿色施工信息化管理的方法

绿色施工是一种理念、是一种管理模式，它与BIM技术相结合的管理方法主要体现在BIM技术在节地、节水、节材、节能与环境保护方面的具体运用。

（4）基于BIM技术的绿色施工信息化管理的流程

构建基于BIM技术的绿色施工信息化管理体系，实施有效的绿色施工管理，对管理流程的分析和建立必不可少。涉及其中的流程，除了从总体角度建立整个项目的绿色施工管理流程，还应该根据不同的管理需要，将BIM技术融入成本管理、质量管理、安全管理、进度管理等流程之中。

四、BIM在装配式建筑实例中的应用

（一）工程简介

110kV深圳龙华中心变电站工程位于广东省深圳市龙华新区龙华广场对面，东临市民休闲活动广场、观澜河，西接梅龙大道，南邻东环二路。工程在施工过程中需充分考虑市区道路的拥挤以及交通管制等情况，解决由此对预制板块运输、现场材料运输等带来的困难。

项目采用预制装配式结构，预制率达到70%，是变电站建设的一场革命。它改变了传统变电站的电气布局、土建设计和施工模式，通过工厂生产预制、现场安装两大阶段来建设，包括标准化设计、模块化组合、工业化生产、集约化施工，使其具有高技术、高质量、低能耗、更环保的特点。

该项目运用BIM技术，遵循“安全、通用、经济、实用”的原则，从项目设计、物资配送、施工安装到竣工投产全过程，实施标准化作业和管理，按照“标准设计模块化、构件生产工厂化、施工安装机械化、项目管理科学化”四大要素，实现了新型精益化建设以及科学、信息化管理。

（二）BIM在项目中的信息化管理应用

1. 协同设计

协同设计中用到的BIM软件主要有Revit、ArchiCAD、PKPM、Navisworks等，用建模软件创建好模型以后，导入到设计检视工具Navisworks中做碰撞检查。

在确定了各专业的设计意图并明确了设计原则之后，设计人员就可利用BIM设计软件，建立详尽的预制构件BIM模型，模型包含钢筋、线盒、管线、孔洞和各种预埋件。建立模型的过程不仅要尊重最初方案和二维施工图的设计意图，符合各专业技术规范的要求，还要随时注意各专业、施工单位、构件厂间协同和沟通，考虑实际安装和施工的需要，如线盒、管线、孔洞的位置，钢筋的碰撞，施工的先后次序，施工时人员和工具的操作空间，等等。

建成后的预制构件BIM模型可以在设计协同平台（Navisworks）上拼装成整体结构模型。

将模型导入Navisworks软件中进行整合后，添加碰撞测试，根据需求设置碰撞忽略规则，修改碰撞类型以及碰撞参数等，选择碰撞对象，然后运行碰撞检查（本项目主要用于钢筋、模板安装以及管线综合方面）。最后，对检查出的碰撞进行复核，并返回设计软件修改模型。

经过初步校对、审核以及碰撞检查后，在二维图纸中再次进行图纸校核。在Revit中创建相应图纸，如平面图、立面图、剖面图，校核完成后，可生成CAD或PDF图纸。

2. 构件生产

2017年9月，广东中建科技有限公司代表中建科技集团总部开始系统测试和试运行。平台的成功上线，标志着中建科技集团预制构件生产管理进入全信息化的时代。下一步，平台会适时在集团各下属公司逐步优化、部署，力争形成在全集团统一部署的、面向行业的、高度标准化的装配式智慧工厂信息化管理平台。

装配式智慧工厂信息化管理平台，集成了信息化、BIM、物联网、云计算和大数据技术，面向多装配式项目，多构件工厂，针对装配式项目全生命周期和构件工厂全生产流程进行管理，目前主要包括如下几个管理模块：企业基础信息（企）、工厂管理、项目管理、合同管理（企）、生产管理、专用模具管理、半成品管理、质量管理、成品管理、物流管理、施工管理、原材料管理。平台主要有如下功能和特点。

（1）实现了设计信息和生产信息的共享

平台可接收来自PKPM-PC装配式建筑设计软件导出的设计数据如项目构件库、构件信息、图纸信息、钢筋信息、预埋件信息、构件模型等，实现无缝对接。

平台和生产线或者生产设备的计算机辅助制造系统进行集成，不仅能从设计软件直接接收数据，而且能够将生产管理系统的所有数据传送给生产线或者某个具体生产设备，使得设计信息通过生产系统与加工设备信息共享，实现设计、加工生产一体化，无需构件信息的重复录入，避免人为操作失误。更重要的是，平台可将生产加工任务按需下发到指定加工设备的操作台或者PLC中，并能根据设备的实际生产情况对管理平台进行反馈统计，这样能够将构件的生产领料信息通过生产加工任务和具体项目及操作班组关联起来，从而加强基于项目和班组的核算，废料过多、浪费高于平均值给予惩罚，低于平均值给予奖励，从而提升精细化管理，节约工厂成本。

生产设备分为钢筋生产设备和PC生产设备两大类。管理平台已经内置多个设备的数据接口，并且在不断增加，同时考虑到生产设备本身的升级导致接口版本的变更，所以增加设备接口池管理，在设备升级时，接口通过系统后台简单的配置就能自动升级。

（2）实现了物资的高效管理

平台接收构件设计信息，自动汇总生成构件BOM（Bill Of Material，物料清单），从而得出物资需求计划，然后结合物资当前库存和构件月生产计划，编制材料请购单，从请购单中选择材料进行采购，根据采购订单入库。材料入库后开始进入物资管理的一个核心环节——出入库管理。物资出入库管理包括物资的入库、出库、退供、退库、盘点、调拨等业务，同时各类不同物资的出入库处理流程和核算方式不同，需要分开处理。物资出入库业务和仓库的库房库位信息进行集成，不同类型的物资和不同的仓库关联，包括原材料仓库、地材仓库、周转材料仓库、半成品仓库等。物资按项目、用途出库，系统能够实时对库存数据进行统计分析。

物资管理还提供了强大的报告报表和预告预警功能。系统能够动态实时生成材料的收发存明细账、入库台账、出库台账、库存台账和收发存总账等。系统还可以给每种材料设定最低库存量，低于库存底线自动预警，实时显示库存信息，通过库存信息为采购部门提供依据，保证了日常生产原材料的正常供应，同时使企业不会因原材料的库存数量过多而积压企业的流动资金，提高企业的经济效益。

（3）实现构件信息的全流程查询与追踪

平台贯穿设计、生产、物流、装配四个环节，以PC构件全生命周期为主线，打通了装配式建筑各产业链环节的壁垒。基于BIM的预制装配式建筑全流程集成应用体系，集成PDA、RFID及各种感应器等物联网技术，实现了对构件的高效追踪与管理。通过平台，可在设计环节与BIM系统形成数据交互，提高数据使用率；对PC构件的生产进度、质量和成本进行精准控制，保障构件高质高效地生产，实现构件出入库的精准跟踪和统计；在构件运输过程中，通过物流网技术和GPS系统进行跟踪、监控，规避运输风险；在施工现场，实时获取、监控装配进度。

（4）可查询企业的基本信息

可查询的基本信息如各项目完成率、成品库存饱和度分析、各生产线产能饱和度分析等。

（5）项目管理模块

针对装配式项目的设计和深化、生产、物流、装配施工、运维等全生命周期，包括项目的合同、进度、质量、安全、成本和风险等进行规范化管理，采用信息管理平台进行流程优化和固化，提升项目管理的成熟度。

（6）实现了BIM-ERP系统的对接

优化业务板块资源，提高整体建造效率和效益。

由此可见，装配式智慧工厂信息化管理平台打通了装配式项目的设计、生产、物流、施工等阶段，实现信息共享；打造集团装配式智慧工厂BIM-ERP系统，提高建造和管理效率；尤其适合EPC建筑企业实现装配式建筑全产业链的整合。而且，可以看出，信息化部门所提出的工厂信息化管理平台设计思路基本得以实现。

3. 构件运输

通过广联达BIM 5D平台，实现所有构件的跟踪，精准了解每个构件的当前状态，实现项目构件零库存，即每批构件从加工厂运输到现场后，中间没有存放环节，直接进行吊装。利用BIM平台的优势，无需传统电话沟通，改变点对点沟通效率低下的问题。所有物流运输数据，都在云端共享，各方可以查看、使用，以便协同工作。

4. 装配施工

（1）施工平面布置与优化

采用广联达BIM 5D施工现场布置软件，合理布局施工现场总平面，做到现场材料堆放位置合理，现场施工用水、用电布置便利，现场排水、排污畅通，施工道路便利、畅通，垂直运输经济合理。

（2）施工模拟

框架结构主体吊装次序：先吊装预制柱，再吊装与预制柱相交的梁底标高较低的预制梁，然后吊装梁底标高较高的预制梁，再吊装叠合板。每层的吊装顺序遵从从内而外、从难到易的原则。

用BIM技术对施工方案、施工过程进行模拟，全方位、清晰地体现施工过程，发现施工过程中可能出现的各种问题，并及时做出方案调整，采取预防、控制措施。

支撑体系在设计时，必须满足承载力和稳定性要求，即在承载状态下，承载梁模板的大、小横杆等杆件满足强度要求，不发生失稳或者局部失稳等现象，以保证在施工过程中，模板支架具有足够的承载力以及可靠的稳定性，这是支撑体系施工的关键。采用BIM技术进行安装模拟，能确保支撑体系的搭建安全、稳定。

(3) 进度控制

模型通过颜色区分当前构件状态，直观反映进度提前或滞后情况。通过计划工期与实际完工工期的对比，得出实际工程的进度完成情况，分析影响进度的各项因素，在周例会上进行讨论分析，制定有效的纠偏措施或改进方案，以保证进度计划的有效落实。

(4) 工程量统计与查询

区别于传统的现浇方式，预制构件因混凝土方量已经固定，与甲方报产值时只需统计吊装完成工作量即可，通过对跟踪状态的设定，BIM 5D可以轻松获取每个阶段完工工作量，并在Web端进行实时统计。

(5) 质量、安全管理

通过手机对相关质量安全内容进行拍照、录音、文字记录，并与模型关联。通过软件，自动实现电脑与手机同步接收数据，在模型中以文档图钉的形式展现，可及时了解相关问题并采取相应措施进行控制、改进，协助施工人员进行管理。

第三节　施工模拟

一、虚拟施工概述

(一) 虚拟施工技术的概念

施工模拟就是基于虚拟现实技术，在计算机提供的虚拟可视化三维环境中对工程项目过程按照施工组织设计进行模拟，根据模拟结果调整施工顺序，以得到最优的施工方案。施工模拟通过结合BIM技术和仿真技术进行，具有数字化的施工模拟环境，各种施工环境、施工机械及人员等都以模型的形式出现，以此来仿真实际施工现场的施工布置、资源的消耗等。因为模拟的施工机械、人员、材料是真实可靠的，所以施工模拟的结果可信度很高。施工模拟具有的优势有：①先模拟后施工。在实际施工前对施工方案进行模拟论证，可观测整个施工过程，对不合理的部分进行修改，特别是对资源和进度方面实行有效地控制。②协调施工进度和所需要的资源。实际施工的进度和所需要的资源受到多方面因素的影响，对其进行一定程度的施工模拟，可以更好地协调施工中进度和资源使用情况。③可靠地预测安全风险。通过施工模拟，可提前发现施工过程中可能出现的安全问题，并制定方案规避风险，同时减少设计变更，节省资源。

施工进度模拟在总控时间节点要求下，以方式表达、推敲、验证进度计划的合理性，充分准确显示施工进度中各个时间点的计划形象进度，以及对进度实际实施情况的追踪表达。

通过将BIM与施工进度计划相连接，将空间信息与时间信息整合在一个可视的4D（3D+时间）模型中，可以直观、精确地反映整个建筑的施工过程。4D施工模拟技术可以在项目建造过程中合理制定施工计划、精确掌握施工进度，优化使用施工资源以及科学地进行场地布置，直观地对各分包、各专业的进场、退场节点和顺序进行安排，达到对整个工程的施工进度、资源和质量进行统一管理和控制，以缩短工期、降低成本、提高质量的目的。此外借助4D模型，BIM可以协助评标专家从4D模型中很快了解投标单位对投标项目主要施工的控制方法、施工安排是否均衡，总体计划是否合理，等等，从而对投标单位的施工经验和实力做出有效评估。

（二）虚拟施工的技术体系

1. 虚拟施工的关键技术

（1）施工组织设计

施工组织设计是指在建筑工程项目启动前，根据项目自身的特点、设计内容、业主要求等主观条件，对工程项目施工全过程进行规划，即对人力、财力、物力、时间、空间等方面进行筹划和安排，以达到最优配置。通常在施工时，施工组织设计只能作为现场施工的大概指导，并在施工的过程当中一步步完善。施工组织设计一般分为三个阶段，施工组织总设计、单位工程施工组织设计以及分部工程施工设计，施工组织的编制依次深化，内容更加具体、精确。

（2）碰撞检测

近几年，随着计算机技术的快速发展，计算机技术、VR技术与仿真技术的结合，已然成了建筑行业目前发展的趋势。尤其是针对建筑碰撞检测可以解决很多设计问题，特别是在管线综合方面。通过碰撞检测确保施工方案的精确性和可靠性，有利于后面的连续施工，因此碰撞检测具有很重要的地位。

目前，碰撞检测的依据是带有一定规则的碰撞检测算法，在虚拟的三维空间内减少甚至消除相交的几何模型。现在常见的碰撞检测算法主要有空间分解检测法和层次包围盒检测法。

2. 虚拟施工技术的支撑体系

（1）虚拟仿真技术

虚拟仿真技术是将计算机仿真技术与虚拟现实技术（VR）相融合的技术，即是在假定的虚拟环境中模仿真实环境中的存在。虚拟仿真通过其交互性、虚幻性和逼真性的特点，让客户在虚拟的世界里有身临其境的感觉，实现人与计算机的交互。

（2）数字化建模

到目前为止，所有以计算机为基础而研发的软件，不管哪个专业，在模型的创建上都需要耗费大量的时间和精力，虚拟施工技术也同样如此。

数字化建模就是将建筑模型转变为可处理的数字信号，对模型的处理、储存，实际上就是对这些数字信号进行处理。数字化建模是虚拟施工实现的根本。

（3）计算机模拟技术

计算机模拟技术无论在哪一门学科中都是使用较为广泛的技术。其原理是利用计算机来模拟现实事物，以实物内部结构、外部因素等为条件，在虚拟环境中对真实的事物即模型进行动态分析。通过对模型进行模拟分析从而达到优化模型的目的。根据实物属性的不同，模拟技术可分为动态模拟与静态模拟，随机模拟与确定性模拟，离散模拟与连续性模拟。将不同的模拟技术相结合就可以完成对施工过程的模拟。

（4）三维可视化技术

三维可视化技术是一种描述或展示空间信息的可视化技术，利用计算机技术创建可以表示实物属性信息的模型，主要特点是直观、真实地反映空间体的外形和尺寸。运用三维可视化技术将建筑模型的空间位置、建筑场地、建筑构件等施工现场所存在的信息通过计算机以三维的形式真实地表达出来。目前，三维可视化技术已经在各个学科中得到广泛应用。

二、施工场地布置模拟

为使现场使用合理，施工平面布置应有条理，尽量减少占用施工用地，使平面布置紧凑合理，同时做到场容整齐清洁、道路畅通，符合防火安全及文明施工的要求。施工过程中应避免多个工种在同一场地、同一区域进行施工而相互牵制、相互干扰。施工现场应设专人负责管理，使各项材料、机具等按已审定的现场施工平面布置图的位置堆放。

基于建立的 BIM 三维模型及搭建的各种临时设施，可以对施工场地进行布置，合理安排塔式起重机、库房、加工厂地和生活区等的位置，解决现场施工场地平面布置问题，解决现场场地划分问题。通过与业主的可视化沟通协调，对施工场地进行优化，选择最优施工路线。

三、施工工艺模拟

在工程重难点施工方案、特殊施工工艺实施前，运用 BIM 系统三维模型进行真实模拟，从中找出实施方案中的不足，并对实施方案进行修改，同时，可以模拟多套施工方案进行专家比选，最终找到最佳施工方案。在施工过程中，通过施工方案、工艺的三维模拟，给施工操作人员进行可视化交底，使施工难度降到最低，做到施工前的有的放矢，确保施工质量与安全。模拟方案包括但不限于以下两点。

（一）施工节点模拟

通过 BIM 模型加工深化，能快速帮助施工人员展示复杂节点的位置，节点展示配合碰撞检查功能，将大幅增加深化设计阶段的效率及模型准确度，也为现场施工提供支持，更加形象直观的表达复杂节点的设计结果和施工方案。模型可按节点、按专业多角度进行组合检查，不同于传统的二维图纸和文档方式，通过三维模型可以更加直观的完成技术交底和方案交底，提高项目人员沟通效率和交底效果。

（二）工序模拟

可以通过 BIM 模型和模拟视频对现场施工技术方案和重点施工方案进行优化设计、可行性分析及可视化技术交底，进一步优化施工方案，提高施工方案质量，有利于施工人员更加清晰、准确地理解施工方案，避免施工过程中出现错误，从而保证施工进度、提高施工质量。

四、BIM与一体化装修

土建装修一体化作为工业化的生产方式可以促进全过程生产效率的提高，将装修阶段的标准化设计集成到方案设计阶段可以有效地对生产资源进行合理配置。

通过可视化的便利进行室内渲染，可以保证室内的空间品质，帮助设计师进行精细化和优化设计。整体卫浴等统一部品的 BIM 设计、模拟安装，可以实现设计优化、成本统计、安装指导（图 8-8）。

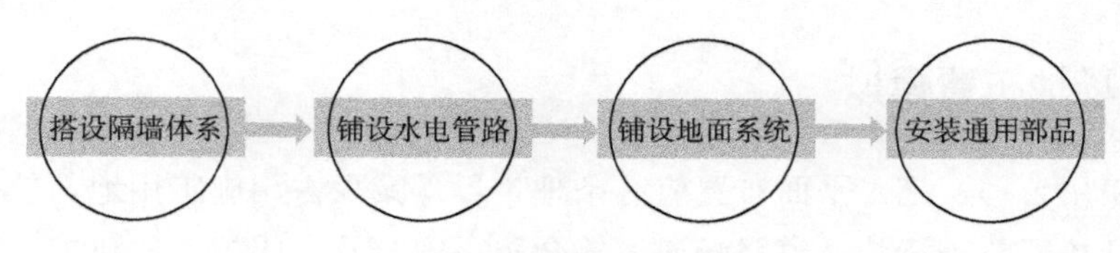

图 8-8 一体化装修流程

产业链中各家具生产厂商的商品信息都集成到 BIM 模型中，为内装部品的算量统计提供数据支持。装修需要定制的部品和家具，可以在方案阶段就与生产厂家对接，实现家具的工厂批量化生产，同时预留好土建接口，按照模块化集成的原则确保其模数协调、机电支撑系统协调及整体协调。

装修设计工作应在建筑设计时同期开展，将居住空间分解为几个功能区域，每个区域视为一个相对独立的功能模块，如厨房模块、卫生间模块。在模块化设计时，综合考虑部品的尺寸关系，采用标准模数对空间及部品进行设计，以利于部品的工厂化生产。

五、BIM 竣工模型运维管理阶段

根据实际现场施工结果，搭建竣工模型，以达到以下目的：得到竣工模型，进行虚拟漫游和三维可视化展示，方便沟通交流及信息传递；方便后期应用时进行建筑、市政管网、室内设施的维护管理；空间管理，包括租金、租期、物业信息管理等。

第四节 BIM 技术在施工实施阶段的应用

一、改善预制构件库存和现场管理

装配式建筑预制构件生产过程中，对预制构件进行分类生产、储存需要投入大量的人力和物力，并且容易出现差错。利用 BIM 技术结合 RFID 技术，在预制构件生产的过程中嵌入含有安装部位及用途信息等构件信息的 RFID 芯片，存储验收人员及物流配送人员可以直接读取预制构件的相关信息，实现电子信息的自动对照，减少在传统的人工验收和物流模式下出现的验收数量偏差、构件堆放位置偏差、出库记录不准确等问题的发生，可以明显地节约时间和成本。在装配式建筑施工阶段，施工人员利用 RFID 技术直接调出预制构件的相关信息，对此预制构件的安装位置等必要项目进行检验，提高预制构件安装过程中的质量管理水平和安装效率。

二、提高施工现场管理效率

装配式建筑吊装工艺复杂，施工机械化程度高，施工安全保证措施要求高。在施工开始之前，施工单位可以利用 BIM 技术进行装配式建筑的施工模拟和仿真，模拟现场预制构件吊装及施工过程，对施工流程进行优化。也可以模拟施工现场安全突发事件，完善施工现场安全管理预案，排除安全隐患，从而避免和减少质量安全事故的发生。利用 BIM 技术还可以对施工现场的场地布置和车辆通行路线进行优化，减少预制构件、材料场地内二次搬运，提高垂直运输机械的吊装效率，加快装配式建筑的施工进度。

三、提供技术支撑

（一）总结图纸问题

传统的二维设计方式最常见的错误就是信息在复杂的平面图、立面图、剖面图之间的传递差错，装配式施工节点，机电管线之间的碰撞、错位更是层出不穷。一个项目有几十张、几百张、甚至上千张的设计图纸，对于整个项目来说，每一张图纸都是一个相对独立的组成部分。这么多分散的信息需要经过专业工程师的分析才能整合出所有的信息，形成一个可理解的整体。因此，如何处理各项设计内容与专业之间的协同配合，形成一个中央数据库来整合所有的信息，使设计意图沟通顺畅、意思传达准确一致，始终是项目面临的艰巨挑战。对于 BIM 而言，项目的中央数据库信息包含建筑项目的所有实体和功能特征，项目成员之间能够顺利地沟通和交流依赖于这个中央数据库，也使项目的整合度和协作度在很大程度上得到了提高。

基于 BIM 技术提供的三维动态可视化设计，具体表现为用立体图形将二维设计中线条式的构件展示出来，例如暖通空调、给排水、建筑电气间的设备走线、管道等都用更加直观、形象的三维效果图表示。通过优化设计方案，使建筑空间得到了更好的利用，使各个专业之间管、线“打架”现象得到了有效避免，使各个专业之间的配合与协调得到了提高，有效减少了各个专业、工种图纸间的错漏碰缺，便于施工企业及时的发现问题、解决问题。

（二）检查碰撞

BIM 技术在碰撞检查中的应用可分为单专业的碰撞和多专业的碰撞，多专业的碰撞是指建筑、结构、机电专业间的碰撞，多专业的碰撞是因为构件管道过多，因此需要分组集合分别进行碰撞检查。装配式结构除跟现行结构一样可应用多专业的碰撞外，预制构件间的碰撞检查对 BIM 模型的检查具有重要作用。预制构件在工厂预制然后运输至施工现场进行装配安装，如果在施工过程中构件之间发生碰撞，需要对预制构件开槽切角，而预制构件在成型后不能随意开洞开槽，所以需要重新运输预制构件至施工现场，造成工期延误和经济损失。预制构件的碰撞主要是预制构件间及预制构件与现浇结构间的碰撞。所以，总结碰撞检测的方法，BIM 的优势可体现在以下方面。

① BIM 技术能将所有的专业模型都整合到一个模型中，然后对各专业之间以及各专业自身进行全面彻底的碰撞检查。由于该模型是按照真实的尺寸建造的，所以在传统的二维设计图纸中不能展现出来的深层次问题在模型中均可以直观、清晰、透彻地展现出来。

② 全方位的三维建筑模型可以在任何需要的地方进行剖切，并调整好该处的位置关系。

③ BIM 软件可以彻底的检查各专业之间的冲突矛盾问题并反馈给各专业设计人员进行调整解决，基本上可以消除各专业的碰撞问题。

④ BIM 软件可以对各预制构件的连接进行模拟，如若预制主梁的大小或开口位置不准确，将导致预制次梁与预制主梁无法连接，预制梁无法使用。

⑤ 可以对管线的定位标高明确标注，并且很直观地看出楼层高度的分布情况，很容易发现二维图中难以发现的问题，间接地达到了优化设计，减少了碰撞现象的发生。

⑥ BIM 三维模型除了可以生成传统的平面图、立面图、剖面图、详图等图形外，还可以通过漫游、浏览等手段对该模型进行观察，使广大的用户更加直观形象地看到整个建筑项目的详情。

⑦ 由于 BIM 模型不仅仅是一个项目的数据库，还是一个数据的集成体，所以它能够对材料进行准确的统计。

利用 BIM 技术进行碰撞检测，不仅能提前发现项目中的硬碰撞和软碰撞等交叉碰撞情况，还可以基于预先的碰撞检测优化设计，使相关的工作人员可以利用碰撞检测修改后的图形进行施工交底、模拟，一方面减少了在施工过程中不必要的浪费和损失，优化了施过程；另一方面加快了施工的进度，提高了施工的精确度。

（三）优化管线综合排布

管线综合平衡技术是应用于机电安装工程的施工管理技术，涉及安装工程中的暖通、给排水、电气等专业的管线安装。在该项目安装专业的管理上，建立了各专业的 BIM 模型，进行云碰撞检查，发现了碰撞点后，将其汇总到安装模型中，再通过三维 BIM 模型进行调整，并考虑各方面因素，确定各专业的平衡优先级，如当管线发生冲突时，一般避让原则是：小管线让大管线、有压管让无压管、施工容易的管线避让施工难度大的管线，电缆桥架不宜在管道下方等。同时，考虑综合支架的布置与安装空间及顶棚高度等。

通过提前发现问题、提前定位、提前解决问题，协调各专业之间的关系。由于 BIM 技术的应用，相比传统施工流程，其地下室管道可提前进行模拟安装，为后续地下室管道安装工作提前做好准备。

传统的管线综合是在二维的平面上来进行设计的，难以清晰地看到管线的关系，实际施工效果不佳。应用 BIM 技术后，以三维模型来进行管线设计，确定管线之间的关系，呈现出以下优势。

① 各专业协调优化后的三维模型，可以在建筑的任意部位剖切形成该处的剖面图及详图，能看到该处的管线标高以及空间利用情况，能够及时避免碰撞现象的发生。

② 各楼层的净空间可以在管线综合后确定，有利于配合精装修的展开。

③ 管线综合后，可通过 BIM 模型进行实时漫游，对于重要的、复杂的节点可进行观察批注等。通过 BIM 技术可实现工程内部漫游检查设计的合理性，并可根据实际需要，任意设定行走路线，也可用键盘进行操作，使结构内部设备、管线的动态碰撞查看起来更加方便、直观。

④ 由于各种设备管线的数据信息都集成在BIM模型里了，所对设备管线的列表能够进行较为精确的统计。

四、5D施工模拟优化施工、成本计划

利用BIM技术，在装配式建筑的BIM模型中引入时间和资源维度，将3D BIM模型转化为5D BIM模型，施工单位可以通过5D BIM模型来模拟装配式建筑整个施工过程和各种资源投入情况，建立装配式建筑的动态施工规划，直观地了解装配式建筑的施工工艺、进度计划安排和分阶段资金、资源投入情况；还可以在模拟的过程中发现原有施工规划中存在的问题并进行优化，避免由于考虑不周引起的施工成本增加和进度拖延。利用5D BIM进行施工模拟使施工单位的管理和技术人员对整个项目的施工流程安排、成本资源的投入有了更加直观的了解，管理人员可在模拟过程中优化施工方案和顺序、合理安排资源供应、优化现金流，实现施工进度计划及成本的动态管理。

基于BIM的5D动态施工成本控制即在3D模型的基础上加上时间、成本形成5D的建筑信息模型，通过虚拟施工查看现场的材料堆放、工程进度、资金投入量是否合理，及时发现实际施工过程中存在的问题，优化工期、资源配置，实时调整资源、资金投入，优化费用目标，形成最优的建筑模型，从而指导下一步施工（图8-9）。

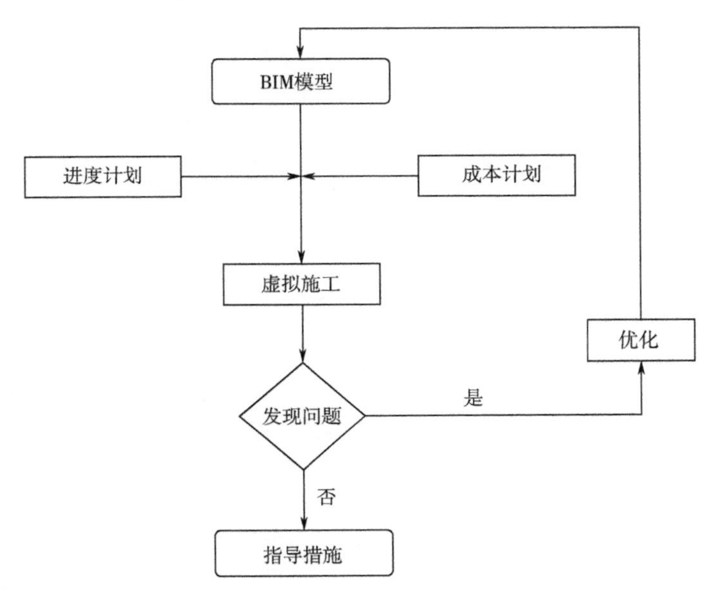

图8-9　基于BIM的5D施工动态控制

五、利用BIM技术辅助施工交底

传统项目管理中的技术交底通常以文字描述为主，施工管理人员以口头讲授的方式对工人进行交底。这样的交底方式存在较大弊端，不同的管理人员对同一道工序有着不同的理

解，口头传授的方式也五花八门，工人在理解时存在较大困难，尤其对于一些抽象的技术术语，工人更是摸不着头脑，在交流过程中容易出现理解错误的情况。工人一旦理解错误，就存在质量和安全隐患，对工程极为不利。

应改变传统的思路与做法（通过纸介质表达），转由借助三维技术呈现技术方案，使施工重点、难点部位可视化，提前预见问题，确保工程质量，加快工程进度。三维技术交底即通过三维模型让工人直观地了解自己的工作范围及技术要求，主要方法有两种：一是虚拟施工和实际工程照片对比；二是将整个三维模型进行打印输出，用于指导现场的施工，方便现场的施工管理人员拿图纸进行施工指导和现场管理。

BIM与传统CAD相比，具有可视化的显著特点。设备、电气、管道、通风空调等专业进行三维建模并碰撞后，BIM项目经理组织各专业BIM项目工程师进行综合优化，提前消除施工过程中各专业可能遇到的碰撞。对于建筑中的复杂节点，利用三维的方式进行演示说明能更好地传递设计意图和施工方法，项目核算员、材料员、施工员等管理人员应熟读施工图纸，透彻理解BIM三维模型，吃透设计思想，并按施工规范要求向施工班组进行技术交底，将BIM模型中的意图灌输给班组，用BIM三维图、CAD图纸等书面形式做好交底，避免因施工人员的理解错误给工程带来不必要的损失。

BIM技术在装配式建筑运营维护阶段的应用

第一节 建筑运营维护管理的定义

一、建筑运营维护管理内涵

建筑运营维护管理是指建筑在竣工验收完成并投入使用后，整合建筑内人员、设施及技术等关键资源，通过运营充分提高建筑的使用率，降低它的经营成本，增加投资收益，并通过维护尽可能延长建筑的使用周期而进行的综合管理。

在运营维护阶段的管理中，BIM 技术可以随时监测有关建筑使用情况、容量、财务等方面的信息。通过 BIM 文档完成建造施工阶段与运营维护阶段的无缝交接并提供运营维护阶段所需要的详细数据。在物业管理中，BIM 软件与相关设备进行连接，通过 BIM 数据库中的实时监控运行参数判断设备的运行情况，进行科学管理决策，并根据所记录的运行参数进行设备的能耗、性能、环境成本绩效评估，及时采取控制措施。

在装配式建筑及设备维护方面，运维管理人员可直接从 BIM 模型调取预制构件及设备的相关信息，提高维修的效率及水平。运维人员利用预制构件的 RFID 标签，获取保存在其中的构件质量信息，也可取得生产工人、运输者、安装工人及施工人员等相关信息，实现装配式建筑质量可追溯，明确责任归属。利用预制构件中预埋的 RFID 标签，对装配式建筑的整个使用过程能耗进行有效的监控、检测并分析，从而在 BIM 模型中准确定位高能耗部位，并采取合适的办法进行处理，实现装配式建筑的绿色运维管理。

二、基于 BIM 的建筑设备运维管理框架的理论分析

BIM 在运维阶段的应用，通常可以理解为将 BIM 技术与运维管理系统相结合，对建筑

的空间、设备、资产等进行科学管理，对可能发生的灾害进行预防，降低运营维护成本。具体实施中常将物联网、云计算技术等与 BIM 模型、运维系统和移动终端等结合起来应用，最终实现整体运维管理，如图 9-1 所示。

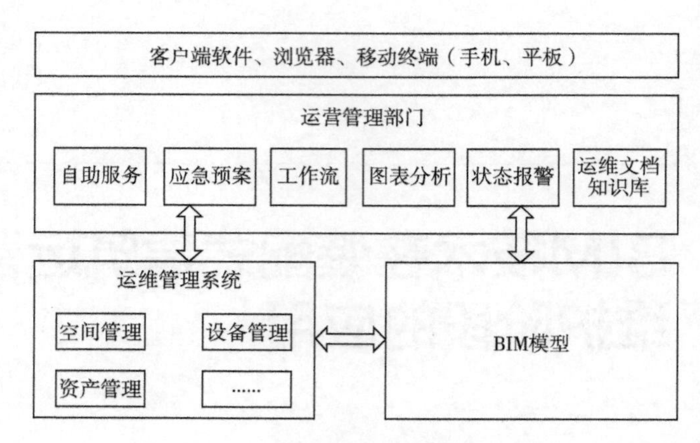

图 9-1　BIM 运维整体架构图

（一）建筑设备运营维护管理的对象

建筑设备是对为建筑物的使用者提供生活和工作服务，满足人们舒适、安全、健康需求的各种设施和系统的总称。由于社会经济的发展和人民物质文化生活水平的提高，房屋建筑为了满足生产上的需要，提供安全、卫生且舒适的建筑内部环境，通常需要在建筑内设置完善的设备系统。各种建筑设备系统在建筑物中相互配合、相互联系，共同保证建筑物的正常运行。建筑设备设施内容广泛，数量繁多，主要包括建筑给排水系统、消防系统、暖通空调系统和建筑电气系统，每部分都包含各种设备设施子系统。

系统是由大量要素组成的有机整体，这些要素之间相互配合，以保证系统整体功能的正常发挥。上述的建筑设备系统也都由大量的要素构成，系统的正常运行取决于每个要素功能的正常发挥，这些要素之间相互联系，缺一不可，共同组成了一个完整的建筑设备网络系统。

建筑设备是设施管理业务的核心环节，其能否安全有效地运行关系着整个建筑物的运营。结合设施管理的定义，建筑设备运维管理可定义为在理论和方法的支撑下，采取相应的技术、经济和组织措施，充分发挥设备的使用功能和使用价值，保障建筑设备的良好运行，为人们的日常工作和生活提供一个良好舒适的环境。

建筑设备种类复杂、数量庞多，各种设备系统在建筑物中发挥不同的作用，任何设备部件的故障都有可能对建筑物的正常运营造成影响。因此，为了保证建筑物的安全稳定运行，建筑设备管理人员既要及时组织维修人员对故障设备进行维修处理，同时也要制定运维计划定期对建筑设备进行维护和保养，以确保建筑设备的稳定安全运行。

建筑设备运维阶段的主要工作内容包括计划性维护与故障修理，简称维修。建筑设备的运营与维护是保证建筑设备正常运行的重要基础性工作，贯穿于运维全过程的各个环节，也是运维阶段的主要成本支出。对运维管理而言，计划性维护是指在实践活动中形成科学有效的维护和预防措施，建立合理的维护计划，保障建筑物的运营活动能够连续进行，同时降低维修成本的工作活动。故障维修也称修复性维护是指设备在出现故障时，在最短时间内制定故障修复方案，排除设备故障，对建筑设备的故障部位采取修理或更换措施，使设备保持原有的可靠度，同时降低因设备故障造成的损失的工作活动。两者的基本目标是一致的，都是为了维持建筑设备在运维阶段正常运行而进行的活动，达到延长设备使用寿命的目的，同时降低建筑设备损耗和运维成本。

（二）建筑设备运营维护管理的可视化技术需求

1. 可视化技术

可视化一词源于英文 Visualization，指的是将抽象或难以理解的一些东西转变为易于理解的图形图像。在 20 世纪初，可视化技术的概念被正式提出来。可视化技术是一门新兴学科，其目标是将智能自动数据分析的优势与人类用户的视觉感知和分析能力适当结合起来，使大量信息得到充分和有效的利用。可视化技术的早期定义是通过人机交互界面促进分析推理的科学。有学者给出了一个更具体的定义：可视化技术将自动分析技术与交互式可视化相结合，以便在非常大且复杂的数据集的基础上进行有效的理解、推理和决策。也就是说，可视化技术是利用一些工具和技术，通过数据、可视化、数据模型和用户之间的交互来获取有用的信息和知识。

在建筑设备运营维护的过程中会产生大量的数据，传统的运维管理模式无法对这些数据进行有效的集成以及使用，导致建筑设备运维决策效率低下。因此在建筑设备运维阶段需要引入一种技术以实现数据的集成并能可视化表达与建筑设备运维相关的信息，辅助运维管理人员进行决策，BIM 技术就是能够满足上述需求的工具。

BIM 模型中集成了构件的几何尺寸、材质属性等基本信息，展示了构件实体及其空间位置，还可以根据运维需求添加相应的运维信息，如合同信息、运行状态信息、维修成本等。利用 BIM 信息集成和共享的优势，将信息从一个阶段传递到另一个阶段，最终形成整合所有构件信息的完整 BIM 模型。

2. 可视化方法

对空间或构件进行图形标注或颜色编码是一种重要的可视化辅助手段，在以往的研究中已经使用了几种不同的方法来实现对建筑设备、组件及相关信息的可视化。这些可视化方法主要包括以下几点。

（1）图标/符号

有学者在他们的研究中使用符号来表示资产及其条件，其中几何形状表示组件的条件，不同的图形填充样式表示组件。由于图形样式是有限的，而且一个建筑物包含成百上千个组件，使用这种可视化方法可能会造成混淆，并且容易出错。这种方法适用于建筑设备维护方式（修理或更换）、设备的运行状态（好坏）或设备属性的可视化，对于小部件的可视化非常有用。

（2）设备/组件颜色编码

另一种方法是对建筑设备以及组件进行彩色编码，以可视化建筑设备在运维阶段的状况。有学者对建筑设备及其组成构件进行彩色编码，用不同的颜色对其在运维阶段的状态进行可视化。

（3）空间颜色编码

空间和区域的颜色编码是根据空间的不同功能、空间的使用情况等对空间进行可视化的一种方法。

3. 可视化技术需求

在建筑设备运维阶段，运维决策通常是基于各种类型的历史积累数据，如检查记录、传感数据、维护记录等，传统模式下这些数据大多存储在不同的文本文件中，不同来源的大量累积数据导致了运维决策效率低下，建筑设备运维管理人员常常需要从成百上千个文档资料中来查询运维决策所需要的信息。例如，在设备发生故障时，管理人员需要识别故障发生的原因，定位故障点，在最短的时间内制定有效的维修方案，但是由于设备不同组件之间的复杂交互和相互依赖关系，以及在多个分散的数据源中存储相关信息，设备管理人员要完成这项任务是困难的。

综合考虑建筑设备运维管理过程中的实际需求，在分析建筑设备运维管理业务流程的基础上，结合 BIM 技术的特点，可建立基于 BIM 的可视化需求模型。

利用 BIM 软件建立三维模型，将建筑设备运维过程中需要的信息添加到对应的每一个设备模型的属性当中，形成集成所有运维相关信息的 BIM 模型，但由于 BIM 模型的体量庞大，并不适合直接在运维阶段进行使用，因此需要先对 BIM 模型进行轻量化处理，构建 BIM 运维轻量化模型。基于 BIM 的可视化平台可以通过颜色编码的可视化方法将建筑设备的运维状态及设备系统的层次结构可视化展示出来，以辅助建筑设备的运维决策管理。可视化技术需求可总结为以下四个方面的内容。

（1）运维 BIM 轻量化模型

BIM 技术能够贯穿建筑的规划、设计、施工以及运维全生命周期，实现各阶段数据的共享。但是由施工阶段建立的 BIM 竣工模型无法直接应用于运维阶段，一方面竣工 BIM 模型中附加很多与设计、施工相关的信息，而这部分信息对运维管理是不必要的，需要对竣工模型的数据进行筛选，去除其不必要的部分；另一方面，需要对运维过程中产生的运维信息进行收集，确保运维 BIM 模型能够满足建筑设备的运维需求。构建的 BIM 模型因为体量庞大，直接在运维阶段进行使用，会导致运行效率低下，因此需要对运维阶段的 BIM 模型进行优化和轻量化处理，以满足建筑设备运维管理的实际需求。

（2）建筑设备系统层次结构可视化

建筑设备系统繁杂，每个系统可划分为多个独立的子系统，每个子系统又由无数个组件和管道形成一个逻辑网络，相互交织。并且在建筑装饰装修工程完成之后，许多设备系统都隐蔽在天花板之上、地板下面、墙壁内等不易看到的位置。当故障发生时，管理人员需要快速定位故障部件，并立即采取相应措施来避免故障影响范围的扩大。例如，当某处的管道泄漏时，首先采取的应急措施是关闭上游的阀门，但是运维管理人员仅依靠纸质竣工图纸或依赖于他们的经验是难以在短时间内定位到这个阀门的。在传统的运维模式中，设备的定位工作是一件重复、低效、耗时耗力的任务。

为了能够在故障发生时，辅助管理人员快速有效做出正确的维修决策方案，快速定位故障部件，需建立设备间正确的上下游逻辑关系，将建筑设备系统的层次结构通过 BIM 三维模型可视化表达出来。利用 BIM 技术对建筑设备统一编码，建立关联系统之间的上下游逻辑关系，可将数量庞多、连接关系错综复杂的建筑设备或管件直观、清晰地展现出来，解决了二维图形专业性强、难以理解的问题。

（3）建筑设备运维状态可视化

建筑设备运维状态可视化是指利用可视化技术将系统运行状态以图形或图像的方式予以

显示。维修人员在完成维护保养工作和维修任务后，会通过记录相关工作内容将运维结果和过程信息反馈给管理人员，管理人员通过统计和分析历史维修记录来判断设备的运维状态，但是大量的维修记录使得维修的统计和分析工作十分的烦琐，并且基于文本的维修记录容易丢失或不完整，造成运维决策的偏差。通过颜色编码将设备的运维状态可视化展示出来，例如将本月内维修次数超过 3 次的设备组件用红色高亮显示，这种可视化方法有利于区分不同状态下的建筑设备，运维管理人员无需翻阅大量的文档资料便可对建筑设备的运行状态一目了然，从而针对不同状态的设备制定相应的维护保养计划，在有效避免遗漏的同时增强维护保养的有效性。

（4）建筑设备相关信息可视化

建筑设备在运维阶段会产生大量的数据信息，建筑设备运维管理决策是建立在对建筑设备大量数据的统计和分析基础上的。传统的建筑设备运维管理模式，依赖文档资料以及电子表格来存储和传递建筑设备信息。在建筑设备运维管理过程中，运维人员需要依靠自己的专业能力和以往的经验对获取的信息进行理解和判断，这个过程耗时耗力，并且无法保证获取信息的准确性和完整性。而借助 BIM 的可视化平台，可有效整合建筑设备的相关信息，实现设备信息的可视化表达，减少人工手动存储方式造成的错漏问题，增强信息获取和查询的效率及准确性，便于运维管理工作的开展，从而提高建筑设备运维管理的效率和可视化管理水平。

通过对以往资料的研究以及结合建筑设备运维管理实际工作内容及需求，分析建筑设备运维管理的可视化技术需求，明确 BIM 技术在建筑设备运维管理阶段的应用价值及意义。

（三）建筑设备运营维护管理的决策方法支撑

1. RCM 理论概述

以可靠性为中心的设备维修（Reliability Centered Maintenance，RCM）是运用系统工程的理念和方法来确定设备的维修需求、制定维修制度。它依据可靠性理论，充分考虑了可靠性和经济性原则，以保持系统良好运行为目标，分析各系统组成设备的维修需求。传统的确定设备维修需求的方法没有从设备的具体功能出发，缺少对各类设备的故障模式、原因和影响的系统分析，主要依赖于人员经验以及运维数据的统计，对维修策略的选择缺少一定的针对性，导致了设备维修不足或维修过剩的问题。应用 RCM 可以有效解决传统方法的弊端，针对不同的故障原因合理选择不同的运维策略。

2. RCM 分析方法

RCM 是以可靠性为中心的维修理念，在对设备功能以及故障原因系统分析的基础上，运用逻辑决断法确定设备的维修方案。从根本上来说，其任务就是为了确保设备能够在既定的环境中安全稳定运行，发挥其最大的使用价值。

RCM 的主要工作过程为：首先通过系统的定义与划分，确定进行 RCM 分析的系统对象，并对其相关数据信息进行统计和整理；其次以收集的数据信息为基础，利用 FMEA（故障模式及影响分析）和故障树分析法（FTA）对选定的系统进行故障分析，明确各设备或部件的故障原因以及各故障部件之间的逻辑关系；最后通过逻辑决断法分析设备的各种故障原因，从而选择合理的维修策略。

（1）确定研究的重要功能系统

RCM 分析能够做出正确决策的关键就在于能否清晰准确地定义和划分系统。可以把要研究的设备系统分成几个功能系统，然后再进一步分成子系统以及部件。

进行 RCM 分析时，以设备系统为单位进行分析是最适合的，优先考虑运用 RCM 分析方法的几个系统为：预防维护工作量相对比较大的系统，近几年内事故维修工作量比较大的系统，近几年内事故维修费用相对较高的系统，近几年内导致设备非计划停机相对较多的系统，与环保、能耗以及安全等有紧密联系的系统。

（2）故障模式及影响分析（FMEA）

故障模式及影响分析（FMEA）主要是对系统或设备的功能及其失效模式进行定性分析。设计人员最初应用 FMEA 来分析系统功能设计的薄弱环节，以便改进设计。随着 FMEA 的进一步推广和应用，其在运维阶段的应用价值逐渐被发现。维修人员利用 FMEA 可以分析设备的故障模式、原因以及故障后果，并针对性地提出预防和解决措施。FMEA 是 RCM 分析的基础环节，只有明确了各设备或部件的故障原因和模式，才能够进行 RCM 决断，通过逻辑决断的方法确定合适的运维工作类型。

在运维阶段进行 FMEA 分析，与设计阶段不同，应该结合设备的实际运行情况，对设备常见的故障进行分析，以满足设备维修的决策需求。在运维 FMEA 分析中，首先应该考虑哪些故障模式是常见的并且故障后果影响比较明显，在分析中将优先考虑此类故障模式。另外，在运维过程中，针对维修过的系统或设备，根据收集到的新的数据信息，应该及时更新 FMEA 分析，以评价维修的有效性，并以此为基础来指导建筑设备的维修决策。

（3）故障树分析法

故障树分析法（Fault Tree Analysis，FTA）是对复杂系统进行可靠性和安全性分析的重要工具之一。在 20 世纪 60 年代，FTA 的概念首次被美国贝尔实验室提出，之后被广泛应用于建筑、机械、交通、能源化工等领域。故障树分析是基于逻辑推理的方法，通过特定的符号以直观的图形表示出系统部件故障之间的因果关系，详细描述出故障发生的机理和过程，为维修计划的制定以及现场维修工作提供理论指导。

在设计中，利用故障树分析法，可以帮助设计人员了解设备部件故障之间的逻辑关系，发现系统设备的薄弱环节，从而改进系统设计，实现系统优化。在运维管理阶段，通过故障树分析法寻找故障原因，判断设备部件故障的影响范围，指导维修策略的选择和维修计划的制定。

（4）RCM 逻辑决断流程

在 FMEA 和 FTA 分析完成之后，运用逻辑决断的方法针对具体的故障模式和原因确定合理的设备维修策略和方案。

设备的基本维修策略，根据维修时机和设备状态的不同，维修策略主要包括预防性维修和修复性维修。《可靠性、维修性术语》GB/T 3187—1994 中将预防性维修和修复性维修分别定义为“为了降低产品故障的概率或防止设备功能退化，按预定的时间间隔或按规定的准则实施的维修”和“故障识别后，使产品恢复到能执行规定的功能状态所实施的维修”。

定期维修（计划性维修）是以时间为基准的维修，即按照规定的时间间隔对设备进行检查、维护和保养，防止设备损坏，延长设备使用寿命。计划性维修根据维修工作内容的不同又可分为定期拆修和定期更换。

定期拆修是指当到达事先规定的拆修周期时，不论设备的运行状态如何，都要按照原定计划对设备进行拆修。

定期更换与定期拆修的具体工作内容不同，定期更换是指当到达事先规定的更换周期时，按照原定计划对设备或零部件进行更换。定期更换主要适用于寿命可知的设备或零部件。

状态维修（视情维修）是指在设备运行期间，应用先进的状态监测和诊断技术对设备的主要部件进行状态监测，并以这些状态数据为依据进行预防性维修。状态维修一般没有固定的间隔期，适用于故障初期有明显劣化征兆的设备。例如，某些设备在将要发生故障时，会出现一些如噪声、振动、发热或者电量的改变等征兆。

故障检查与状态监测不同，属于非主动性维修策略，是在设备发生隐蔽功能故障后，为了避免多重故障的发生而采取的检查工作。

重要功能设备的 RCM 逻辑决断分析是系统的 RCM 分析的核心。RCM 逻辑决断分析是以既定的逻辑决断图为依据，通过在每一个层级上回答“YES”或“NO”来决定分析流程的走向，最终得到设备的维修策略。逻辑决断过程分为两个步骤，第一步是确定各功能故障的影响类型。在 RCM 分析方法中，系统和设备的潜在功能故障后果划分为安全性故障后果、隐蔽性故障后果、任务性故障后果和经济性故障后果。通过步骤一的逻辑决断确定重要功能设备的故障后果后，按照不同的故障后果进行第二步分析。第二步是选择维修工作类型。根据第一步分析得到的结果，对于不同的故障类型，综合考虑故障后果的严重程度，维修费用的高低，潜在故障是否存在，定期维修工作的可行性等因素，由低到高选择合适的维修工作类型。

3. RCM 分析存在的问题

建筑设备系统体量庞大，数量繁多，其运维管理和运维分析所涉及的信息量巨大，传统的基于档案资料的简单管理模式和分析方式已经远远不能满足现代建筑设备的运维需求。通过以上对传统 RCM 分析过程的研究，发现传统 RCM 分析方法存在以下问题。

① 数据信息的完整性和准确性决定了 RCM 分析结果的有效性。传统的 RCM 分析方法，信息的收集和整理过程烦琐，信息分散且无关联，缺少集成设备基本信息、历史运维记录、维修和使用情况等数据的信息系统，因此无法基于设备的设计施工信息、运行实时数据、运维历史数据等信息进行科学的运维决策。

② 由于在传统 RCM 分析过程中未考虑系统或设备的重要度，按照同样的逻辑决断图对所有系统设备进行统一的复杂逻辑决断过程导致在次要甚至不重要的系统或设备上耗费过多的时间，增加了分析的时间和成本。

③ 传统 RCM 分析在进行故障分析和逻辑决断时依赖以往的实践经验和专家建议来进行判断，启发式的决策方法使得分析结果受人为因素的影响较大，缺少定量模型支持。

④ 传统 RCM 分析内容过于复杂，工作量较大，在做每一步分析前都必须花费大量的时间来收集数据，由于缺少对信息数据的系统管理，无法实现设备数据信息的快速查询和调用，严重影响了制定运维计划和维修任务决策的效率。

4. 改进的 RCM 分析决策方法

建筑设备改进的 RCM 分析过程主要由六个步骤组成，每一步都可以通过运维数据库调用相应的信息进行分析。运维数据库中存储了建筑设备相关信息，如基本信息、故障信息、历史运行记录等。

① 确定分析范围。通过系统定义和划分系统功能，确定系统分析的边界和范围，选定进行 RCM 分析的对象。

② 确定功能和性能标准。通过分析选择系统或设备的规格属性和技术参数等基本属性信息，来确定选定 RCM 分析对象的功能和性能标准。

③ 故障分析和设备重要度分析。在系统或设备的功能和性能标准基础上，对建筑设备进行 FMEA 分析，得到设备的故障模式、原因及影响，并在此基础上建立故障树模型，分析建筑设备故障之间的因果关系，最后通过建立重要度评价模型对各设备的重要度进行评估。

④ RCM 逻辑决断。根据上一步得到的设备重要度分析结果，针对不同重要度等级的设备执行不同的逻辑决断流程。这一步是确定设备运维策略的核心环节。

⑤ 维修策略和任务决策。按照逻辑决断流程，结合设备的运维历史数据、实时监测数据等信息确定各设备的维修策略及任务。

⑥ 维修方案实施。根据制定的维修计划和方案执行日常的运维管理工作，并根据维修工作的执行情况和效果及时反馈并更新信息系统中的数据信息，以便动态地修正和更新维修策略和计划，从而实现建筑设备 RCM 的闭环分析。

改进的 RCM 分析过程中，建筑设备设计、施工阶段形成的信息以及运维阶段产生的运营与维护历史数据、运营实时数据等信息的集成为 RCM 分析提供了充足的数据信息，便于管理人员从信息集成系统中快速查询和调用设备相关信息，大大提高了 RCM 分析的效率。另外，建筑设备体量庞大，种类繁多，在 RCM 分析过程中引入定量分析，对设备进行重要度评估，区分不同设备类型进行不同的逻辑决断，有利于增强 RCM 分析的精确性，克服传统 RCM 分析过程中存在的问题。

（四）建筑设备运营维护管理的整体框架构建

1. 传统建筑设备运维管理存在的问题

建筑设备运营维护管理的总体目标，是以最优的运维成本，保证建筑设备的安全稳定运行，发挥建筑设备的最大使用功能和使用价值。然而，在传统管理模式下，大部分管理人员认为设备只要能够正常运转即可，只在设备发生故障时才进行维修，背离了建筑设备运维管理的目标。除此之外，还存在着其他的问题和不足，具体体现在以下几个方面。

（1）运维信息管理方面

建筑设备运维管理过程中所含的信息主要分为静态基本信息和动态运维信息两大类。静态基本信息主要是在设计和施工阶段累积下来的描述建筑设备基本情况的信息；动态运维信息是在运维过程中产生的能够反映建筑设备运维状态的各种数据资料。传统信息管理模式参与方众多，信息分散，信息的使用效率和准确性较低，无法为后续的运维决策提供及时、有效、准确的信息。另外，由于信息之间缺少关联性，当需要对建筑设备信息进行修改或更新时，要在多个文件中对同一信息重复修改，增加了工作量，降低了工作效率。当管理者想要了解建筑和设备信息时，需要调用和查询图纸、设备台账、历史记录等多个文档资料，信息使用和管理效率低，影响建筑设备管理工作的正常开展。

（2）运维决策方面

建筑设备系统由大量错综复杂的设备部件和管道管线组成，涉及暖通空调、给排水、电气、消防等多个专业系统，如果维修不及时可能会造成较大的经济损失。存在的设备故障安全隐患若未及时处理，一旦发生安全事故，所造成的损失往往是难以挽回的。目前的建筑设备运维决策依旧遵循传统的物业管理理念，运维方式单一，缺少科学的运维决策方法支持，大多采用事后维修的方式，只在设备发生故障后进行处理，造成了建筑设备的维修延误，增加了运维成本。此外，建筑设备运维历史记录信息未能及时上报归档，或者以纸质文档的形式存在，导致建筑设备维护计划以及故障维修方案的制定缺乏数据支持，运维管理人员只能依靠管理制度和经验来决定设备的运维策略，使得决策结果缺乏一定的合理性。

（3）管理技术手段方面

相较于三维 BIM 模型，二维图形存储的信息量有限，容易出现较多的错、漏问题。并且在信息表达方面也具有局限性，二维图形不易理解，对运维人员的专业能力要求较高，不利于设施管理者和维修人员对整体建筑设备的掌控。另外，建筑设备系统、设备之间的连接关系复杂，一旦发生故障，需要立刻定位故障点，采取应急措施对设备故障进行处理。而传统模式下，运维管理人员需要查阅大量的图纸、文档文件或维护手册，设备故障定位工作耗时耗力。因此，有必要结合新技术改进管理手段，提高建筑设备运维管理水平。

2. 建筑设备运营维护管理的框架构建

目前，随着 BIM 技术在建筑设计、施工领域的大力推广和应用，BIM 技术应用于运维阶段的优势也逐渐显现出来。针对传统建筑设备运营维护管理实践过程中存在的问题，本文提出将 BIM 可视化技术应用到建筑设备运维管理中来，利用 BIM 的信息集成及可视化来解决传统建筑设备信息获取不及时、建筑设备定位困难、运维决策不合理等问题。通过前文对 BIM 可视化技术需求的分析以及运维决策方法的梳理，可构建基于 BIM 的建筑设备运营维护管理框架。构建的框架主要包括三个方面的内容：信息收集、运维决策方法和运维决策的实现。首先通过 BIM 数据库收集和存储建筑设备运维管理需要的数据信息，设备管理人员在进行运维决策时，可调用数据库中的数据信息，并依据需求对信息进行可视化表达，辅助运维人员对建筑设备进行故障分析、维护方式决策等，最终建立有效的维护保养计划和维修方案，指导建筑设备运维管理工作的开展。

（1）信息集成

信息集成是有效进行建筑设备运营维护管理的基础。建筑设备运维管理相关任务的决策通常需要基于各种类型的历史积累数据，如建筑设备的属性信息、维护历史记录、合同信息、竣工图纸等，这些数据信息大多都通过纸质资料和电子文档进行收集、整理和存储，这使得与建筑设备相关的信息分散且使用起来不方便。通过确定建筑设备运维管理决策所需要的信息，并利用数据库将信息集成起来，为管理人员提供一个一体化的信息平台，解决信息分散、关联性差、调用不便的问题，提高设备运维阶段信息的准确性和完整性，减少大量重复性的工作，有利于提高建筑设备信息管理的效率，同时为管理人员做出有效的维护和故障修理决策提供充足的数据支撑。

（2）运维决策方法

传统建筑设备的运维决策依赖于运维管理人员的经验，使得决策方案缺乏一定的合理性。并且在决策的过程中许多管理者没有考虑建筑设备运维的综合性指标，对设备采用同样的维护方式，大多只是在设备发生故障后才进行维修，导致维修费用增加，建筑设备运维管理的效果不理想。

（3）运维决策的实现

综合上述两个方面的研究结果，以信息集成为基础，以改进的 RCM 为理论支撑，基于 BIM 的信息整合和可视化特点，构建建筑设备运营维护管理可视化系统平台。根据建筑设备运维管理的内容和需求设计系统平台的总体框架和功能模块。在建筑设备日常运维管理过程中，运维人员可以从数据库中调用建筑设备的基本信息和运维数据，并利用 BIM 可视化的功能将建筑设备的相关信息进行可视化展示和表达，辅助运维管理人员进行建筑设备运维管理决策，建立科学合理的运维方案，用以指导日常运维工作的开展，有利于提高建筑设备运维管理的效率。

第二节　装配式建筑运营维护中存在的问题与优势

一、传统运营维护管理的弊端分析

传统的建筑运维管理主要采用手写记录单，这种方式既增加工作量、浪费时间，在记录过程中又容易出现错误，而且纸质记录单还可能出现破损或丢失。在日常运营过程中，诸如资产盘点、设备基本信息查询和维修及突发事件时的应急管理等活动，通常需要从大量的图纸和文件等资料中手动寻找所需要的信息，无法做到快速获取。同时，传统的运维管理通常将信息按照固定的形式记录于纸质文件中，并通过人工方式进行收集、整理，这使得不同的用户无法对资料进行自由组合。这些原因导致传统的运维管理效率非常低下，增加了管理成本。

近些年来，一些运维管理中开始采用相关的专业软件对信息进行管理，这在一定程度上解放了人力，提高了信息获取速度。但是，不同软件产生的电子文件格式各不相同，这使得很大一部分的电子文件格式不能兼容，导致各软件之间信息无法相互传递和有效利用。

从项目全生命周期来看，传统的项目管理模式下项目各阶段的目标并不一致，项目各参与方会以所参与阶段的目标为主，各阶段之间缺乏有效的交流。同时，各阶段使用的管理系统通常只能在该阶段中使用，各管理系统的存储格式大部分也都各不相同无法通用，同一阶段各参与方所使用的专业软件的存储格式很多也存在兼容性的问题。这使得各阶段产生的大量、繁杂的信息无法顺利的传递、共享和集成，信息在传递流通过程中也可能出现大量流失，导致前期设计、施工阶段的重要信息无法全部传递到后期运营阶段，增加了运营维护管理难度。

单纯从运营维护阶段来看，传统的运维管理缺乏主动性和应变性，主要表现在对隐患的预防措施关注不足、对突发事件的应变能力较差，无法主动处理危机，只能被动的在事故发生后进行处理，无法挽回造成的经济及其他方面的损失。

这些弊端的存在使得管理效率难以提高，管理成本上升，管理难度增加。传统的建筑运维管理已经越来越不能适应经济和社会的飞速发展，特别是近些年来大型、复杂的公共建筑项目增多，更使得管理难度成倍地增加。因此，通过引入新技术、运用新方法来解决建筑运维管理存在的弊端，已经变得越来越重要。

二、BIM 技术在公共建筑运维阶段的应用价值分析

随着 BIM 技术在建筑项目的前期策划设计、施工阶段的应用愈加普及，使得应用 BIM 技术实现对建筑全生命周期的覆盖成为可能。BIM 相比于传统建筑运维管理表现出强大的优势，主要有下几个方面。

① BIM 的参数化模型能够对建筑项目从前期策划规划阶段至项目竣工验收所产生的全部信息数据进行存储，而且这些信息并不是杂乱无章地存储在建筑信息模型之中，而是经过系统性地分类和关联，使得与构件有关的所有信息能够指向相对应的构件，同时模型还能科学地存储运营维护阶段诸如设备参数和维修信息等运维信息，可以通过建筑信息模型实现所需信息的快速查找等操作。这就弥补了传统运维管理存在的信息流失、手动查找信息困难等弊端。

② BIM 模型具有可视化的特点，不仅能从立体的实物形式展示传统二维图纸中表示的建筑构件和构造，而且还可直观展示建筑项目中安装的设备等。在现实情况下，建筑中的空调系统、电力、供水等建筑设备通常会被隐藏起来无法直接被看到，而 BIM 模型二维可视化的特点可以帮助管理人员摆脱过去在设备检修时只能依靠实践经验、辨别力与二维 CAD 图纸反复比对才能完成设备定位的困境，特别是在紧急情况下需要快速定位设备时这种优势尤其明显。

③ BIM 的可模拟性在运营维护阶段可以协助管理人员定位和识别潜在的隐患，并且通过图形界面准确标示危险发生的具体位置。BIM 模型也可对可能发生的紧急情况进行模拟，比如消防疏散模拟等，帮助管理人员制定紧急疏散预案。模型中的空间信息可以用于识别疏散线路和环境危险之间的隐藏关系，从而确保疏散人员的生命安全，降低损失。

第三节　BIM 技术在运维与设施管理中的应用

一、设施管理现存问题

（一）设施管理的意识不足问题

设施管理处于建筑的运维阶段，所处时间最长，发生的运行管理成本支出最高。包括对所有设备的维护运行与更新，满足客户的所有需求，设施管理者对设施的管理局限于日常的物业管理，以及被动的设备处理。建筑的建设单位，在建筑建造开始，对未来设施管理的内容明显估量不足，此外，传统的建造过程，各阶段的建造参与方，仅仅以自己的建造目的和管理愿望考虑，不考虑建筑的实际建造情况以及交付后的效果，导致建筑从建造起，就存在设施管理的隐患。缺乏对于设施管理的统筹规划，反应设施管理者对设施管理的意识不足，导致设施管理效果较差。

在实际设施管理活动中，由于信息量大，管理时期较长，信息储存工具落后。需要大量的工作人员，而工作人员的增多，又加大了沟通问题。人与管理内容的信息处理，人与人之

间的信息传递，人与存储数据间的提取转存，这种点对点的连接沟通方式存在极大的问题。然后，设施管理单纯重复性工作，已成习惯，设施管理人员普遍都不具备设施管理的意识。

（二）设施管理的信息管理问题

维护设施全生命周期信息数据主要包括：设施在建造过程所收集的数据，设施运营维护所产生的数据。因此，设施管理的信息管理，存在着信息孤岛和新数据处理困难的问题。

1. 信息孤岛

设施管理位于建筑运营阶段，建筑运营阶段主要管理者为建设单位的使用者（医院等大型国资公共建筑），或出售给业主（商业地产等商住性建筑）。交付后，建设单位或建筑使用者无法有效获得建筑的建造全过程信息，采用传统的纸质或简单数据的移交方式，信息流失问题严重。而电子转档过程，又存在数据形式不统一，兼容性差的问题。设施管理又处于建筑建造过程最后一个环节，因此存在严重的信息孤岛问题。

此外，由于移交后，仅由业主或使用者单方维护，设施和施工单位不再配合信息共享。运营阶段的割裂，致使全生命周期的信息流通，仅仅为空想。而任何单一阶段，当前信息集成效果不佳，在已经传递的信息中，存在大量的冲突信息，信息有效性存疑，但又无法和其他参与方沟通，使得这种信息有效性无从查验，加大了信息管理的难度。

2. 新数据处理存储

传统设施管理的信息多为文档储存，或为简单的录入输出的人机交互模式，致使运营过程信息建立多次重复，错误率随着信息建立过程的增加而增加。此外，由于文档数据，数量大，占用空间，且易于丢失破损。导致设施管理的信息处理效率低下，信息处理质量不高等问题。因此，低效的纸质文档管理方式，无法满足日常的维护需要，更无法为不同需求的用户进行服务。

并且，当前的设施管理系统，应用比例不高，应用水平整体较为落后，无法有效及时地供应需要的信息，无法建立完善的建造设计过程信息数据库，更无法实现 3D 的空间管理效果。这些使得设施管理的服务工作无法有效开展，设备运营维护比较被动，只能靠损坏后的反馈，存在安全隐患，无法 3D 配置，空间管理利用率低下。

（三）设施管理的成本质量问题

设施管理涉及的管理内容较多，包括财务管理，设备运维管理，客户管理，空间管理等多项内容。因为服务内容较多，服务人员量大，设备种类复杂，致使设施管理的成本极高，包括所有的设备、人员和服务的支出等。因为设施管理的内容多，信息效率低下，导致设施管理的质量较低，仅能进行正常的日常维护，财务服务。保持设备的最优状态，保证服务质量，都是设施管理无法完成的任务。空间优化和不动产的管理，变成不切实际的空谈泛想。

二、基于 BIM 的建筑设施管理各功能模块信息分析

在建筑建设的过程中，人们通常主要关注设计和施工阶段，而对运维阶段的信息需求不太关注。设施管理人员和业主得到的竣工图纸和文件包含的信息通常不完整、不精确并且存在许多问题，不足以支撑建筑后期正常的运维活动。在传统的竣工移交过程中，业主和设施管理人员通常无法确定所需的竣工资料，而是依赖于设计和施工团队来提供数据。BIM 技

术为设施管理人员在设计和施工阶段项目的早期参与和定义运维所需的精准的信息提供了解决方案。BIM 作为建设项目全生命周期的数据载体，包含着丰富的建设项目信息，这些信息数量庞大、类型复杂、来源广泛。为了在项目进行和移交时，更有效地利用 BIM 中的信息为设施管理服务，为业主和设施管理人员的决策提供有效且准确的信息支撑，需要明确设施管理的功能和各功能模块对信息的需求。

（一）运维管理信息需求

运维管理包括设施系统的运营和维护，是设施管理工作中最重要的职能之一，运维的成本通常会占到设施管理总开支的 40%～50%。对运维信息的合理规划和使用，能节约大量成本。

1. 主要目标

运维管理的主要对象有建筑物系统（地基、结构、外墙、屋顶、地板、顶棚等）、设备系统（暖通空调设备系统、电气照明设备系统、管道配件系统、输送及物料搬运设备系统、通信设备及安全监控设备系统等）、办公设备及家具（电脑、打印、复印设备等）、建筑周边市政基础设施（市政道路、市政管网、绿化设施等）。

运维管理的主要目的是保证运维对象的正常运行，使其满足使用者的使用需求；制定可行的维护保养计划，延长设施的使用寿命；合理安排设施管理人员任务和职责，确保运维的正常需要和紧急突然事件的处理。

2. 信息需求

为了保证设施的正常运行，设施管理人员需要各个设施的基本生产信息，比如制造商、供应商、出厂序号、产品型号等信息，同时设施操作人员还需要设施的操作说明和使用须知。设施维护包括反应性维护和预防性维护。反应性维护主要是在设施出现故障时进行的检查和修理，需要维修人员信息，包括维修人员类型、数量和技术水平等，设施维修人员同时也需要设施的维护规范和备品配件信息。预防性维护指的是为了延长系统寿命，保障其功能性和稳定性，所进行的计划性检查和保养，为了制定可行的维护计划，需要掌握设施的历史维护信息，比如维护频率、故障原因、维护人员信息，还需要设施使用者信息，包括使用频率和使用要求等。

（二）空间管理信息需求

1. 主要目标

衡量设施管理成功程度的一个重要标准是对建筑空间的预测、规划、分配和管理。高效的空间管理可以帮助设施发挥最大的作用，为建筑使用者提供方便、快捷、高效的使用环境。有效的空间管理可以预测空间需求，进行空间分配，简化移动过程。

2. 信息需求

对空间进行分配应该先全面掌握建筑的整体空间规划，包括建筑的室内、室外总平面图，室内总平面图应该包含详细的建筑、结构和 MEP 竣工图，室外总平面图则需要包含建设项目周边的市政管网（给排水、消防、采暖）、市政道路的准确信息。其次，还需要详细掌握设施的具体位置信息，包括设施所在区域、楼层、房间等，以便根据需求对不同空间区域中的设备、家具、机械装备进行组合分配。此外，对设施空间的有效配置需要了解不同空间的属性，包括各空间的容量、设计类型、所在区域的划分等。在进行空间布局的重置和调整时，则需要了解设施空间的计划用途和实际状况，计算建筑的可转让、可使用和可分配面积，以便更好地满足生产和经营需求。

（三）能源管理信息需求

1. 主要目标

能源管理是设施管理中重要的一个模块，建筑能耗主要由建筑物照明、暖通空调系统和建筑中的各种电器使用等构成，提升建筑能源使用效率，降低能源消耗，整体提升建筑物的人体舒适度和体验感，不仅能大大地降低运维成本，还能够延长设施及建筑物的使用寿命，为可持续建设做出贡献。

2. 信息需求

为了进行能源保护和监控，设施管理人员需要获取能源管理系统信息，需要建筑内设施和建筑构件的种类、数量、性能、使用时间，以及设计能源消耗和建筑（某个区域）内实时的能源消耗。设施管理的核心是以人为本，为了给建筑内人员提供更好的体验环境，需要掌握和监控设施产生的声、光、热信息，并根据需求进行调整。

（四）财务管理信息需求

1. 主要目标

设施管理人员应该掌握一定的财物管理知识，以便协助业主更好地对已有的空间和固定资产进行整合和分配，从而增大投资收益，降低设施全生命周期成本，实现资产价值最大化。由于设施管理人员是建筑设施最主要的管理者，因此，设施管理中的财物管理的重点主要在于设施投资评估和运维预算管理。

2. 信息需求

设施管理人员可以在项目前期参与设施的投资评估和采购管理，能为业主在投资决策时提供设施的投资收益及潜在风险等信息。在设施管理阶段需要掌握设施预算信息，包括设施管理职员成本、设施历史维护费用、建设设施构件的损耗折旧、改造费用和经营成本信息等，财物管理还应该关注固定资产收购和租赁管理信息。

（五）安全管理信息需求

1. 主要目标

设施管理不仅要对设施进行运行和维护，为客户提供服务，还应该对建筑内的设施和人员的安全负责。保证建筑物内的设施和人员的安全是设施管理方主要的责任之一，安全管理的目的是减少损失、预防可能发生的损害和控制设施的使用权。

2. 需求信息

由于许多大型建筑内的环境较为复杂，设施和材料种类繁多，因此设施管理人员需要对所管理的设施和材料的性能和状态有详细、充分的掌握和了解。设施管理人员需要掌握危险设施和化学物品信息、安全出口和紧急疏散通道信息、材料、设备防火等级信息等，以便做好安全预防和应急计划。安全管理还应对建筑各个系统，如通信、电梯、水电及暖通空调、防盗报警、消防等系统进行实时监控，并对监控信息进行及时处理和分析，以确保组织正常运行。

三、基于 BIM 的建筑设施管理具体应用

（一）空间管理

空间管理是针对建筑空间的全面管理，有效的空间管理不仅可提高空间和相关资产的实际利用率，而且还能对在这些空间中工作、生活的人有激发生产力、满足精神需求等积极影响。通过对空间特点、用途进行规划分析，BIM 技术可合理帮助整合现有的空间，实现工作场所的最大化利用。采用 BIM 技术，可以更好地满足装配式建筑在空间管理方面的各种分析和需求，更快捷地响应企业内部各部门对空间分配的请求，同时也可高效地进行日常相关事务的处理。准确计算空间相关成本，通过合理的成本分摊，去除非必要支出等方式，可以有效地降低运营成本，同时能够促进企业各部门控制非经营性成本，提高运营阶段的收益。BIM 技术应用于空间管理中具有以下几点优势。

1. 实现空间合理分配、规划，提高空间利用率

公共建筑主要用来供人们进行各种政治、经济、文化、福利服务等社会活动，这一特点就决定了其空间需求的多样化。传统的空间管理经常笼统的根据主要需求进行功能分区，忽视其深层次精细化需要，这种粗放式的管理方法往往引发使用空间和功能上的冲突。基于 BIM 技术的空间管理将空间按不同功能要求进行细化分类，并根据它们之间联系的密切程度加以组合，通过更加合理的分配、规划建筑空间，避免各功能区间的空间重叠或浪费。同时，基于 BIM 模型和数据库的智能系统能够可视化追踪空间使用情况，并灵活收集和组织空间的相关信息。根据实际需要，结合成本分摊比率、配套设施等参考信息，通过使用预定空间模块，实现空间使用率的最大化。这种基于 BIM 技术的实时、动态的空间管理，能最大程度提升空间利用率，分摊运营成本，增加运营收益。

2. 管理租赁信息，预测收益发展趋势，提高投资回报率

应用 BIM 技术的空间可视化管理，可实现对不同功能分区和楼层空间目前使用状态、收益、成本及租赁情况的统一管理，通过相关信息分析，判断影响不动产财务状况的周期性变化及发展趋势，从而提高建筑空间的投资回报率，并能够抓住出现的机会，规避潜在的风险。

3. 分析报表需求

存储于 BIM 模型中详细精确的空间面积、使用状态以及其他相关信息是实时更新的，这一特点使得管理系统能够自动生成反映目前建筑使用情况的诸如成本分摊比例表、成本详细分析、人均标准占用面积、组织占用报表等各类报表，满足内外部的报表需求，协助管理者根据不同需求做出正确决策。

（二）设备管理

装配式建筑设备管理是使建筑内设备保持良好的工作状态，并尽可能延缓其使用价值降低的进程，在保障建筑设备功能的同时，最好地发挥它的综合价值。设备管理是建筑运营维护管理中最主要的工作之一，关系着建筑能否正常运转。近些年来智能建筑不断涌现，使得设备管理工作量、成本等方面在建筑运维管理中的比重越来越大。BIM 技术应用于建筑设备管理，不仅可将繁杂的设备基本信息以及设计安装图纸、使用手册等相关资料进行系统存储，方便管理者和维修人员快速获取查看，避免了传统设备管理存在的设备信息易丢失、设

备检修时需要查阅大堆资料等弊端，而且通过监控设备运行状态，能够对设备运行中存在的故障隐患进行预警，从而节省设备损坏维修所耗费的时间，减少维修费用，降低经济损失。

1. 设备信息查询与定位识别

管理者将设备型号、重量、购买时间等基本信息及设计安装图纸、操作手册、维修记录等其他设备相关的图形与非图形信息通过手动输入、扫描等方式存储于建筑信息模型中，基于 BIM 的设备管理系统将设备所有相关信息进行关联，同时与目标设备以及相关设备进行关联，形成一个闭合的信息环，如图 9-2 所示。维修人员等用户通过选择设备，可快速查询该设备所有的相关信息、资料，同时也可以通过查找设备的信息，快速定位该设备及其上游控制设备，通过这种方式可以实现设备信息的快速获取和有效利用。

BIM 技术通过与 RFID 技术相结合，可以实现设备的快速精准定位。RFID 技术为所有建筑设备附属一个唯一的 RFID 标签，并与 BIM 模型中设备的 RFID 标签 ID 一一对应，管理人员通过手持 RFID 阅读器进行区域扫描获取目标设备的电子标签，就可快速查找目标设备的准确位置。到达现场后，管理人员通过扫描目标设备附属对应的二维码，可以在移动终端设备上查看与之关联的所有信息，维修管理人员也因此不必携带大堆的纸质文件和图纸到现场，实现运维信息电子化。

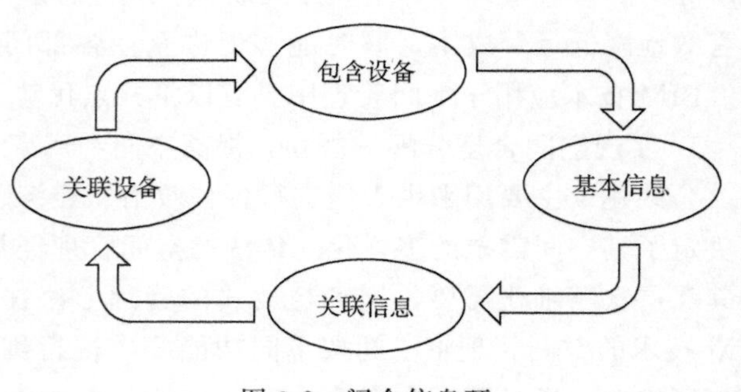

图 9-2 闭合信息环

2. 设备维护与报修

基于 BIM 的设备运维管理系统能够允许运维管理人员在系统中合理制定维护计划，系统会根据计划为相应的设备维护进行定期提醒，并在维修工作完成后协助填写维护日志并录入系统之中。这种事前维护方式能够避免设备出现故障之后再维修所带来的时间浪费，降低设备运行中出现故障的概率以及故障造成的经济损失。当设备出现故障需要维修时，用户填写保修单并经相关负责人批准后，维修人员根据报修的项目进行维修，如果需要对设备组件进行更换，可在系统备品库中寻找该组件，维修完成后在系统中录入维修日志作为设备历史信息备查，设备报修流程如图 9-3 所示。

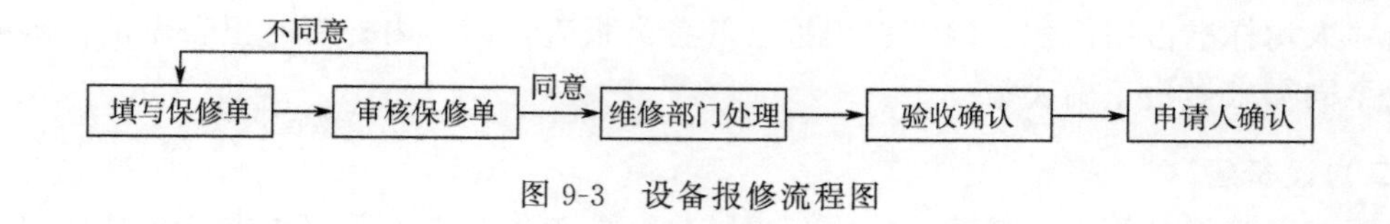

图 9-3 设备报修流程图

（三）资产管理

房屋建筑及其机电设备等资产是业主获取效益、实现财富增值的基础。有效的资产管理可以降低资产的闲置浪费，节省非必要开支，减少甚至避免资产的流失，从而实现资产收益的最大化。

基于 BIM 技术的资产管理将资产相关的海量信息分类存储和关联到建筑信息模型之中，并通过 3D 可视化功能直观展现各资产的使用情况、运行状态，帮助运维管理人员了解日常情况，完成日常维护等工作。还可以对资产进行监控，快速准确定位资产的位置，减少因故障等原因造成的经济损失和资产流失。

基于 BIM 技术的资产管理还能对分类存储和反复更新的海量资产信息进行计算分析和总结。资产管理系统可对固定资产的新增、删除、修改、转移、借用、归还等工作进行处理，并及时更新 BIM 数据库中的信息；可对资产的损耗折旧进行管理，包括计提资产月折旧、打印月折旧报表、对折旧信息进行备份等，提醒采购人员制定采购计划；对资产盘点的数据与 BIM 数据库里的数据进行核对，得到资产的实际情况，并根据需要生成盘盈明细表、盘亏明细表、盘点汇总表等报表。管理人员可通过系统对所有生成的报表进行管理、分析，识别资产整体状况，对资产变化趋势做出预测，从而帮助业主或者管理人员做出正确决策。通过合理安排资产的使用，降低资产的闲置浪费，提高资产的投资回报率。

（四）能耗管理

建筑能耗管理是针对水、电等资源消耗的管理。对于建筑来说，要保证其在整个运维阶段正常运转，产生的能耗总成本将是一个很大的数字，尤其是超高层建筑、大型装配式建筑，在能耗方面的总成本将更为庞大，如果缺少有效的能耗管理，有可能会出现资源浪费现象，这对业主来说是一笔非必要的巨大开支，对社会而言也是不可忽视的巨大损失。近些年来智能建筑、绿色建筑不断增多，建筑行业乃至社会对建筑能耗控制的关注程度也越来越高。BIM 技术应用于建筑能耗管理，可以帮助业主实现高效的管理，节约运营成本，提高收益。

1. 数据自动高效采集和分析

BIM 技术在能耗管理中应用的作用首先体现在数据的采集和分析上。传统能耗管理耗时、耗力、效率比较低。拿水耗管理来说，管理人员需要每月按时对建筑内每一处水表进行查看和抄写，再分别与上月抄写值进行计算才能得到当月用水量。在 BIM 和信息技术的支持下，各计量装置能够对各分类、分项能耗信息数据进行实时的自动采集，并汇总存储到建筑信息模型相应数据库中，管理人员不仅可通过可视化图形界面对建筑内各部分能耗情况进行直观浏览，还可以在系统对各能耗情况逐日、逐月、逐年汇总分析后，得到系统自动生成的各能耗情况相关报表和图表等成果。同时，系统能够自动对能耗情况进行同比、环比分析，对异常能耗情况进行报警和定位示意，协助管理人员对其进行排查，发现故障及时修理，对浪费现象及时制止。

2. 智能化、人性化管理

BIM 技术在能耗管理中应用的作用还体现在建筑的智能化、人性化管理上。基于 BIM 的能耗管理系统通过采集设备运行的最优性能曲线、最优寿命曲线及设备设施监控数据等信息，并综合 BIM 数据库内其他相关信息，对建筑能耗进行优化管理。同时，BIM 技术可以与物联网技术、传感技术等相结合，实现对建筑内部的温度、湿度、采光等的智能调节，为工作、生活在其中的人们提供既舒适又节能的环境。以空调系统为例，建筑管理系统通过室外传感器对室内外温湿度等信息进行收集和处理，智能调节建筑内部的温度，达到舒适和节能之间的平衡，如图 9-4 所示。

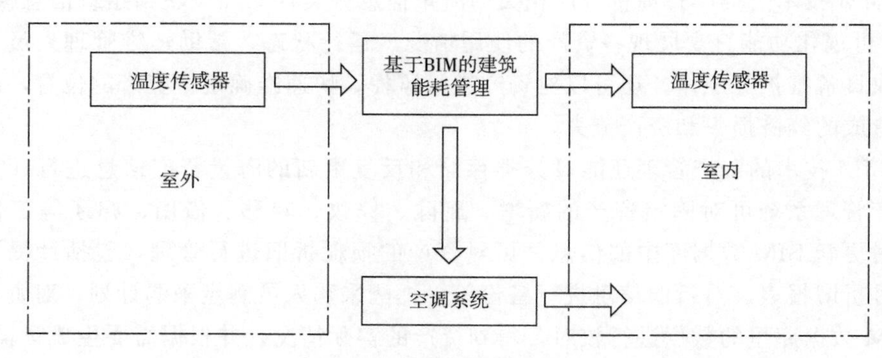

图 9-4　室内空调智能调节

(五) 物业管理

现代建筑业发端以来的信息都存在于二维图纸包括各种电子版本文件和各种机电设备的操作手册上，二维图纸有三个与生俱来的缺陷：抽象、不完整和无关联。需要使用的时候由专业人员自己去找到信息、理解信息，并据此信息解决建筑物内相应的问题，这是一个耗时且容易出错的工作。往往会在装修的时候钻断电缆、水管破裂后找不到最近的阀门、电梯没有按时更换部件造成坠落、发生火灾疏散不及时造成人员伤亡等。

以 BIM 技术为基础结合其他相关技术，实现物业管理与模型、图纸、数据一体化，如果业主相应的建立了物业运营健康指标，那么就可以很方便的指导、记录、提醒物业运营维护计划的执行。

(六) 建筑物改建拆除

运维阶段，软件以其阶段化设计方式实现对建筑物改造、扩建、拆除的管理，参数化的设计模式可以将房间图元的各种属性，如名称、体积、面积、用途、楼地板的做法等集合在模型内部，结合物联网技术在建筑安防监控、设备管理等方面的应用可以很好地对建筑进行全方位的管理。虽然现在电子标签的寿命并不足以满足一般民用建筑物设计使用年限的要求，但是如果将来的技术更加成熟，标签寿命更长，我们可以将管理延长到建筑物的拆除阶段，这将满足建筑可靠性要求的构件重新利用，减少材料能源的消耗，满足可持续发展的需要。

(七) 灾害应急处理

装配式建筑作为人们进行政治、经济、文化、生活等社会活动的场所，其人流量注定了会非常密集，如果发生地震、火灾等灾害事件却应对滞后，将会给人身、财产安全造成难以挽回的巨大损失，因此，针对灾害事件的应急管理极其必要。在 BIM 技术支持下的灾害应急管理不仅能出色完成传统灾害应急管理所包含的灾害应急救援及灾后恢复等工作，而且还可在灾害事件未发生的平时进行灾害应急模拟及灾害刚发生时的示警和应急处理，从而有效地减少人员伤亡，降低经济损失。

1. 灾害应急救援和灾后恢复

在火灾等灾害事件发生后，BIM 系统可以对其发生位置和范围进行三维可视化显示，同时为救援人员提供完整的灾害相关信息，帮助救援人员迅速掌握全局，从而对灾情做出正确的判断，对被困人员及时实施救援。BIM 系统还可为处在灾害中的被困人员提供及时的帮助。救援人员可以利用可视化 BIM 模型为被困人员制定疏散逃生路线，帮助其在最短时间内脱离危险区域，保证生命安全。

凭借数据库中保存的完整信息，BIM 系统在灾后可以帮助管理人员制定灾后恢复计划，同时对受灾损失等情况进行统计，也可以为灾后遗失资产的核对和赔偿等工作提供依据。

2. 灾害应急模拟及处理

在灾害未发生时，BIM 系统可对建筑内部的消防设备等进行定位和保养维护，确保消防栓、灭火器等设备一直处于可用状态，同时综合 BIM 数据库内建筑结构等信息，与设备等其他管理子系统相结合，对突发状况下人员紧急疏散等情况进行模拟，寻找管理漏洞并加以整改，制定出切实有效的应急处置预案。

在灾害刚发生时，BIM 系统自动触发报警功能，向建筑管理人员以及内部普通人员示警，为其留出更多的反应时间。管理人员可通过 BIM 系统迅速做出反应。对于火灾可以采取通过系统自动控制或者人工控制断开着火区域设备电源、打开喷淋消防系统、关闭防火调节阀等措施；对于水管爆裂情况可以指引管理人员快速赶到现场关闭阀门，有效控制灾害波及范围，同时开启门禁，为人员疏散打开生命通路。

第十章

BIM技术在装配式建筑中的具体应用

第一节　BIM 技术在轻钢结构装配式建筑中的应用

一、轻钢结构装配式建筑 BIM 应用需求分析

（一）轻钢结构装配式建筑设计阶段 BIM 需求分析

1. 轻钢结构装配式建筑设计阶段存在的问题

虽然轻钢结构装配式建筑在我国已经有一定的发展基础，但是在轻钢结构装配式建筑的设计阶段仍有不少问题需要解决。现阶段对于轻钢结构装配式建筑的工程项目，其设计仍然是基于二维的 CAD 图纸，但平面图纸所表达信息仅仅局限于点、线、面，无法通过图纸直接获取所设计的部品构件数据信息，导致轻钢结构装配式建筑的设计工作任务相当繁重。

总的来说，现有的轻钢结构装配式建筑设计阶段缺乏集成设计的思想与实现手段。首先，传统的方案设计没有把握好建筑与人两者的关系，基于二维的平面图纸无法从建筑的全局角度进行设计考虑，导致设计效果不理想。其次，建筑各系统单独设计，各专业设计师沟通比较困难，容易出现构件的碰撞，例如连接构件冲突、钢构件尺寸有误差等。最后，开展深化设计工作的时候，部品的集成设计深化水平低下，对部品的生产与安装考虑不全面，在部品的生产安装环节出现设计与施工相背离等问题。

2. BIM 技术在设计阶段的应用价值

（1）优化方案设计

在轻钢结构装配式建筑的方案设计阶段，主要任务是利用 BIM 软件所创建的三维模型，从集成的角度出发，根据业主的要求和现场的地理环境，综合考虑技术经济条件和建筑艺术的要求，对建筑总体布置、空间组合进行可能与合理的安排，提出两个或多个方案供业主选择。

① 建筑造型快速建模。通过收集轻钢结构装配式建筑各个部品的信息（包括部品类型、尺寸大小等信息），利用 BIM 软件构建相应的标准模型族库，建筑师使用标准化设计方法，

根据项目客观要求及业主主观要求，从模型族库选取标准的构件进行建筑初步方案设计。业主可以通过所构建的三维建筑信息模型，直观地了解建筑物的外形以便建筑师表达自己的设计理念。建筑师根据业主的讨论意见，进行相关部品的更换，如按照业主喜好更换外墙装饰，选择不同的门窗、阳台、楼梯、坡屋面等，将最终的建筑设计方案在建筑 BIM 模型上呈现。设计人员在建筑项目方案设计阶段通过 BIM 技术所建立的建筑模型，了解多种信息数据，如建筑材料的相关信息、预制构件的各类属性等等。所以，方案设计阶段的建筑模型可以通过数字化方式移交给初步设计阶段的设计师进行深化设计，提高初步设计的整体质量与效率。

② 可视化空间规划。在方案设计前期阶段，建筑师根据项目任务书、工程项目地理条件等工程资料，利用 BIM 软件进行地形模型建模，将项目所在的地形通过三维信息模型呈现出来，建筑师可以更加直观地分析建筑场地地形的变化以及建筑与场地之间的关系，为后续方案设计中确定轻钢结构装配式建筑外形、空间定位以及景观规划提供良好的基础。

地形模型创建完成之后，建筑师利用三维模型视图对建筑场地和建筑形体进行分析与推敲。首先，要站在场地的视角分析，有效地利用项目的地理环境。然后，进行建筑造型与内部空间的设计。通过 BIM 的应用，将传统的二维平面设计转变为可视化的三维空间规划。建筑师通过 BIM 软件，可以对项目基础及其周边的现状与特点有更明确的了解，从而对场地规划、交通流线组织、建筑布局等做出合理的设计方案。

③ 室内空间布局模拟。在传统的室内空间设计的过程中，由于二维图纸的局限性，设计师更多地注重水平方向的空间布局，对垂直方向的空间缺乏考虑。室内空间布局模拟是指通过 BIM 软件，利用三维模型对建筑内部的空间布局进行 3D 漫游，通过对建筑内部视野的分析，模拟建筑实际完工后窗户位置与大小，房间的面积大小以及建筑层高等，使得设计人员可以直观地对建筑室内的视野与布置以第一视角进行体验，从而对室内空间布局进行准确分析。

④ 建筑性能分析。将轻钢结构装配式建筑 BIM 模型导入到相关的功能分析软件中，可以进行建筑的性能分析，进行建筑方案的优化。如利用性能分析软件对轻钢结构建筑内部冷热负荷进行分析，根据选用的部品，将部品的性能参数（传热系数、材料种类、厚度等信息）录入到 BIM 模型中，可以输入建筑的环境参数信息，进行冷热负荷计算及室内温度分析，优化供暖供冷系统方案设计，在满足人体的舒适度同时减少建筑能耗，减少建筑使用阶段的维护成本。

（2）对构建部品信息模型进行参数化设计

轻钢结构装配式建筑是以轻型型钢、薄钢板等钢材作为基本承重骨架，外覆轻型结构装饰板材，构件之间通过自攻螺钉和各种标准化连接件进行连接。以轻钢龙骨体系为例，它包含的建筑部品种类主要为轻钢龙骨式复合墙、楼板、钢桁架、水电管线等。因此，轻钢结构装配式建筑可以简化成由工厂预制的“钢柱”“钢梁”“墙”等建筑部品组装而成的住宅。

基于部品信息模型的协同设计，是指各专业的设计人员依据统一的设计建模标准，在统一的平台上对模型进行参数化建模，避免各专业之间由于沟通不畅导致错漏碰缺等问题，同时项目各参与方可以基于统一的平台参与到设计环节，提高设计效率。

建筑设计师根据统一的建模标准，根据业主的需求以及项目实际情况，从建筑部品族库选取标准部品或者创建新的部品族文件，进行建筑方案设计，经过与业主的讨论（按照业主喜好更换外墙装饰，选择不同屋面样式等）确定建筑方案，并用建筑 BIM 模型进行表达。

结构设计师根据建筑方案 BIM 模型，结合轻型钢结构设计规范、建筑部品的分类以及部品的性能等资料，从结构部品族库选择合适部品组建 BIM 结构模型，并添加结构设计的相关信息（荷载、设计依据等），用结构专业 BIM 模型表达。

给排水设计师、电气设计师根据结构 BIM 模型进行管线设计，并添加管线设计的相关信息（生产厂家、截面尺寸、产品类型等）。

设备设计师根据包含管线设计的 BIM 模型，添加设备的 BIM 模型信息，最终将汇总了各专业设计信息的轻钢结构装配式建筑的 BIM 模型形成数字化文档。

项目各参与方可以基于 BIM 模型进行沟通交流，减少设计错误的发生，提高设计的效率与效果。

（3）可视化碰撞检测

轻钢结构装配式建筑的建筑部品可以利用 BIM 软件进行三维构件设计，替代传统的二维构件设计，项目设计中的各种钢柱、钢梁、钢制楼梯、轻钢龙骨隔墙等建筑部品均采用标准的设计族插入模型应用。轻钢结构装配式项目的构件图设计阶段仅需采用三维模型导出二维图形，经过简单的图面补充处理，既可完成构件的平、立、剖面图，而且可以直观地看到图中部件的预留、预埋信息。

基于 BIM 模型进行管线综合等碰撞检查，通过运用三维信息模型可视化碰撞功能，可以检查钢结构、给排水、电气、暖通等各专业设计中各种碰撞问题，协助优化设计和减少错漏，实现有限空间里面最合理的管线布局方案。同时对各种空间装修完成的净高进行检查，可帮助提升设计品质。应用 BIM 技术进行碰撞检测不仅快速、准确、高效，还能将信息反馈给设计团队消除协同冲突，有助于各专业设计协同进行。BIM 模型在轻钢结构装配式建筑中对检查预制构件的定位、分析连接节点部位螺母安装可行性有重要帮助，通过分析优化可以提前避免施工阶段可能发生的错误，保证施工进度，大幅降低了构件深化图设计绘图的工作量和避免了设计错漏的问题，保证了设计图纸的高质量。

（二）轻钢结构装配式建筑生产阶段 BIM 需求分析

1. 轻钢结构装配式建筑生产阶段存在的问题

当前轻钢结构装配式建筑的建筑部品生产（加工）主要是由设计单位提供图纸，部品生产厂家（构件加工厂）根据图纸人为地统计部品的规格与数量，进行加工图深化再交给生产工人进行生产（加工）。在传统的加工环节由于人为因素的存在，人工统计部品过程不仅效率低下，同时还容易产生人为的错误导致产品生产有误差。在部品生产（加工）的过程中，大多数情况下是工人根据生产经验对材料进行切割等生产工艺，往往不能合理利用加工材料，容易产生材料的浪费。当所有的轻钢结构装配式建筑部品加工完后，由于相关的产品信息只能通过二维图纸等纸质文件存储，不能直接获取产品的信息，导致部品信息查询困难，部品管理有难度。

2. BIM 技术在生产阶段的应用价值

（1）材料工程量统计

轻钢结构装配式建筑 BIM 模型可将关联的建筑信息进行有效分类、保存，使项目信息形成一个有机整体，可以随时通过模型导出所需的信息报表，如进行门窗统计表、部品数量统计表、各类钢材重量统计、连接件种类统计等。

根据部品数量统计的结果进行建筑部品的生产准备，对于市场上可以直接购买的建筑部品，以统计结果为依据，制定建筑部品的采购计划；对于市场上不能直接购买获取的部品，则制定部品生产计划，向部品生产单位提交部品数量明细表以及部品加工图，保证部品的生产规格与质量符合要求。

在建筑部品运往施工现场安装前，承包商根据施工组织计划与部品的数量统计明细，制定合理的运输计划，保证施工按时进行，避免场地材料堆积。

(2) 提高部品精度

在钢结构构件加工过程中应用BIM技术，形成数字化制造流程，使钢结构加工制造流程变得简单高效。基于BIM模型采集的钢结构构件信息会完整地传递给钢构件加工厂，提高钢构件的加工精度，减少钢构件加工过程的浪费。

BIM技术的引入，使得钢结构加工制造流程变得更加的简单。尤其是在数字化管理方面，使得在加工阶段的工程造价大幅度降低。在现阶段的加工车间加工机床多数为数控机床，加工车间可把BIM模型输出为各种格式的数据信息（包括DXF、DWG等图形文件），并将这些数据信息导入到生产管理软件和数控机床系统中，最后利用数控机床进行构件的切割、钻孔、焊接等。利用BIM软件可以大大降低加工车间对构件详图的需求量，节省时间，且在加工的过程中错误率将会降低。

(3) 构件详细信息查询

在生产阶段应用BIM技术，可以利用部品模型将设计环节的信息传递到部品生产环节，同时利用部品模型可以及时进行相关信息的更新，可以快速直接地通过模型获取详细部品构件信息。通过利用部品模型的三维性与实时更新特性使得轻钢结构装配式建筑部品制造的精细化生产技术更容易实现。借助基于物联网与互联网的RFID技术可以实现部品构件的信息化、可视化管理，保证了轻钢结构装配式建筑项目全生命周期中的信息流更加准确、及时、有效。

作为生产阶段的重要信息，部品的生产厂家、生产日期、使用寿命等关键信息可以被完整地保存在BIM模型中。项目各参与方可以快捷地对任意部品进行信息查询与分析，同时相关信息可以从生产阶段传递到施工阶段、竣工阶段、运维阶段，使部品模型信息在轻钢结构装配式建筑全生命周期中有据可查，提高部品信息管理的效率。

（三）轻钢结构装配式建筑施工阶段BIM需求分析

1. 轻钢结构装配式建筑施工阶段存在的问题

轻钢结构装配式建筑是由各种各样的建筑部品组装而成的，所以在施工阶段需要对大量的建筑部品的施工安装进行管理。目前轻钢结构装配式建筑施工阶段常见的问题主要有建筑部品有偏差导致不能正常安装、建筑部品数量多以至于管理混乱、建筑部品施工不当导致窝工、部品安装过程发生工程变更造成施工现场停工等。

目前，轻钢结构装配式建筑的部品数量主要通过二维图纸，人为地进行部品构件的分门别类和数量统计，这样的做法往往效率低下并容易产生误差。传统的钢构件加工是由设计人员将钢结构的深化图纸移交给钢材加工厂进行生产，在这个过程中需要人工进行材料的规格分类以及数量统计，生产过程中难免会产生错误与误差，导致钢构件无法正常安装。

当部品运往施工现场后，主要依据横道图以及相应的施工方案进行进度管理。这种管理方式不能直观地确定各施工任务的逻辑关系，无法直接分析造成进度偏差的因素。随着工程持续开展，进度偏差的问题越发严重，给进度管理造成更大的困难，甚至会影响最终的工程质量。

轻钢结构装配式建筑施工阶段的部品数量大，牵涉了大量的部品、机械、人工等成本信息，导致施工过程成本控制、优化管理等工作面临十分大的困难。

因此，传统的施工管理已无法满足轻钢结构装配式建筑的需求，如何在轻钢结构装配式建筑建设过程合理制定施工计划、优化进度管理以及科学合理地进行部品管理与场地布置等成为项目管理人员面临的难题。

2. BIM 技术在施工阶段的应用价值

（1）结合进度计划开展 4D 应用

4D 模型是基于 BIM 技术而建立完成的，其包含了完整的建筑数据信息。基于 BIM 平台，运用 Navisworks 软件建立 4D 进度模型，可以在整体施工前模拟履带式起重机等吊装设备的具体位置和详细分工，以便解决吊装设备间的冲突问题，并通过模拟确定工程需求的吊装设备数量，降低工程造价。在相应部位吊装前进行施工模拟，及时地优化进度计划，指导施工实施，避免发生不必要的错误，减少因错误而造成的损失。

基于 BIM 的 4D 虚拟施工过程模拟可以将施工阶段容易发生的问题在 4D 虚拟仿真中展示出来，以便修改，并且提前制定相应的解决措施，使进度计划和施工方案最优，再用来指导实际的项目施工，从而保证项目施工的顺利完成，与传统的施工方式相比，BIM 技术指导施工会将工程施工流程变得更加简便。将计划进度与 BIM 模型加以数据集成，轻钢结构装配式建筑可以在软件上进行虚拟建造的应用，通过仿真模拟可分析比较不同进度计划，进行进度计划优化。

基于项目进度管理理论和 BIM 技术的 4D 施工进度模型，依托 BIM 技术的信息化、数据化属性提升了对项目施工进度管理的信息化水平和精准度，提升了项目进度管理的效率和水平。与之前的施工进度管理模式相比应用 BIM 技术的施工进度管理模式有以下几点优势：

① 施工进度全过程可视化工程项目前期阶段可以作为很好的交流平台，可以直观、精确地反映出每一施工过程相应的状态。通过可视化和进度虚拟演示，让业主了解工程的建造流程和完工后的工程形态。

② 支持计划编制、各方协商和状态反馈。4D 施工进度模型给出的是三维模型形式的动态施工进度，突破了传统网络计划方式的约束，给各参与人员提供了一个协同合作的平台，便于编制较为精准的施工进度计划。

③ 实现项目多目标的协同和优化。4D 进度管理系统把进度计划变动对工期、成本带来的影响通过生成图形和各种报表的形式展现出来。如建设过程中对工程变更和突发事件进行预测，各参建单位通过模型可以看到工程出现的变更和突发事件对后续施工带来的影响，有助于管理决策者和进度计划编制者采取对应的措施，做到项目管理的多目标协同和优化调整。

（2）优化专项方案分析

通过 BIM 技术结合施工方案、施工方案模拟和现场视频监测进行虚拟施工，可以根据可视化效果看到并了解施工的过程和结果，可以较大程度地降低返工成本和管理成本，降低风险，增强管理者对施工过程的控制能力。建模的过程就是虚拟施工的过程，是先试后建的过程。

利用 BIM 技术进行轻钢结构装配式建筑专项施工方案模拟，可以将关键部位的施工过程通过模型模拟动画的形式表现出来，使方案编制人员直观地观察专项方案的现场虚拟状态，对相关的影响因素提前预测并排除，进而制定最优的专项施工方案，保证方案的科学性与合理性。

依据施工组织计划，利用Project等项目管理软件制定的进度计划作为时间参数导入三维模型，进行轻钢结构装配式建筑的结构主体的施工方案模拟，可以对比分析不同方案的优劣性，优化各种资源安排，提高施工阶段管理效率，实时地对施工方案进行动态调整。

（3）提高工程项目质量

利用BIM技术进行轻钢结构装配式建筑的质量管理包括以下两方面内容：

① 产品质量管理。BIM模型储存了大量的建筑构件和设备信息。通过软件平台，可快速查找所需的材料及构配件信息，如规格、材质、尺寸要求等，并可根据BIM设计模型，对现场施工作业产品进行追踪、记录、分析，掌握现场施工的不确定因素，避免出现不良后果，监控施工质量。

② 技术质量管理。通过BIM的软件平台动态模拟施工技术流程，再由施工人员按照仿真施工流程施工，确保施工技术的传递不会出现偏差，避免实际做法和计划做法出现偏差，减少不可预见情况的发生，监控施工质量。

在轻钢结构装配式建筑的施工阶段，可以应用BIM模型指导现场手工作业，利用三维模型代替传统二维图纸指导现场机械吊装作业，可以避免现场人员由于图纸误读引起的施工顺序或安装连接件固定出错等。

在深化设计阶段，由深化设计人员利用深化模型生成三维安装图以及三维模拟安装示意图。现场安装人员可以用笔记本电脑打开三维模型，就可以现场查看构件的位置、相关节点和连接用的螺栓等信息，可以直观地看到安装的形式，也更加方便施工机械开展模块化吊装。

（4）优化成本管理

基于信息技术可以在创建的三维模型上添加时间信息和造价信息形成5D模型，基于5D模型的成本管理具有快速、准确、分析能力强等很多优势。利用5D模型可以将建造过程中不同时间点下的成本信息可视化地表达出来，通过实际成本BIM模型，很容易检查出哪些项目还没有实际成本数据，进行成本的实时监测。基于5D模型的实时数据更新的特点，可以实现成本参数的动态管理，相比于传统成本管理的准确性有很大的提升。5D模型的数据粒度能达到构件级，可以快速提供项目管理所需要的数据信息，有效提升成本管理效率。同时基于5D模型进行多维度汇总分析成本报表，直观地确定不同时间点的资金需求，模拟并优化资金筹措和使用分配，实现投资资金财务收益最大化。BIM 5D模型可以实现合同条款分类查询以及实时成本三算对比的功能，大幅提升合同、成本管理方面的查询、分析效率，并且实现通过BIM模型的图纸、合同、清单、进度、工程量等信息的可视化实时查询。

（5）提高部品材料管理效率

传统材料管理模式就是企业或者项目部根据施工现场实际情况制定相应的材料管理制度和流程，这个流程主要依靠施工现场材料员和施工员来完成。施工现场的多样性、固定性和庞大性，决定了施工现场管理具有周期长、种类繁多、保管方式复杂等特殊性。传统材料管理存在核算不准确、材料申报审核不严格、变更签证手续办理不及时等问题，造成大量材料现场积压、占用大量资金、停工待料、工程成本上涨等问题。

将不同专业系统部品进行三维建模，并将各专业部品模型组合到一起，形成汇总的模型，利用 BIM 软件导入相关数据信息形成部品模型数据库。该数据库是以创建的 BIM 部品模型为基础，把原来分散在各专业中的工程信息模型汇总到一起，形成一个汇总的项目基础数据库。

利用部品数据信息可以进行材料的合理分类，部品模型数据库的最大优势是包含材料的全部属性信息，项目各参与方可以随时进行部品的查询，可以大大地减少施工现场材料的浪费与积压现象，实现部品材料的精细化管理。

（6）优化施工场地布置

由于轻钢结构装配式项目使用大量的预制建筑部品，建筑部品的规格与类型数量也很大，其建筑部品供应和存储是一个动态变化的过程。基于二维图纸进行施工场地平面布置的设计缺乏对复杂现场状况的全局考虑，不能十分有效地利用局限的施工场地，甚至有可能引发安全事故。而 BIM 场地模型能真实地反映出部品、施工机械与现场的状况，作为管理人员沟通和决策的依据，将在很大程度上改变上述局面。

利用 BIM 技术将施工现场的场地信息数据输入到模型中，形成施工场地模型。利用场地模型实现可视化的施工平面布置，可以判断现场各区域的布置是否合理、材料堆场面积是否满足要求，结合进度计划可以在任意的时间节点查看施工场地模型的动态信息，为实时调整场地布置提供有效的科学依据。

通过 Revit 软件模拟现场情况，制作楼层内详细的材料部品运输路线以及部品的施工顺序，确定材料的堆放位置，可以避免影响工人进出的安全问题的发生以及相关部品的施工对部分部品构件的成品保护产生的影响。

二、轻钢结构装配式建筑模型的建模要求

（一）轻钢结构装配式建筑模型建模特点

1. 部品模型信息集成难度大

创建轻钢结构装配式建筑部品模型的目的在于利用 BIM 技术提高轻钢结构装配式建筑部品的集成程度，包括整体建筑的信息集成与建筑部品单元的信息集成。整体建筑的信息集成难度在于需要根据不同阶段，组合不同深度等级的部品模型，满足各阶段 BIM 应用的需求。建筑部品单元的信息集成难度在于部品族文件的创建，需要对部品的组成部分分别进行建模，将所有组成部分的信息集成在一个部品族上，如基于 Revit 软件进行轻钢龙骨隔墙族文件创建时，需要对轻钢龙骨、面层板等进行族创建再汇总在部品族文件上。部品族文件除了包含模型各单元的几何信息（尺寸、面积、体积等），还包含大量的非几何信息（性能指标、材料类型、供应商、价格等），可以大大提高部品信息管理的效率。

2. 一次建模，重复使用

轻钢结构装配式建筑的设计重点在于部品的设计与组合方式，因此创建轻钢结构装配式建筑模型的重点在于部品的建模原则。在创建轻钢结构装配式建筑模型的过程中，为了提高 BIM 建模的效率，应该遵循着“一次建模，重复使用”的原则，创建建筑部品的 BIM 模型族库。基于 BIM 部品族库，在建模过程中可以直接调用或者编辑后使用相关部品族文件。随着工程项目的积累，BIM 部品族库不断增加新的 BIM 虚拟部品构件，实现工程项目资料的信息化，因此创建轻钢结构装配式建筑模型的核心在于建立 BIM 部品族库，在 BIM 应用

过程中重复使用BIM部品族库中的部品族文件可以大大降低建模的工程量和出错率。

3. 参数化建模

参数化建模是指利用各种参数对BIM模型进行约束，实现BIM模型的快速创建，同时可以利用参数进行BIM模型的几何与非几何信息修改。轻钢结构装配式建筑BIM模型的参数变量不仅是数字，还包括几何数值、材料信息等，通过对参数变量修改而改变模型。简单来说，就是利用相关BIM软件，如Revit等，通过对模型参数属性的修改，进而对模型实体产生联动修改。

利用Revit软件进行轻钢结构装配式建筑参数化建模的思想主要是根据相关图纸进行相关的部品族文件的创建，把部品族模型属性中的名称、尺寸、材料等定义为参数变量，通过参数赋值完成Revit的部品族文件的创建，输入不同的参数变量可以得到不一样的参数化模型。

4. 创建不同深度等级的模型

建筑信息模型可以添加海量的数据信息，但是为了防止数据信息冗余的情形出现，不必要的信息不需要添加到建筑信息模型中。轻钢结构装配式建筑BIM模型的深度等级主要考虑BIM应用的功能需求，根据不同的需求确定模型信息的精细程度。

深度等级低（精度低）的模型也能实现不少的BIM应用，例如可以进行管线的碰撞检测、4D施工模拟等。在方案设计阶段，模型深度等级满足LOD200的要求就可实现该阶段BIM应用，如实现建筑空间可视化规划等应用。在深化设计阶段，模型深度则需要达到LOD400，此模型可以用于指导构件加工和部品制造。根据使用模型的功能需求，明确创建建筑信息模型的目的和信息需求，保证不同深度等级的建筑信息模型能够满足各个阶段的需求。

（二）轻钢结构装配式建筑模型深度等级要求

建筑信息模型深度等级（Level of Detail，LOD）是区分建筑系统在不同建筑设计深度等级下模型元素信息特征的评价方法和标准。LOD是由美国建筑师协会（AIA）提出的，是用来表达不同精细程度的模型。LOD被定义为五个等级。

① LOD100：概念化。

② LOD200：近似构件（方案及扩初）。

③ LOD300：精确构件（施工图及深化施工图）。

④ LOD400：加工。

⑤ LOD500：竣工。

由于轻钢结构装配式建筑的造型比较简单，建筑部品虽然数量大但比较单一，在轻钢结构装配式建筑概念构思阶段可利用LOD200的部品进行BIM模型的创建。因此，在AIA的LOD标准基础上，将轻钢结构装配式建筑信息模型深度等级分为四个等级，定义最低等级为LOD200，并进行简要概括。

1. 方案设计模型深度等级（LOD200）

与传统的二维方案设计阶段所要求的设计深度相对应。模型构件需要具备建筑部品实体的基本形状与总体尺寸，不需要具备细节特征与材料属性等非几何信息。

2. 初步设计模型深度等级（LOD300）

与传统的二维初步设计阶段所要求的设计深度相对应。模型构件需要具备较精确的几何尺寸与形状，同时包含一定的材料属性信息，可以不具备细节特征等非几何信息。

3. 深化设计模型深度等级（LOD400）

与传统的施工图深化设计以及加工详图所要求的设计深度相对应。模型构件需要具备详细的几何特征及精确尺寸，能够展现细节特征，所具备的非几何信息应包括构件规格、主要的技术指标，同时满足施工阶段 BIM 应用的要求，可添加时间、造价信息以满足施工阶段的管理。

4. 竣工及运维模型深度等级（LOD500）

对应最终建筑实体所包含的完整信息，模型应满足建筑后期运营维护的要求。

(三) 轻钢结构装配式建筑模型建模流程

在确定轻钢结构装配式建筑模型的 BIM 应用需求以及模型深度等级要求的基础上，结合轻钢结构装配式建筑各阶段具体工作对建模流程进行设计，该流程需要明确 BIM 模型创建的工作内容与顺序（图 10-1）。

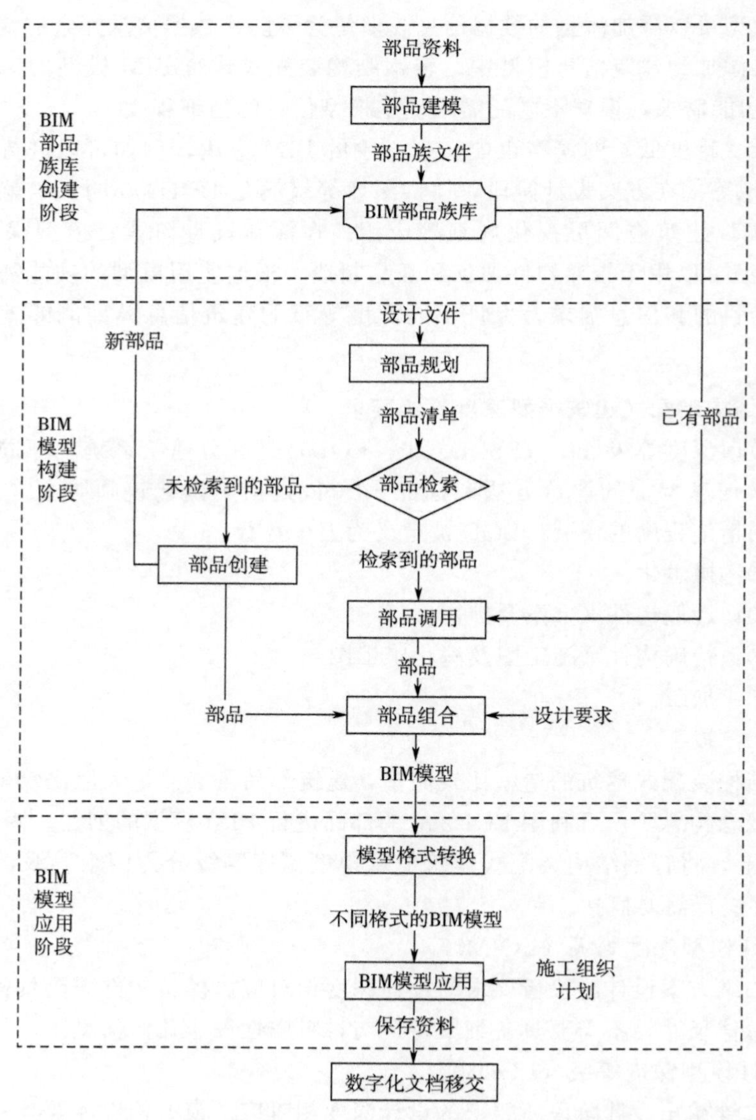

图 10-1　基于 BIM 部品族库的轻钢结构装配式建筑模型建模流程

1. BIM 部品族库创建阶段

部品建模是指根据现有的部品图纸等相关资料进行部品模型的创建，形成部品族文件。对需要入库的部品族文件进行本专业内部校审，然后由部品族库管理员进行审查与规范化处理后，完成入库工作。对于需要更新的 BIM 部品也同样经过上述审核流程才能入库。

2. BIM 模型构建阶段

部品规划是在设计文件的要求基础上结合项目实际需求，从已创建的部品族库中选择合适的部品族文件创建轻钢结构装配式建筑模型。部品规划的工作是生产一份所需部品的清单，清单中规定部品的相关参数，包括几何信息与非几何信息等。相关的参数需要结合项目需求与部品类型确定。

部品检索是根据部品需求清单判断 BIM 部品族库中是否存在合适的部品族文件。该过程依据部品需求清单的部品要求查找部品族文件，如果有符合清单要求的部品族文件，进行部品调用，否则进行部品创建。

部品调用是从 BIM 部品族库中选择合适的部品族文件。部品创建是未能从部品族库检索到部品，通过部品建模的方式向族库补充一个新的部品族文件。部品创建可以对已有类似部品进行修改或者重新建模，创建后需要经过审核程序才能入库。

部品组合是基于 Revit 软件，按照设计要求进行轻钢结构装配式建筑模型创建。建模过程包括两部分：依据结构设计图作为轴网进行模型创建以及 BIM 部品相互连接的布置。

3. BIM 模型应用阶段

模型格式转换是指根据 BIM 应用功能需求，基于不同的软件平台转换模型的格式开展相关的 BIM 应用，如空间模拟、4D 施工模拟、施工平面可视化布置等。

数字化文档移交是指将 BIM 应用的成果文件转换为电子文档、视频、模型数据等数字化文档向项目各参与方移交。

(四) 部品的分类与编码

1. 部品分类

创建的部品族文件都汇总在部品族库里，部品族文件随着工程增加也会不断增加，因此需要通过对部品族文件进行合适编码才能对部品族文件实现有效的信息化管理，而对部品族文件进行编码的前提就是对部品进行分类。

就目前来说，基于实体对象的分类编码体系主要有三类：《建筑产品分类和编码》JG/T 151—2015、综合分类体系、在建部科技与产业化发展中心（原住宅产业化促进中心）的住宅部品分类方法。

以上三种编码体系中，住建部科技与产业化发展中心所提出的住宅部品分类方法是根据建筑的部位与功能进行分类划分的符合轻钢结构装配式建筑的部品特点，为了保证轻钢结构装配式的部品编码具有科学性、合理性，因此需要充分利用住建部科技与产业化发展中心的住宅部品分类体系的成果。

轻钢结构装配式建筑部品分类体系第一层可以按照住宅部品分类方法分成七大类，第二层根据建筑的部位或者功能划分，如结构部品体系可分为墙、板、梯等。

2. 部品编码

部品编码是部品族文件的分类属性信息的表达，应该具有很好的辨识度与唯一性，同时也是部品族库管理的基础。部品编码需要反映部品的本质特征，能够反映出部品的类型与特点，因此通过通用码与专用码来共同满足部品编码的要求。

（1）通用码

部品通用码是用来直接区分部品类别的编码，通用码由三部分组成，分别表示部品类型、部品分类以及序列号。例如，部品编码 J40-LGQ-001，J40 是部品类型代码，表示该部品是结构墙部品；部品代号采用部品简称的首字母，如 LGQ 表示该部品是轻钢龙骨式复合墙；001 代表同种部品的不同规格，用于区分不同龙骨截面、板材类型与厚度等。在具体项目过程中，根据不同的部品编码汇总形成部品手册，方便查阅。

（2）专用码

专用码是用来区分同一项目同类部品的编码，根据部品安装的时间与安装位置进行编码。

通过专用码可直接定位部品在建筑中的具体位置，指导部品的生产、运输、存储以及施工安装等。专用码由五部分组成，分别表示项目层、单体号与楼层、是否具有内嵌构件、部品编号、模型深度等级。项目层由 5 位数字组成，前 3 位表示年份，后 3 位表示项目序号，如 15011 表示某住宅集成商 2015 年的第 11 个项目。单体号有 2 位数字，用于区分不同的建筑单体，考虑到轻钢结构装配式建筑的楼层一般不高，楼层号用 2 位数字表示，如 0203 表示部品位于项目中 2 号轻钢结构建筑的第 3 层。是否具有内嵌构件则用 Y/N 表示，如轻钢龙骨隔墙内包含管线，则用 Y 表示。最后的部品编号用 4 位数字表示，如 0003，表示部品个体的编码是设计方在平面图上将全部完全相同的部品按照一定顺序排列而确定。而模型深度则用 LOD 标准的后 3 位数字表示，考虑到轻钢结构装配式建筑的功能需求，则分成四类，200、350、400、500。图 10-2 代表的是 2015 年第 11 个项目 2 号单体 3 楼包含管线的 3 号轻钢龙骨隔墙的 LOD200 部品编码。

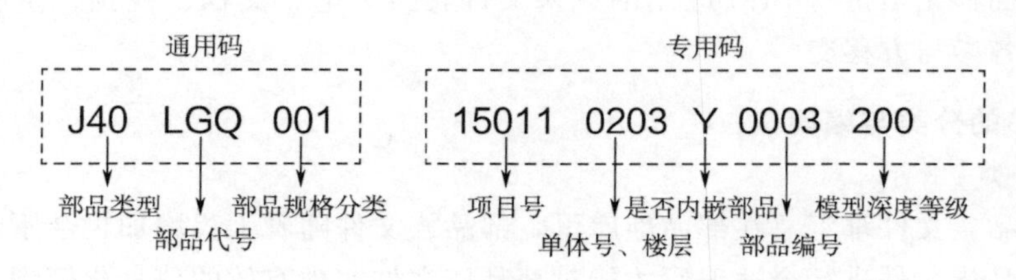

图 10-2 部品编码

（五）模型信息录入

一般来说，部品模型的信息属性主要有两类：几何与非几何信息。几何信息主要包括部品的界面形状、尺寸、体积、重量等物理信息，而非几何信息则包括时间信息、成本信息、供应商信息等。为了满足轻钢结构装配式建筑的信息管理要求，提高信息管理的效率，需要对部品信息的录入进行分类。

三、轻钢结构装配式建筑 BIM 应用研究

（一）设计阶段 BIM 应用

1. 基于 BIM 的功能模拟

传统的轻钢结构装配式建筑方案设计，往往是设计师根据业主的需求结合过往的工程资

料，通过二维的CAD图纸以及建筑的三维渲染效果图向业主展示。这种建筑三维渲染效果图是基于3DS MAX，Photoshop等效果软件制作的，并不能真实表达CAD图纸的二维信息，而二维CAD的方案设计缺乏对建筑全局角度的考虑，方案设计的效果往往不尽如人意。

基于BIM软件开展轻钢结构装配式建筑的方案设计，设计师可以通过建立BIM轻量化模型（LOD200），通过BIM软件的可视化设计和动态漫游的功能进行方案分析，分析的结果可以帮助设计师调整建筑形态和空间布局，满足业主要求。例如可以通过Autodesk Revit软件自带的第一人称视觉模拟、动态漫游等工具，实现对轻钢结构装配式建筑内部空间的直观分析。若结合VR技术，则更能让设计人员切身感受到住户在房间内的视觉体验。在基于三维BIM模型中，能便捷地实现虚拟技术的应用。将Revit模型导入到DVS3D软件，利用VR投影仪与VR眼镜等设备实现实际场景的模拟，用动态交互的方式对待建的轻钢结构装配式建筑进行身临其境的全方位审视，实现在虚拟环境中的漫游（图10-3）。

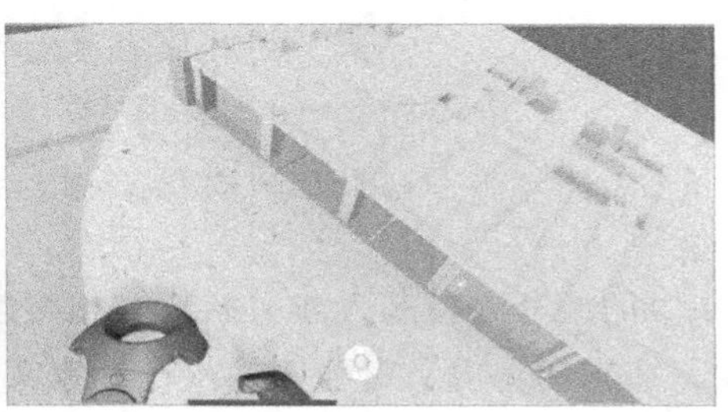

图10-3　BIM技术与VR技术结合

随着方案设计的深入，不断录入轻钢装配式建筑的龙骨隔墙、楼板、设备等相关数据信息，建筑BIM模型的信息逐步丰富，建筑设计师可以基于BIM模型与项目各参与方进行直观的方案交流与沟通，为方案深化设计提供科学的判断依据。

进入方案深化设计阶段，可将模型导入专业分析软件进行深入的性能分析，包括室外声环境分析、室外风环境分析及能耗分析等。性能分析结果可以协助建筑设计师在满足使用功能的前提下，提升人们使用的舒适感，提高整体建筑的功能性。

2. 基于BIM的参数化设计

参数化设计是BIM技术的核心特征之一。利用BIM软件的参数化规则体系可以进行部品模型的创建，改变了传统的设计方法与设计理念。在项目的初步设计之前，进行建筑方案分析的时候，将项目分解成单独、可变换的单元模块。根据工程的实际需要，有针对性的对不同功能的单元模块进行优化与组合，精确设计出各种用途的新组合。轻钢结构装配式建筑中的钢柱、钢梁、龙骨隔墙、门窗系统等，都是BIM模型的元素体现，这些元素本身都是小系统。

Revit软件是当前应用相对广泛的一款BIM建模软件。Revit的建模方式是将建筑构件按照类型划分成最小单元的族，通过组装不同的族来创建三维建筑信息模型。族是Revit软件独特的理念，它包括构件的几何信息（尺寸、形状、面积等）和非几何信息（材质、材料供应商等），而Revit的族单元可以细化到梁、柱、板等建筑构件。可见，Revit族的理念为构建轻钢结构装配式建筑的部品信息模型提供了技术基础。首先利用Revit的族创建部品的几何模型，将轻钢结构装配式建筑全过程需要的信息录入到部品模型中，接着利用不同的部品模型搭建轻钢结构装配式建筑的建筑模型。

按照住宅部品的标准化、模块化设计，利用 Revit 软件创建项目所需的族，建立形成完善的构件库，例如预制钢梁、钢楼板、钢柱、钢楼梯、龙骨隔墙等（图 10-4）。

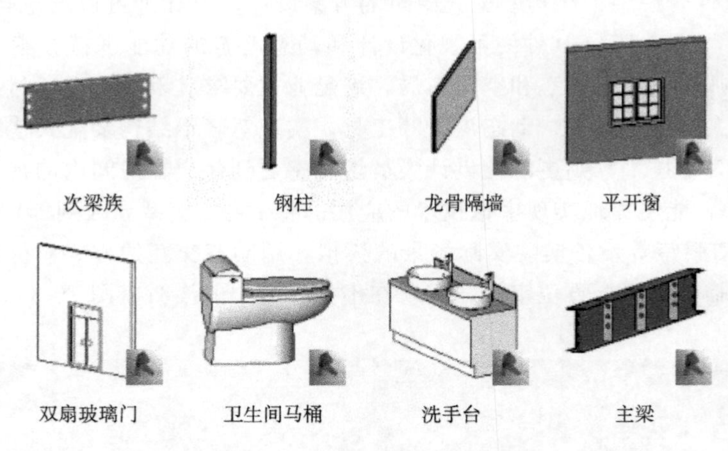

图 10-4　Revit 创建的族文件

Revit 中的族分为可载入族、系统族和内建族。其中可载入族又称为构件族，它包括结构框架梁、结构柱、门、窗等构件，构件族文件是独立的文件，可以独立编辑并可以在不同项目中重复使用。例如依据钢梁的设计图纸进行钢梁族文件参数化创建，根据不同钢梁的尺寸信息，直接在已创建好的钢梁族文件的尺寸参数上修改，可以快速直接地生成新的钢梁族文件。根据预制钢柱尺寸的不同，对已经建好的预制钢柱族的尺寸进行修改，又会生成新的预制钢柱族。

利用 Revit 族文件可以组建工程所需的相关部品族库，BIM 设计人员利用部品族库可以直接选取标准的部品，通过不同部品组装形成建筑总的 BIM 模型，可以提高工业化建筑的设计效率昀。

当利用参数化创建的部品族进行碰撞检测等 BIM 应用时，若出现部品族文件不符合要求需要修改时，可以根据碰撞检测报告等资料，对部品族的主要参数进行，可以快速地修改部品族，而不需要重新进行族文件的创建，大大提高了部品族的修改速度。

3. 基于 BIM 的专业协同设计及深化

（1）协同设计

基于 BIM 的 3D 协同设计的价值主要体现在以下几个方面：设计从 2D 设计转向 3D 设计；从各工种单独完成项目转向各工种协同完成项目；从离散的分布设计转向基于同一模型的全过程整体设计；从线条绘图转向构件布置。

利用 BIM 软件建立 BIM 模型，各专业设计师在同一模型上共享数字化模型信息进行可视化设计，完成碰撞检测，各专业协同工作与联动修改，提早发现项目中出现的错漏碰缺等设计失误，减少了返工造成的经济损失和工期损失。专业协同极大地避免了各专业信息孤岛现象，提高了设计的整体质量和水平，联动修改还可以提高从业人员的工作效率。

各专业设计师利用 Revit 软件创建的部品族库选取部品或者根据新的设计需求创建部

品，根据统一的建模标准与方法创建模型，如水电专业设计根据建筑模型，结合钢结构设计师创建的钢结构模型，在该模型上进行水电管线建模。

各专业设计师基BIM的3D信息模型，一旦发现设计方案与工厂制造、现场施工冲突或者建筑、结构、设备碰撞冲突，即可在同一参数化信息模型上进行优化设计，参数化协同设计可做到一处参数修改，处处模型同步更新。

冲突检查实施的具体步骤：首先把在Revit软件中创建完成的模型导出格式为.nwc的文件，然后在Navisworks软件中打开之前保存的.nwc文件，进行构件碰撞检测。在模型上标记碰撞的部位，方便深化设计的时候进行修改，软件会生成碰撞的检测报告，通过报告可以发现所有碰撞的位置。利用碰撞检测可以避免部品生产与施工安装的返工现象。

(2) 协同深化

各住宅部品系统的部品经过设计深化后，将送到各加工厂进行生产加工，深化设计的图纸必须满足部品加工厂的生产要求，保证轻钢结构装配式建筑能顺利进行现场施工安装，避免工程变更的情况发生。在这个协同深化的环节可以基于BIM模型进行受限分析，对相关部品是否满足生产与组装要求进行分析与优化。

将Revit软件中模型深度等级达到LOD400以上的BIM模型导入到Navisworks软件中，软件本身可以对转化的模型进行轻量化处理，既保证模型信息的完整性又提高了模型的运算速度，在Navisworks上可以浏览整合多个专业的建筑信息模型。在初步设计中，已对不同专业相互的碰撞进行了初步的碰撞检测，在此阶段基本可以保证不同专业中相互没有碰撞的现象。此阶段着重于利用BIM软件分析不同专业的部品在生产与施工过程中是否能“拼装”。

如进行设备部品与内装部品系统的设计深化，除了避免碰撞的情况出现外，还需要结合施工方案与施工工艺的水平进行优化，在保证施工过程与维护阶段有足够空间满足人员进行施工或检测的基础上，确保该设计方案成本最优。例如，开展设备部品与结构部品的协同深化工作时，需要考虑设备管线的施工规范，如管线的空间要求、安装顺序等。

通过BIM模型的可视化深化设计，可以提前避免碰撞情况的发生，同时可以优化管线的布置，提高施工效率，减少施工不必要的成本。

(二) 生产（加工）阶段BIM应用

1. 材料工程量统计

利用BIM模型的材料信息，可以计算所需的各类部品及构件的数量。我们可以将Revit的明细表导入Excel软件中，整理构件的形状、尺寸以及特性信息。然后利用Excel软件将输入的所有零件属性按照其不同的建筑部品规格、不同的材质进行分组统计，这就减少了人为区分建筑部品规格（厚度、种类等）和材质的工作，实现了多种板材规格（厚度）、多种材质的零件同时批量统计。Excel表输出的信息包括图形、面积、数量和切割距离等详细统计数据，自动生成每个原材料板的利用率和废料的百分比以及重量信息等。

2. 三维模型指导加工

基于BIM软件可以快速直接地完成局部设计的修改工作，更新和深化部品模型信息以形成LOD400的部品模型。通过调取部品模型的三维视图以及相应的参数尺寸可以用于指导相关部品的加工生产。

如钢结构深化设计是轻钢结构装配式建筑项目实施环节十分重要的一环，基于BIM模型对设计内容深化，形成钢构件加工图与施工详图，可以保证钢构件满足加工与施工安装的要求，保证能严格按照钢结构结构图进行安装。钢结构的加工图与安装详图将直接影响构件的生产加工、现场拼装，进而影响施工的质量与成本造价。

深化设计阶段钢结构模型等级达到LOD400以上，可以准确地表达轻钢结构支撑体系中大量的构件连接节点。相关的钢构件加工厂可以免去人工进行节点绘制与统计的工作，提高钢构件加工精度与效率，大大减少了人为错误发生的概率。只要保证钢结构模型建模过程的正确性，就能保证由其生成的构件详图的准确性，减少现场安装的错误，降低项目的成本费用。

Revit软件对项目图纸实行分类，其中包括材料报表、构件生产加工图、施工装配图和后续施工等相关详图。同时Revit软件能够输出.nwc格式文件，.nwc文件包含钢构件的外观尺寸、几何数据和材料特性等数据信息，把导出的.nwc文件导入Navisworks时能够实现施工过程的模拟，预先进行对施工方案的验证。通过利用BIM技术对钢结构节点进行深化，节省原材，并且钢结构定位快捷准确，安装方便，有效提升了安装拼接的工作效率从而降低了项目实施成本。

基于BIM的材料管理通过建立材料BIM模型数据库，使项目各参与方都可以进行数据的查询和分析，为项目部材料管理和决策提供数据支撑。当轻钢结构装配式建筑出现工程变更的时候，BIM模型可以进行动态维护，及时将变更的材料数量准确地统计出来，便于相关部品材料的采购与加工生产。

在部品出厂阶段将BIM技术与RFID技术结合应用，可以保证建筑部品质量与信息传递的完整性，基于BIM模型通过相关设备选择相应的部品构件或构件组生成二维码信息，在部品运输阶段与施工阶段可以通过部品（构件）上的二维码，获取相应的部品模型信息，有利于部品（构件）的信息查询。

（三）施工阶段BIM应用

1. 基于BIM的4D应用

基于BIM的4D模拟应用是在三维模型的基础上，添加时间（进度）信息，直观地表达出不同时间节点下模型对应的状态。4D模拟应用可以实现施工方案的模拟选优以及技术交底的虚拟演练，预先控制施工过程会出现的问题。轻钢结构装配式建筑建造流程是工厂化生产大量的建筑部品和在施工现场装配式施工，为了保证部品能顺利按期施工，避免工序间的相互冲突，需要采用4D模拟对项目的整体施工进度进行模拟，实现施工过程的预先控制。

轻钢结构装配式建筑模型的4D模拟软件可以选择Navisworks软件，该软件可以将Microsoft Project的进度计划按照一定的规则与BIM模型进行自动关联，也可以利用软件自带的模块功能关联进度计划，从而使模型的每个部品构件具有时间参数，实现三维模型与时间信息的整合。

将.rvt格式的轻钢结构装配式建筑模型利用Revit软件的输出模块转换为.nwc格式。在Navisworks打开.nwc格式的模型，利用Timeliner功能模块关联进度计划，利用选择集的功能选择不同的构件集合与进度计划连接，从而完成4D模型的创建，实现进度计划的可视化。基于BIM进度模型多维性、可视性的特点，进度计划人员可以直观地得到施工时间节点，合理地调整进度计划。

(1) 进度计划可视化

通过BIM模型与进度计划关联，将时间与空间信息整合在4D模型中，可视化程度高，可以清晰地描述施工进度以及各施工工作之间复杂的关系，准确地呈现出工程施工的动态变化过程。基于4D进度模拟模型，可以直观发现工程施工过程中的重点难点部位，分析容易产生进度偏差的因素，对现有的施工组织进行优化，调整计划。

与传统的横道图进度计划相比，通过进度计划可视化的模拟，可以使项目管理人员在轻钢结构装配式建筑施工中直观地了解各部品系统的施工顺序，掌握进度管理的关键时间节点，优化施工进度计划。

（2）基于BIM的4D进度管理

在Navisworks中除了可以添加模型的计划时间参数，还可以添加实际时间参数，通过软件的Animator模块进行计划情况与实际完成情况的对比，将两者对比的情况利用构件颜色的变化直观地显示在模型上，为管理人员进行偏差分析与调整进度计划提供依据。

基于BIM模型的4D进度管理，是在施工阶段实时更新模型进度信息，对比计划进度与实际进度的偏差，分析偏差产生的原因，采取相应的调整措施，解决已经发生的问题，预防潜在问题的发生。具体做法如下：

① 根据项目的工作内容划分里程碑控制节点，设置里程碑任务的计划完成时间，在4D进度管理模型输入计划完成时间。

② 在项目的施工阶段跟踪项目进展，实时更新模型的实际进度信息，通过对比计划与实际进度，分析是否存在进度偏差，根据工程实际情况及时调整现场资源配置。

③ 若存在进度偏差，则进行偏差原因分析，采取纠偏措施，保证里程碑任务能顺利完成。当进度偏差不存在，则结合里程碑控制计划以及施工实际情况，预测项目潜在的影响因素，避免偏差的出现，保证项目的按时完成。

在Navisworks软件中，4D BIM模型可以利用模型外观颜色的区别，将每项工作的计划情况与实际情况进行对比，将实际施工情况反映到模型中，为项目管理人员评估和调整进度计划提供决策支持。与传统的进度管理的主要工具网络计划图相比，基于4D BIM模型的进度管理更加直观、形象，更容易协调各专业，制定切实可行的纠偏对策。

2. 基于BIM的施工方案模拟

关键节点部位施工模拟是指对建筑局部的施工顺序进行仿真模拟，一般是指有特殊施工要求的部位。基于BIM模型可以对重要部位的安装进行动态展示，直观地对复杂工序进行可视化分析，提前模拟关键部位的施工工序，从而为施工方案的优化提供依据。

关键节点部位施工模拟需要定义部品安装的先后顺序，结合施工工艺，在Navisworks软件上利用动画的形式展现关键部分的施工工艺。施工方案编制人员可以自由切换到模型任意角度来查看施工状态，从而确定施工方案是否可行。关键节点部位施工模拟可以用于技术交底，协助施工人员更好地理解工艺要求与注意点，保证部品安装的正确性。

在轻钢结构装配式建筑的施工过程中，钢结构专项施工方案十分重要，它关系到轻钢结构装配式建筑的整体稳定性以及安全性。利用BIM的施工方案模拟功能，可以对轻钢结构安装顺序的合理性进行验证，同时可以对机械的行走路线进行分析。在模拟动画中可以发现关键的施工节点，在实际施工过程可以对施工人员进行技术交底，保证钢结构可以顺利进行安装。

3. 基于BIM的成本管理

在建筑信息模型的基础上添加成本参数信息，创建成本信息模型。成本信息模型根据不同阶段的需求，添加的成本参数不同。创建成本信息模型的重大难点在于3D模型与成本信息的关联。根据不同阶段的模型功能需求与模型深度等级，进行3D模型的单元划分与成本数据信息的选取，进行成本信息模型的创建。

方案设计阶段，3D模型以建筑部品系统来划分单元，如分成结构部品系统、外围护部品系统、内装部品系统等，成本参数以过往的项目成本资料为参考依据。

初步设计阶段，3D模型以建筑部品系统的主项来划分单元，如分成支撑墙、外围护墙、给排水系统等，成本参数以概算定额为参考依据。

深化设计阶段，3D模型以建筑部品来划分单元，如分成钢梁构件、钢柱构件、装饰面板构件等，成本参数以预算定额为依据。

竣工运维阶段，3D模型以建筑部品来划分单元，如分成钢梁构件、钢柱构件、装饰面板构件等，成本参数以实际施工成本为依据。

不同成本信息模型的应用需求不同，如初步设计阶段只需要确定轻钢结构装配式工程的概算费用，而深化设计阶段则需要相对精确的预算费用进行成本分析。结合进度计划可以建立成本的5D（3D实体、时间、成本）关系数据库，以各单位工程量人机料单价为主要数据进入成本BIM中，快速实行多维度（时间、空间）成本分析，从而对项目成本进行动态控制。

以Revit创建的三维模型为例子，可以导入广联达BIM 5D中，可以将合同清单、定额组价等参数与模型进行关联，利用该软件平台可以开展5D成本管理。依据清单费用和计划进度可以动态判断任意施工时间点的成本、费用以及经费间的关系，回执成本费用分析曲线。根据成本费用分析曲线，可以对超出经费、实际费用高于预算成本等情况进行分析和预警，为成本管理提供定量依据，为项目决策及时提供准确的数据。

4. 基于BIM的质量管理

在轻钢结构装配式建筑施工过程的质量管理中应用BIM技术，可以进行产品质量管理和安装过程质量管理。

基于BIM的产品质量管理，由于部品模型上包含了施工现场的所有建筑部品的信息，可以基于相关的数据库通过部品模型的构件参数信息（材质、尺寸、规格等）与现场的产品进行对比，判断现场部品的质量是否满足要求，避免有缺陷的部品用于施工安装。利用BIM的云技术（BIMcloud、广联云服务等），各项目参与人员可以通过各种移动端设备打开和管理部品模型，将施工过程验收记录、整改记录等施工过程信息记录在模型上，实现模型信息的共享。

基于BIM的安装过程质量管理利用BIM模型的施工模拟，将施工流程以三维模型及动画演示的方式直观、立体地展示出来，向现场作业人员进行可视化的技术交底，尤其是对特殊节点或者施工难点部位的可视化技术安全交底。此过程中，作业人员可以更好地理解相关的施工技术、工艺、流程、安全问题和协作方式，从而降低实际施工时发生问题的可能性，提高管理人员的管理效率，保证施工过程的质量要求。

5. 基于BIM的材料管理

运用BIM模型，结合施工工序及工程形象进度科学合理安排材料采购计划与运输计划，不仅能保证工期与施工的连续性，还可以优化资金的使用和保证合理材料库存，减少建筑部品二次搬运而产生不必要的费用。

结合物联网技术的无线射频识别电子标签技术RFID可以给相关设备和其他物料贴上标

签，标签中包含物料的几何参数与非几何参数信息，有利于对物料进行跟踪管理。结合轻钢结构建筑施工阶段大量的建筑部品的情况，利用RFID技术可以有效提高轻钢结构装配式工程材料管理的效率。

在建筑部品出厂的时候贴上相关电子标签，运往现场的时候作业人员可以对相关的部品材料或设备上的电子标签进行扫描并传输到已添加了相关部品运输计划的BIM模型上，完成部品进场管理。在施工过程中，作业人员将部品的安装信息通过电子标签录入到BIM模型中，安装信息包括部品的安装时间、安装人员以及验收记录等。然后通过实际模型与计划模型对比分析，导出部品材料与设备的安装偏差表，为施工阶段的材料管理提供分析依据。

6. 基于BIM的施工场地管理

轻钢结构装配式建筑需要用到大量的建筑部品，现场有大量的材料部品堆放，部品的供应和存储是高度变化的过程。基于二维图纸进行施工场地平面布置，很难对复杂的现场状况考虑周全，不能十分有效地利用有限的施工场地，有可能造成施工不便而影响施工进度，甚至引发安全事故。

基于建立的BIM三维模型，将不同施工阶段下需要的材料、器械等利用Revit软件进行场地模型建模，所建的BIM模型能真实地反映建筑部品、设备等与现场的状况，可以提高施工场地管理的效率。基于BIM的施工场地管理主要包括以下几部分。

(1) 施工场地平面布置

将施工方案中所需要的各类临时设施、材料堆场面积等工程资料，导入到不同阶段的BIM模型中，创建新的场地管理模型。在已建立的现场环境中，放置相关堆场以及施工设备的三维构件，通过Navisworks软件进行施工模拟与对比优化，从而选定设备型号以及布置位置，确定现场平面布置方案。利用三维的场地模型，可以直观地看到各类临时设施以及材料堆场在模型上的三维表达，进而判断施工场地平面布置的合理性，与项目各方进行可视化的沟通协调，对施工场地平面布置进行优化。

(2) 运输路线规划

利用BIM软件，建立不同施工阶段的施工现场模型，模型应包括：钢结构、道路施工、周围主要建筑外轮廓模型等。通过BIM软件统计出各阶段的相关工程量，即利用BIM数据库功能对项目门窗用量、轻钢龙骨隔墙用量、钢结构构件量等进行统计，从而制定现场施工材料堆场的初步规划。当有大宗物资及大型机械进场、场地需超期使用，可能影响结构楼板等结构安全的平面占用、运输路线等申请要求时，可依据已布置方案模型进行快速方案模拟比对，从而制定最合理的方案。通过BIM模型进行运输路线的规划，需要考虑运输路线的合理性，同时需要对现场安装作业的影响降到最小。利用Navisworks软件可以模拟现场施工的情况，将已完工的施工部位标志出来，明确接下来施工的顺序，以及对完工部位进行成品保护的前提下，进行运输路线的规划。

四、案例应用方案设计

(一) 项目概况与项目特点

1. 项目概况

在西太平洋的帕劳共和国，某轻钢结构装配式工程项目建于此地，该地雨量充沛、潮湿多风并且具有热带气候。该钢结构工程项目总占地面积6280m²，建筑面积为5139m²，该项目由中国某住宅部品集成商负责工程总承包，负责工程的设计、建筑部品的生产加工与运输、建筑部品的施工安装以及设备管线安装。因为这是一项国际工程，项目设计与施工虽然由同一家企业负责，但是施工场地在四面环海的岛国上，面临的风险很大，在一定程度上对工程项目的管理人员是一个挑战。

该项目的主体部分，地上三层，并设有局部夹层，主体为轻钢结构支撑体系，建筑部品基本是工业化部品。钢结构总投影面积2645m²，建筑高度8m，共42根钢柱支撑斜屋盖钢结构。

2. 项目特点分析

本项目为出口项目，共划分为多个单元，其特点如下。

① 部品生产要求严格，当地建筑业水平低下，不具备部品生产条件，因此所有建筑部品均从中国运往当地进行安装，因此部品需要精确预制。

② 项目为轻钢结构建筑精装修项目，设计管理与施工管理难度较大。

③ 生产地与安装地距离十分远，运输要求严格。

④ 该地通信设施落后，与外界沟通困难。

⑤ 对质量要求极其严格。

（二）项目应用BIM原因分析

① 该项目由同一家企业负责设计施工，需要多专业配合。利用BIM技术的协同设计与碰撞检测的特点，可以提高设计的效率。

② 轻钢结构的现场拼装要求高。现场钢构件连接量大，受现场环境影响，收缩变形量较大，对螺栓连接方法、螺栓连接顺序有严格要求。需要利用BIM技术的4D虚拟建造功能对施工进度以及施工方案进行模拟，以保证现场安装的速度。

③ 建筑部品种类多，数量大，涉及专业多。利用BIM技术可以提高部品的编号排序与数量统计的工作效率，提高工厂加工预制的准确程度，保证现场的施工安装顺利。

④ 该工程是国际工程，同时也是工业化项目，结合BIM技术在轻钢结构装配式建筑建造中应用比较少的背景，在该项目应用BIM技术十分有意义。

（三）BIM实施框架

1. BIM软件与硬件配置

BIM在工程上应用的基础是良好的软件环境和硬件配置，因此需要根据项目的特点与BIM应用的需求，选取合适的软件，不同软件之间的数据传输必须保证完整，防止工程信息的丢失。同时硬件资源需要保证软件运行的流畅，提高BIM应用的效率，如用于建模工作的电脑配备双显示屏是方便设计师进行部品建模与模型创建，一个屏幕显示二维的设计图纸，另一个屏幕显示Revit软件的工作界面。

2. 组建BIM团队

该项目由某住宅集成商负责工程总承包，结合该企业的部门职责进行BIM团队组建（图10-5）。

3. BIM实施流程

根据该轻钢结构装配式建筑项目特点以及BIM应用需求，制定BIM实施流程框架（图10-6）。

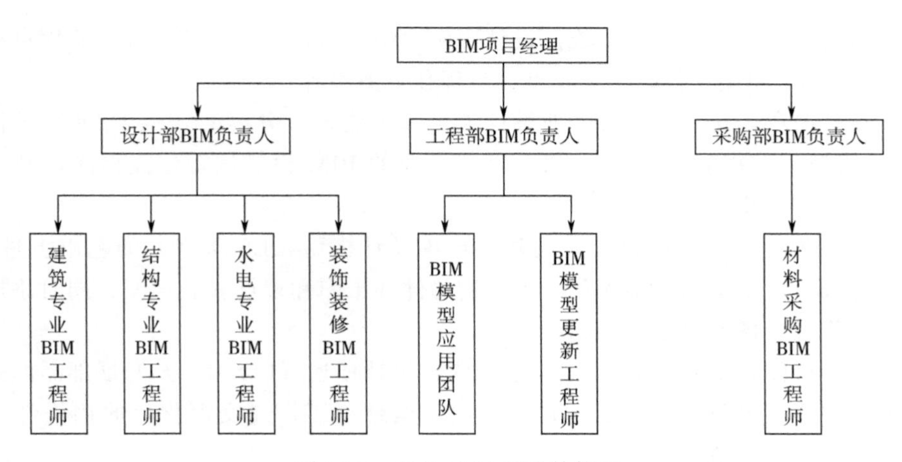

图 10-5 项目 BIM 团队结构图

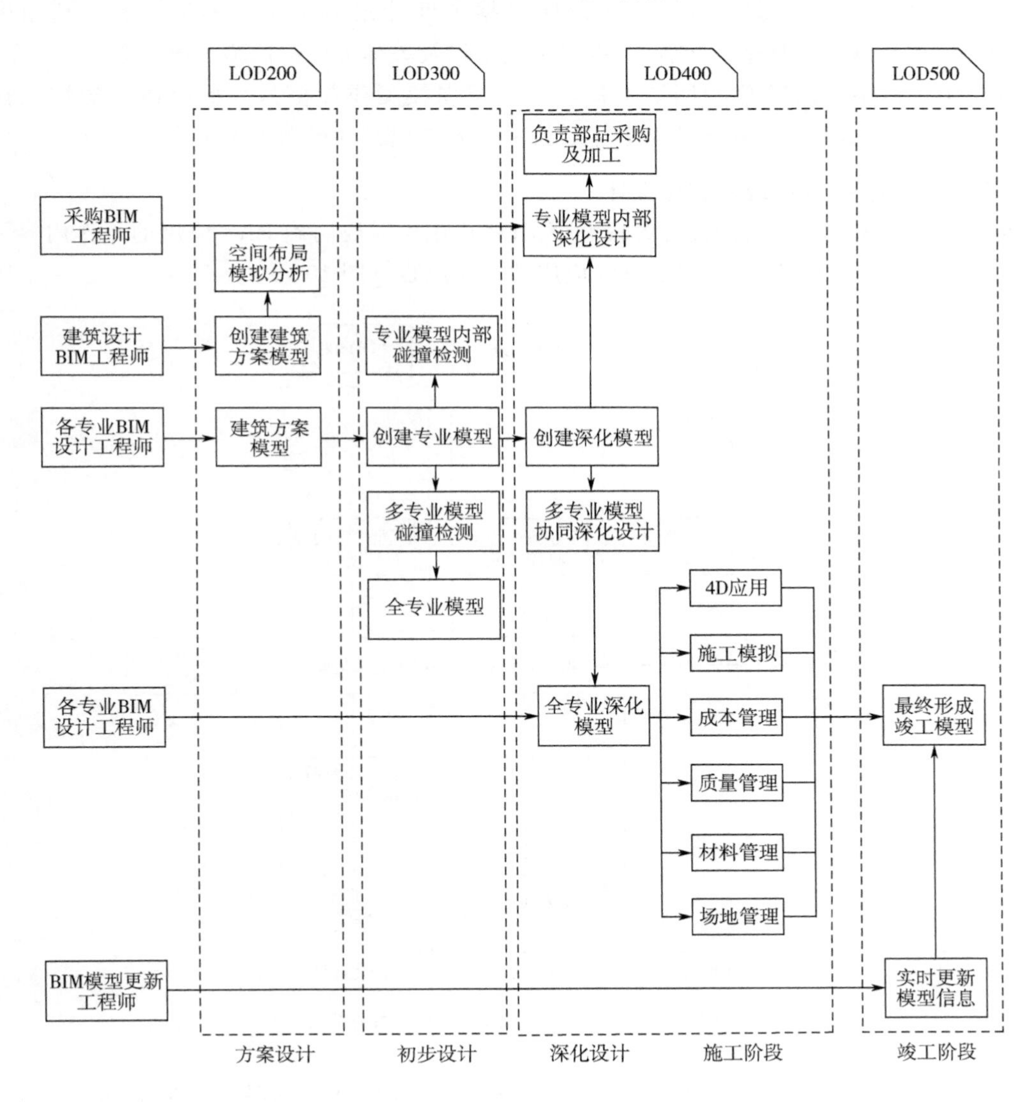

图 10-6 BIM 实施流程图

在建筑方案设计阶段，住宅集成商设计团队中的建筑设计人员基于部品族库进行建筑方案模型（LOD200）建模工作，基于模型进行深化方案设计。

在初步设计阶段，设计部的各专业设计人员基于建筑方案模型（LOD200）进行协同设计，用BIM模型（LOD300）表达，对整合多专业的BIM模型进行碰撞检测，利用碰撞分析结果对模型进行优化。

在深化设计阶段，各专业设计人员基于初步设计模型（LOD300）的基础上进行深化，如钢结构设计人员对钢结构模型深化，形成钢构件加工图和现场安装详图，同时添加必要的信息，形成深化设计模型（LOD400）。

在生产准备阶段，采购部BIM团队基于深化设计模型（LOD400）开展部品的采购计划以及联系部品的加工单位进行部品生产，如向钢构件加工厂递交深化后的钢构件三维模型等，提高钢构件的加工精度。

在施工阶段，工程部的BIM应用团队根据进度计划与施工方案等资料，利用模型（LOD400）进行施工场地平面布置、4D虚拟施工以及关键节点部位施工模拟等。

在施工过程中，BIM应用团队根据实际情况向模型添加信息，形成最终的竣工模型（LOD500），作为数字化文档移交给业主，协助其开展建筑的运营维护工作。

（四）设计阶段BIM应用流程设计

在轻钢结构装配式建筑的设计阶段开展BIM应用，需要明确BIM应用的工作内容及相关责任人，因此需要明确设计阶段BIM应用的工作流程（图10-7）。

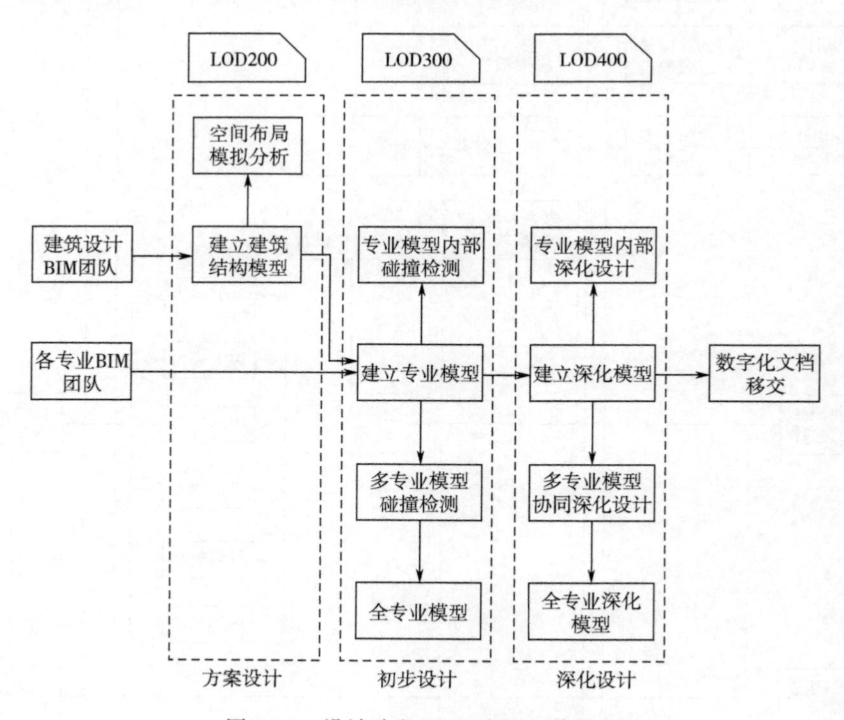

图10-7　设计阶段BIM应用工作流程

建筑设计BIM团队依据设计文件从已创建的部品族库选择部品，开展方案设计工作，利用BIM模型进行空间规划以及室内布局模拟，该阶段模型深度等级为LOD200。各专业

BIM 团队基于建筑方案模型开展协同设计及建模工作，同时进行专业内部与多专业碰撞检测，得到各专业模型和全专业模型，该阶段模型深度等级为 LOD300。各专业 BIM 团队在初步设计模型的基础上进一步深化设计，结合部品的生产或加工工艺要求对部品加工图深化，将深化后的加工图移交给生产厂家或加工厂家进行生产（加工）。同时针对需要组装的多部品组合进行深化，如进行集成装饰面层、轻钢龙骨隔墙的模型深化，该阶段的模型深度等级为 LOD400。设计 BIM 团队将设计阶段的 BIM 模型以及相关资料整理成数字化文档移交给加工阶段和施工阶段 BIM 应用团队。

当前轻钢结构装配式建筑的设计存在的较大问题是建筑各系统单独设计，体系集成设计存在不足，集成水平低下。设计集成水平低导致建筑部品在生产过程材料浪费以及在施工阶段安装效率不高，因此设计阶段移交的数字化文件是集成各种信息的集成模型。

1. 创建部品模型族库

根据模型建模流程，住宅集成商的设计 BIM 团队根据企业多年的项目资料，利用 Revit 软件对轻钢结构装配式建筑常用的建筑部品进行部品 BIM 模型族文件创建，形成企业的部品 BIM 模型族库。根据模型各个阶段不同的应用需求，依据模型深度等级要求，对部品 BIM 模型按照不同深度等级进行入库。

在部品模型建模过程采用参数化建模的方式，根据不同建筑部品的构造形式确定部品模型的主要参数，当出现设计变更的时候可以直接修改相关参数，部品模型也随即自动修改。

轻钢龙骨保温装饰一体板采用镀锌轻钢龙骨作为承重体系，并融合保温装饰一体板技术，可以广泛应用于外墙维护和内墙隔断。该墙体具有用钢量低，结构自重轻，有利于抗震；工厂化程度高，运输方便，现场易于装配；干法作业，环保节能等优点。

下面以轻钢龙骨隔墙部品族作为例子，阐述部品模型族文件创建过程。

① 依据已有的轻钢龙骨隔墙二维 CAD 图纸，利用 Revit 软件族文件创建功能，根据轻钢龙骨隔墙的设计规范与构造形式，确定轻钢龙骨隔墙族的主要参数，进行族文件的创建。

② 基于 Revit 软件的族文件创建功能，对轻钢龙骨保温装饰一体板隔墙进行 LOD400 的族文件创建。

③ 首先确定轻钢龙骨的构造方式，进行参数化建族，明确龙骨的参数约束条件。根据设计规范要求，输入相关信息，创建轻钢龙骨族。该轻钢龙骨族文件进入族库保存后可以重复使用，可以根据不同的设计要求更改相关参数直接修改模型。

④ 进行轻钢龙骨保温装饰一体板隔墙族的整合，形成最终 LOD400 的部品模型。

该轻钢龙骨族文件进入族库保存后可以重复使用，可以根据不同的设计要求更改相关的面层板参数及龙骨构造参数，可以直接得到新的部品模型。

2. 基于 BIM 进行建筑方案设计

建筑 BIM 设计师从 LOD200 的部品模型族库选择部品进行建筑方案设计，当部品模型族库无法找到所需部品，需要对已有类似部品进行修改或者重新建模，创建后需要进过审核程序才能入库。建筑 BIM 设计师利用部品模型族库的部品族文件或新建部品族文件，在 Revit 软件上进行组装，形成建筑方案设计阶段的 BIM 模型。

3. 基于 BIM 进行碰撞检测

该轻钢结构装配式项目建筑部品众多，不同类型的部品之间是通过组装的形式连接，因此需要保证各部品在设计阶段的尺寸非常精确，确保能正常安装。利用 Navisworks 软件对钢结构与轻钢龙骨隔墙进行的碰撞分析，发现了两者之间存在多处冲突。根据碰撞报告，适当调整轻钢龙骨隔墙部品的长度与高度，完成设计变更，将完成设计修改后的模型作为新的模型保存。通过不同类型部品进行碰撞检测完成多专业的协同设计，提高设计的品质。

4. 基于 BIM 进行深化设计

各住宅部品系统的部品设计图纸经过设计深化后，将送到各加工厂进行生产加工，深化设计的图纸必须满足部品加工厂的生产要求。

(五) 生产阶段 BIM 应用流程设计

生产阶段 BIM 应用工作流程如图 10-8 所示。在加工阶段，采购部 BIM 工程基于深化设计模型（LOD400）的部品明细表统计开展部品的采购计划；联系部品的加工单位进行部品生产，如向钢构件加工厂递交深化后的钢构件三维模型等，提高钢构件的加工精度；向模型录入相关的参数信息。

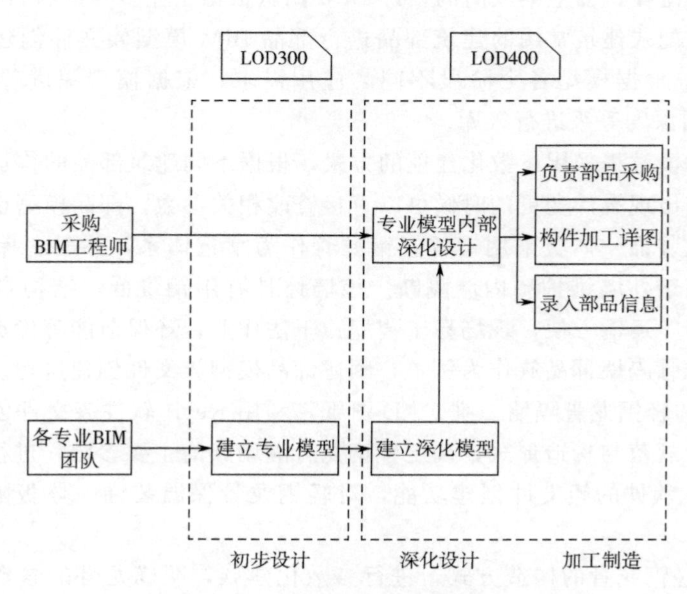

图 10-8　生产阶段 BIM 应用工作流程

1. 部品工程量统计

基于 LOD400 的全专业深化模型可以得出各部品的规格、类型以及数量明细表。采购 BIM 工程师基于明细表，对于市场上可以直接购买的部品，制定相应的采购计划；对于市面上需要加工的部品（钢构架、屋架等），则向对应的加工厂商提供部品的规格与加工数量。

2. 指导部品生产（构件加工）

按照本文的部品模型建模思路，相应的部品都是基于 Revit 的族文件进行创建的，形成标准化、参数化的部品构件，保存为 .rft 的族文件。通过 Revit 打开族文件，查看相应构件的详细尺寸等几何参数，作为构件的详图，提供给相应的构件加工厂，提高构件的加工精度。

3. 录入部品模型信息

轻钢结构装配式建筑的建筑部品加工生产阶段是连接设计与施工阶段的重要环节。为了保证建筑部品的质量与信息传递的完整性。采购 BIM 工程师需要协助生产厂家（构件加工厂）为各类建筑部品（预制构件）配置二维码信息；利用 EBIM-PC 端基于 BIM 模型选择相应的部品构件或构件组生成二维码，按照信息录入要求配置相应的二维码信息；根据不同部品规格设置好二维码标签的尺寸与张数，利用配套的二维码标签打印机，进行二维码标签打印。采购 BIM 工程师需要在部品（构件）出场时，负责核对二维码信息的完整性，并检查部品（构件）是否贴上二维码标签。

（六）施工阶段 BIM 流程设计

BIM 应用团队依据施工组织计划和施工方案等工程资料，利用设计阶段移交的 BIM 模型开展 BIM 应用。开展的工作包括施工方案模拟、4D 进度管理、质量管理、场地管理等，此阶段模型的深度等级为 LOD400。在施工过程中，模型的更新由各专业设计 BIM 团队负责，由 BIM 应用团队负责模型的维护。BIM 应用团队将施工阶段 BIM 应用的相关资料整理成数字化文档，将数字化文档中必要的信息添加到模型中，最终形成深度等级为 LOD500 的竣工模型（图 10-9）。

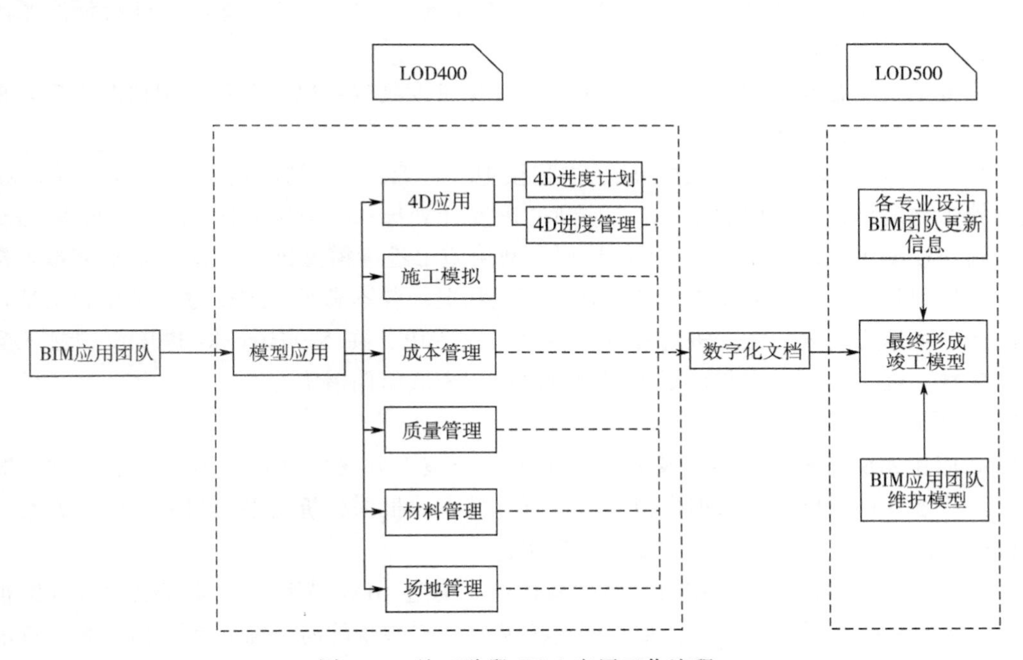

图 10-9　施工阶段 BIM 应用工作流程

1. 4D 应用

（1）可视化进度模拟

施工阶段，各专业的 BIM 应用工程师利用各专业 BIM 模型开展各自的施工组织计划编制工作，接着基于汇总的全专业模型进行整体进度计划的协同编制，形成最优的总计划与施工方案。由 BIM 应用团队负责将 Revit 模型导入到 Navisworks 软件，随即导入各专业的施工组织计划，将进度计划与轻钢结构建筑 BIM 模型进行关联，通过模拟施工安装作业的情况以及各部品材料、机械的状态，反复验证施工组织计划的科学性与合理性。同时基于该优化后的总进度计划分解成月进度计划、周进度计划，各专业施工要严格按照相应的进度计划施工。

在可视化进度模拟过程中，可以通过4D进度模型查看任意时间节点的施工状态，直观地发现方案中容易产生偏差的影响因素，及时调整施工组织计划，避免各专业在施工过程中出现时间与施工空间的矛盾，影响施工工期。通过可视化进度计划的模拟，优化各专业施工顺序与施工组织方案，保证轻钢结构装配式建筑可以顺利完工。

(2) 基于4D模型进度管理

BIM应用团队实时监控施工进度变化并进行模型信息的更新，将计划进度与实际进度进行比较分析，若存在进度偏差，进行偏差原因分析，采取纠偏措施及调整进度计划；当进度偏差不存在，则结合子进度计划以及施工实际情况，预测项目潜在的影响因素，避免出现进度偏差，保证项目按时完成。

当存在进度偏差，需要进行进度计划变更时，可利用模型进行变更分析。利用可视化的模型可以分析造成工期延后的原因以及各工作面的具体情况。制定纠偏计划时可以通过模拟的方式，分析采取赶工措施对资源与成本的影响，判断赶工措施的可行性。同时需要进行进度计划的变更，根据变更情况在模型上将调整后的进度计划与三维模型重新关联，完成调整后的进度管理模型。完成相应的模型变更后，需要进行数字文档的整理，包括延误原因分析、纠偏措施以及进度计划变更等。

当进度偏差不存在，需要根据模型来预警现场进度延误状况，避免不利情况出现，提前进行相关资源配置的重新规划。

项目采用Navisworks软件进行施工进程模拟。将Revit绘制的模型导入Navisworks软件进行施工进度模拟，同时将Project编制的进度计划导入Navisworks软件，根据Project进度计划与模型关联制作4D施工进度计划。利用施工进度模型进行可视化施工模拟，检查施工进度计划是否满足约束条件、是否达到最优状况。若不满足，需要进行优化和调整，优化后的计划可作为正式的施工进度计划。在施工过程中，在Navisworks进度模型输入实际的进度信息，进行实际进度与计划进度分析对比，采取纠偏措施。

2. 专项施工方案模拟

BIM应用团队将项目重难点及复杂施工工艺的施工方案信息录入施工作业模型，对专项施工作业进行过程模拟。根据模拟结果进行分析，并根据分析结果编制专项施工方案，根据模拟结果优化方案，最终进行方案交底和实施。

BIM技术在关键部位施工中更能体现其价值，通过BIM模型的三维可视化就可以很好地把钢结构的复杂关系表现出来。如在混凝土基础上安装钢柱时，需要对地脚螺栓进行准确的预埋以及确保钢柱的吊装符合施工要求，通过BIM的三维可视化和虚拟建造功能，可以对施工方案进行模拟与落实现场的技术交底，保证安装的准确。

通过BIM软件对钢梁连接等施工方案进行施工模拟，实现安装预演，论证方案的可行性，使施工作业人员更直观地了解施工流程及次序，明确施工重点、难点，及时解决技术问题，保证施工质量。通过施工模拟直观、明确地展现施工过程中容易出现错误的环节，有利于作业人员提高警惕、制定相关的安全措施，保证施工安全。

3. 成本管理

BIM应用团队利用汇总全专业的BIM模型，添加时间与成本信息，通过5D模型的动态模拟，可以查看不同节点的成本信息，进行资金使用计划的合理规划，为进度款收取提供可视化依据。同时基于5D模型多维度汇总分析成本报表，直观地确定不同时间点的资金需求，模拟并优化资金使用分配。对施工实际成本进行监控，将施工过程中实际发生的成本信息录入到5D模型中，将实际成本与预算成本进行对比分析，实现成本信息的预警，提前采取相应措施。若偏差已发生，基于5D模型进行资金使用计划的分配与优化，实现成本的动态管理。

在轻钢结构装配式建筑中，成本信息已经细化到数据粒度，达到构件级，可以快速提供支撑项目管理所需要的数据信息，有效提升成本管理效率。不同阶段的5D模型中成本信息的参数指标不同，初步设计阶段的成本信息以概算定额为依据，深化设计（施工图预算）阶段以预算定额为依据，施工阶段以成本参数为实际成本，通过BIM 5D模型实现成本三算对比，同时还可以进行进度、工程量等信息的可视化实时查询，提高施工阶段的成本管理效率。

轻钢结构装配式建筑施工过程质量管理的依据在于施工现场的工程质量数据信息。利用BIM技术可改善传统施工阶段质量信息手工记录再汇总分析的信息滞后的现象。由于项目所在地的网络条件差，因此现场BIM应用团队负责通过BIM模型，利用手提电脑直接在模型上记录工程的质量信息，对共享的BIM模型进行关联，保证工程质量信息的即时性，避免人为因素的记录误差，保证了质量信息的真实性。通过施工阶段的质量信息的积累与总结，形成一个质量信息的数据库，便于管理人员对现场信息的管理与应用，加强施工现场的质量管理。

对相关部品进行安装的时候，作业人员根据部品模型上的质量信息与施工现场的部品的信息进行核对，确认无误后才能进行安装。同时利用模型将相关的验收报告与检测报告进行关联，保证施工过程中关键的信息都能保存在数据库里面。利用BIM技术可以使部品的质量信息以及施工过程的质量信息直观地保存下来，明确作业人员的责任，规范施工作业行为，真正地提高轻钢结构装配式建筑施工过程的质量管理水平。

4. 材料管理

BIM应用团队可以在汇总全专业BIM模型中查看各部品的详细信息，由于各部品构件在模型中都有唯一的部品编码，同时依据部品模型的信息录入标准，在BIM模型中查询找部品的生产信息、状态信息等。基于BIM模型，可以实现轻钢结构装配式建筑的部品材料施工阶段的动态可视化管理。

在进行进度计划可视化模拟的时候，将各部品的资源信息导入到模型中，可以查看施工阶段不同时间节点下部品材料资源的投入情况，进行相应的部品材料供应情况数据整理。在部品安装前提前核对材料堆场的材料信息，保证施工安装的顺利进行。通过扫描部品构件的二维码，可以快速定位该部品构件在模型中的位置，指导施工安装；可以进行现场部品的跟踪，实时掌握现场材料使用情况与施工进度。在施工阶段材料管理应用基于BIM的二维码技术，使得现场材料管理更清晰，更高效，信息的采集与汇总更加及时与准确。

5. 施工场地管理

BIM应用团队通过Revit软件录入施工现场的信息，建立施工阶段的场地模型，进行施工阶段的可视化平面布置，保证施工场地的合理规划布置。在施工过程中，更新场地信息，将场地模型导入Navisworks软件，进行场地模型布置计划与实际情况的对比与分析，提高场地管理的效率。利用Navisworks软件还可以模拟机械与车辆的行走路线，避免部品的运送干扰作业区的正常施工。

根据部品材料的类型、规格以及数量，利用BIM模型对部品材料进行合理堆放区域划分，同时要考虑部品的安装顺序以及运送路线。随着施工的进展，及时收集施工现场部品材料的使用与存储情况，更新部品材料存储堆场的场地模型，优化场地的利用。基于BIM模型开展施工场地可视化管理，保证场地利用的最大化，实现施工现场安全文明施工。

本案例探索性地将BIM技术应用在轻钢结构装配式建筑工程项目中，基于住宅集成商的项目组织进行了BIM应用团队组织架构以及BIM应用实施流程的设计，针对项目的设计、加工以及施工阶段的BIM应用需求，提出了该阶段的BIM应用工程流程及应用方案。

在项目的设计阶段完成了部品模型族库的创建，基于Revit软件完成酒店模型，利用模型完成了建筑方案可视化空间分析与性能分析，各专业的碰撞检测及部品的深化设计。在项目的加工阶段利用三维模型指导部品的加工并进行部品信息的录入。结合项目进展，提出了施工阶段BIM应用的流程设计与解决方案。

通过BIM技术应用，该项目基于BIM模型进行建筑方案优化，比预计日期缩短了20天；通过BIM模型进行建筑性能分析，优化室内空间布局，将酒店原本的两层房间布局改变成三层，有效利用屋盖下的净空空间；检测出碰撞50余处，累计节约人工费与材料费用达30余万；基于三维模型，优化了部品加工的准确度与组装的效率，部品生产容错率减少了15%，部品组装时间节约了15%；利用部品模型，优化了运输环节的部品拆分与运输计划，运输费用预计减少5%。

在项目的设计阶段与加工阶段应用BIM技术已经取得了不小的经济效益。项目准备进入施工阶段，相信随着工程项目的进展与BIM技术的应用，BIM技术将会给项目带来更大的效益。

第二节　装配式剪力墙结构工程案例

一、工程概况

深圳某项目建设地点位于深圳龙岗新区坪山街道。建设用地面积11164m²，总建筑面积64050m²（其中地上50050m²），共三栋住宅建筑塔楼，总层数31～33层，层高2.9m，总建筑高度98m，设防烈度7度，采用装配整体式剪力墙结构体系，标准层预制率50%，装配率70%（图10-10）。

图10-10　项目鸟瞰图

本项目采用EPC工程总承包管理方式，总承包单位中建科技集团有限公司对工程项目的设计、采购、施工等实行全过程的管理，并对工程的质量、安全、工期和造价等全面负责。项目于2016年开工建设，2018 年 8 月竣工。

二、工程项目设计

（一）建筑设计

1. 建筑平面标准化设计

本项目建筑有 3 栋高层住宅共计 944 户，由 35m、50m、65m 三种标准化户型模块组成，实现了平面的标准化。为预制构件设计的少规格、多组合提供了可能。

2. 建筑立面设计

建筑外立面设计充分体现装配式结构的特点，例如与水平和垂直板缝相对应的外饰面分缝，装配式的外遮阳部品、标准化金属百叶（含标准化室外空调机架），立面两种涂料色系的搭配等设计手法，等等。

3. 预制构件标准化设计

本工程项目对建筑户型进行了标准化设计，为预制构件的标准化设计奠定了很好的基础，设计过程中按照少规格、多组合的原则，尽可能满足预制构件规格类型少，便于制作和施工的要求。

4. 建筑节点标准化设计

本工程项目对建筑节点进行了标准化设计，尽可能减少节点构造类型，统一节点设计尺寸，以减少施工过程中的现浇模板、钢筋等的类型和数量，既降低了建造成本，又提高了施工效率，如图 10-11 和图 10-12 所示。

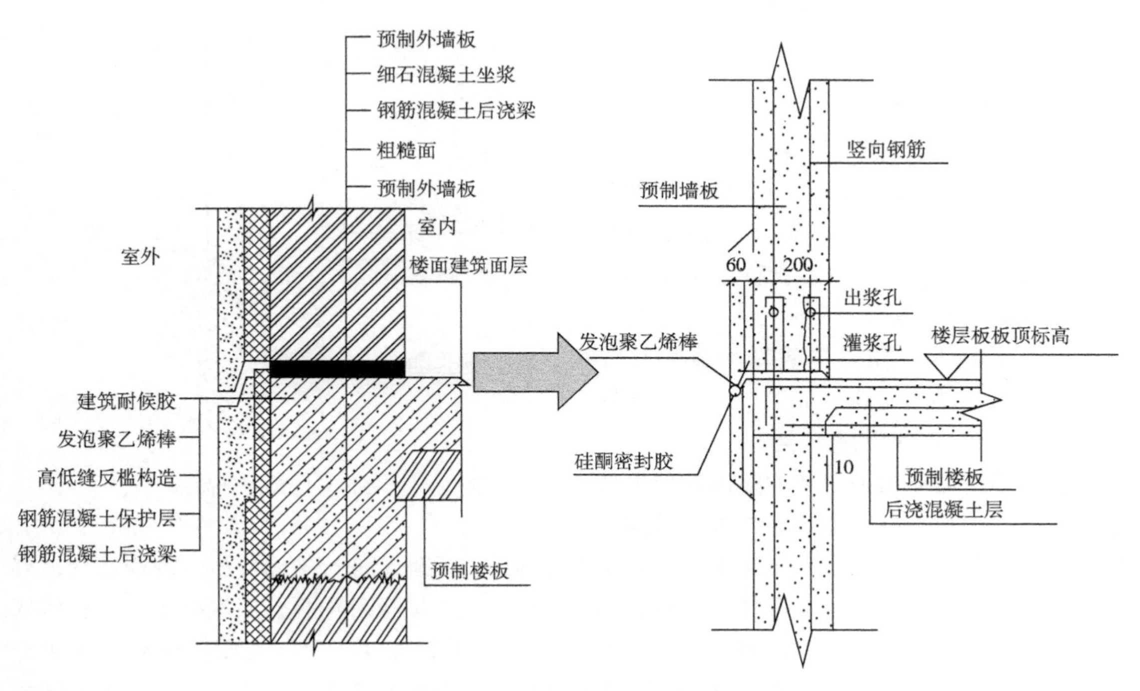

图 10-11　水平节点标准化设计图

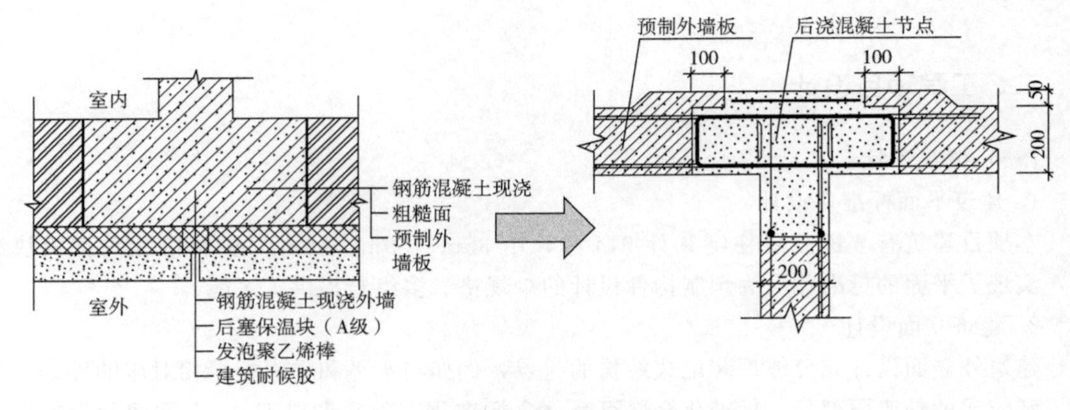

图 10-12　竖向节点标准化设计图

5. PC 外墙窗节点防水设计

基于当地雨水充沛的气候条件，本项目招标文件明确要求采用预装窗框法施工。本项目预装窗框节点采用内高外低的企口做法，上部设置滴水槽，下部设置斜坡泄水平台，在工厂预先装设窗框，并打密封胶处理。做好成品保护运输至工地后，统一装窗扇和玻璃。有效控制质量，避免现场安装密封作业，防止渗漏，保证质量，如图 10-13 所示。

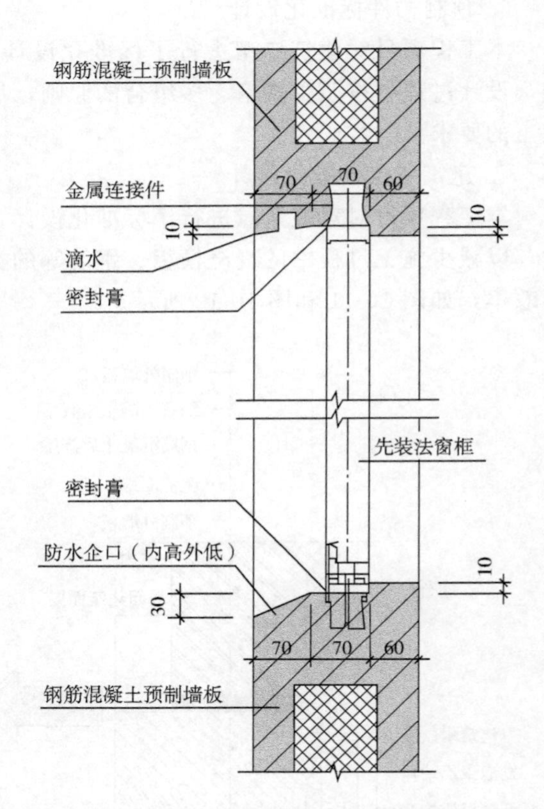

图 10-13　PC 外墙竖向缝防水节点

（二）结构设计

1. 抗震设计

本工程的设计基准期 50 年，设计使用年限 50 年，建筑结构的安全等级为二级，住宅抗震设防类别为丙类，抗震设防烈度为 7 度，设计基本地震加速度为 0.10g（$g=9.80\text{m/s}^2$），设计地震分组第一组，建筑场地类别按Ⅳ类，基本风压为 0.55kN/m²（50 年重现期 60m 以下），地面粗糙度 E 类。

住宅建筑塔楼均采用装配整体式剪力墙结构体系，剪力墙抗震等级为二级。结构嵌固部位为地下室顶板。结构设计按照等同现浇结构的设计理论进行结构分析，现浇部分地震内力放大 1.1 倍。预制构件通过墙梁节点区后浇混凝土、梁板后浇叠合层混凝土实现整体式连接。为实现等同现浇结构的目标，设计中除采取了预制构件与后浇混凝土交界面为粗糙面、梁端采用抗剪键槽等构造措施外，还补充进行了叠合梁斜截面抗剪计算、梁板水平缝抗剪计算、叠合梁挠度及裂缝验算等。

2. 节点设计

本项目采用成熟的装配式剪力墙结构体系设计，PC墙与PC墙的水平连接、PC墙与现浇节点的竖向连接、PC墙与叠合板的连接、预制叠合梁与现浇墙节点的连接、预制叠合梁与叠合板的连接、预制楼梯节点连接等，均参考《桁架钢筋混凝土叠合板（60mm厚底板）》（15G366—1）、《预制钢筋混凝土楼梯》（15G367—1）、《装配式混凝土结构连接节点构造》（15G310—1、15G310—2）等图集。

3. 预制构件深化设计

根据项目的标准化模块，再进一步进行预制构件的深化设计，形成标准化的楼梯构件、标准化的空调板构件、标准化的阳台构件，大大减少结构构件数量，为建筑规模量化生产提供基础，显著提高构配件的生产效率，有效地减少材料浪费，节约资源，节能降耗。

（三）设备专业设计

装配式建筑除了主体结构外，水暖电专业的协同与集成设计也是重要组成部分。装配式建筑的水暖电设计应做到设备布置、设备安装、管线敷设和连接的标准化、模数化和系统化。施工图设计阶段，水暖电专业设计应对敷设管道做精确定位，且必须与预制构件设计相协同。在深化设计阶段，水暖电专业应配合预制构件深化设计人员编制预制构件的加工图纸，准确定位和反映构件中的水暖电设备，满足预制构件工厂化生产及机械化安装的需要。

装配式住宅建筑采用集成式卫生间时，应根据不同水暖电设备要求，确定管道、电源、电话、网络、通风等需求，并结合机电设备的位置和高度，做好机电管线和接口的预留。

装配式住宅建筑采用集成式厨房时，应根据不同水暖电设备要求，确定管道、电源、电话、防排烟等需求，并结合机电设备的位置和高度，做好机电管线和接口的预留。

装配式建筑应进行管线综合设计，避免管线冲突、减少平面交叉。设计应采用BIM技术开展三维管线综合设计，对结构预制构件内的机电设备、管线和预留洞槽等做到精确定位，以减少现场返工。

（四）室内装修设计

装配式项目和传统建筑项目不同，室内装修设计要在建筑设计的初期进行同步一体化设计，包括家具摆放、装修做法等。通过装修效果定位各机电设备末端的点位，然后精确反推机电管线路径、建筑结构孔洞预留及管线预埋，确保建筑、机电、装修一次成活，实现土建、机电、装修一体化。

三、工程项目施工

（一）施工组织管理

本项目采用EPC工程总承包管理模式，总承包单位中建科技有限公司对工程项目的设计、采购、施工等实行全过程的管理，并对工程的质量、安全、工期和造价等全面负责。

在EPC工程总承包模式下，业主只需要提出项目可行性研究报告、项目初步方案清单和技术策划要求，其余工作均可由工程总承包单位来完成。

（二）施工技术应用

1. 新型爬架技术

针对本项目结构特点，项目部联合爬架厂商共同设计出适用于建筑工业化的新型爬架体系，架体总高度 11m，覆盖结构 3.5 层（即构件安装层、铝模拆除层、外饰面装修层）。

2. 装配式工装体系

针对装配式剪力墙结构特点，项目部完成了预制构件临时堆放架、钢筋定位框、预制构件吊梁、灌浆套筒工艺试验架、预制构件水平位移及竖向标高调节器等系列深化设计及加工制作。

3. 灌浆套筒定位装置

为解决全灌浆钢筋套筒在预制墙板生产过程中安装精度及套筒内钢筋定位的问题，本项目自主设计了套筒定位装置。

四、信息化技术应用

（一）BIM 在 EPC 总承包管理上的应用

该项目在 EPC 工程总承包的发展模式下，建立以 BIM 为基础的建筑＋互联网的信息平台，通过 BIM 实现建筑在设计、生产、施工全产业链的信息交互和共享，提高全产业链的效率和项目管理水平。采用 BIM 信息化技术，将设计、生产、施工、装修和管理全过程串联起来，可以数字化虚拟、信息化描述各种系统要素，实现信息化专业协同设计、可视化装配、工程信息的交互以及节点连接模拟及检验等全新运用，可以整合建筑全产业链，实现全过程、全方位的信息化集成。

（二）BIM 在设计阶段的应用

利用 BIM 进行预制构件拆分设计、深化设计以及三维出图；利用 BIM 进行机电管线设计及机电管线碰撞检查；利用 BIM 进行精装修设计。

（三）BIM 在构件生产阶段的应用

预制构件厂利用 BIM 三维图纸指导预制构件加工制作及工程量统计。实现自动导图、自动算量、自动加工、自动生产的全自动化流水生产。

（四）BIM 在施工阶段的应用

利用 BIM 进行施工现场平面布置模拟；利用 BIM 进行施工方案模拟以及施工信息协同应用；利用 BIM 进行室内装修模型建模生成装修材料清单，便于商务招采及现场施工。

第三节　装配式装修工程案例

一、工程项目概况

北京某公租房项目位于北京市丰台区花乡地区，紧邻丰台科技园区总部基地。项目北侧

1000m 是南四环路，西侧 500m 为地铁九号线郭公庄站，对外交通便利。规划建设用地面积 $58786m^2$，建设范围东至郭公庄路、西至规划小学与公共绿地、南至六圈南路、北至郭公庄一号路。总建筑面积 $210000m^2$，住宅建筑面积 $130000m^2$，3002 套，建筑高度 60m，建筑层数 21 层。采用开放街区、混合功能、围合空间规划理念。

本项目采用小户型，标准化设计。一居室建筑面积 $40m^2$ 左右，两居室 $60m^2$ 左右，其中 A1 户型占比超 77%，户型的标准化设计在一定程度上保证了预制构件模具的重复利用率，可有效地降低预制构件生产的成本，利于工业化建造。分室隔墙采用轻钢龙骨轻质隔墙，满足公租房灵活调整空间的居住需求。

二、室内装修设计

（一）装修集成设计

在此项目中，装配式装修理念从项目的建筑设计阶段便开始植入，形成建筑与内装的无缝对接，便于交叉施工，提高效率。具体体现在如下几个方面：

① 将集成式卫生间和集成式厨房模块化，保证其内部部品部件在不同户型之间最大程度协同一致，在建筑设计阶段需要将厨卫的模块化数据作为重要参考融入建筑结构，可以从源头上控制建造成本。

② 将管线尽可能优化到装配式隔墙上，从而减少结构墙上为管线预留的架空余量，结构墙上装配式墙面的调整仅仅考虑结构施工的偏差，调平调方正即可。

③ 装配式装修采用集成吊顶系统，在建筑设计阶段厨卫部分排风排烟的高度将与集成吊顶系统综合考虑，预留排风排烟口应高于吊顶位置。

④ 在薄法排水系统中同层排水地面厚度在 120mm，考虑到室内无高差障碍，居室集成采暖地面同样在 120mm。

⑤ 给水管线采用并联的集分水器设置，供水更加均衡。

（二）装修部品设计

装配式装修部品设计涉及材料的选择、部品与结构设计的协调、设计与安装的匹配、系统集成等内容。

1. 设计材料选择以绿色环保节能安全为基本标准

此项目的基础材料采用天津达因建材有限公司自主研发、生产的“圣马克”绿色环保材料，可回收、可重复利用，所选材料以硅酸钙板和金属为基材，60%以上可重置。项目中原材料在使用前均进行了抽样检测，杜绝因使用不合格的原材料而产生质量隐患。

2. 部品设计中优先考虑标准模块

在此项目中，配合部品的工厂化生产，大量采用标准模块，比如地暖模块、集成墙面、集成吊顶系统。厨房与卫生间采用集成吊顶系统，在设计吊顶板排板时优先使用标准规格板，且要保证排板的整体合理性，沿房间的长向排板，且应注意长度控制，防止过长而导致的板材变形。

3. 部品设计综合考虑系统集成

如厨卫集成吊顶系统是通过装配式吊顶与设备设施集成，比如灯具、排风扇等设备设施；集成地面系统是装配式楼地面与地暖模块的集成；集成墙面系统是装配式墙面与装配式隔墙的集成等；集成厨房系统是橱柜一体化、定制油烟分离烟机、灶具等设备集成；此外设计文件明确所采用设备设施的材料、品种规格等指标。

（三）装修设备管线设计

设备管线设计是内装设计与机电设备等进行协调的重要一环。期间需要重点考量三个层面的内容：一是预留空间，二是设计的精准度，三是对特殊功能区管线的处理。

1. 为管线敷设预留空间

预留空间主要位于地面架空层、吊顶、墙面空腔等。墙体内有空腔的装配式隔墙，可在墙体空腔内敷设给水分支管线、电气分支管线及线盒等。装配式墙面的连接构造应与墙体结合牢固，宜在墙体内预留预埋管线、连接构造等所需要的孔洞或埋件。

2. 管线设计力求精准

与传统装修在建筑结构上开槽打孔不同，装配式装修要求作业现场避免打孔、裁切，因此在设计中要充分考虑管线敷设路径。

3. 特殊功能区管线的处理

厨房卫生间充分考虑防水、防油污等特殊要求。卫生间采用干湿分离式设计，设计防水防潮隔膜、防水涂料、卫生间淋浴底盘。

三、装修部品生产制作

（一）装修部品性能要求

装修部品的加工制作要确保以下性能要求。

1. 主要部品防火性能保证优良

本项目的装配式装修部品以无石棉硅酸钙板和金属为基材，包括墙板、地板、吊顶板、轻钢龙骨轻质隔墙等组成内装支撑构造的部品材料经国家建筑材料测试中心、国家建筑防火产品安全质量监督检验中心检测，燃烧性能等级达到 A 级。在全屋，80％以上部品部件的燃烧性能达到 A 级。

2. 卫生间部品提高防水性能

防水隔膜 1h 耐静水压 1.2MPa，不透水。渗透系数为 3.8×10^{-12} cm/s。此外，在卫生间设置了止水条、导水条等装配式防水构造，以增强整体防水性能。

3. 地暖模块中的热功能性

根据《预制轻薄型地暖板散热量测定方法》THU HF001—2008，清华大学建筑环境检测中心检测结果，地暖板向上散热比例达到 83％以上，装饰层上表面平均温度 23.6～27.5℃，地暖模块热功能性强于市场上一般轻薄型地暖板。

（二）部品生产质量控制要点

装修部品的加工制作质量控制要满足以下要求。

1. 数据精准测量

部品生产基于精准测量，在设计前期对现场进行准确测量，测量精度要求准确到毫米级别，并且在生产前期进行数据核验，根据核验结果确定标准产品和定制产品的数据。此外，定制产品的加工数据应预留公差余量，避免现场二次加工。

2. 集成制造与柔性制造

部品工厂化生产并进行集成是此项目中保障现场装配效率提升的关键环节。项目涉及的八大部品子系统都是以工厂化集成为基础，部品之间协同提升装配式装修施工效率。

以生态门窗系统为例，门扇由铝型材与板材嵌入结构，集成木纹饰面，防火等级达到A级。门窗、窗套用镀锌钢板冷轧工艺，表面集成木纹饰面。装修现场仅一把螺丝刀完成全部门窗的安装。同样，地暖模块、吊顶、墙面等一系列的部品均在工厂完成生产，并形成模块化，现场进行快速安装。给水系统的水管通过专用连接件实现快装即插，卡接牢固。集成地面系统在工厂集成地暖模块，现场进行组装。此外，部品工厂生产兼顾柔性化制造。

项目中所使用的窗套宽度可任意定制；快装给水系统适用于室内任意长度的给水、中水及热水管线系统；地暖模块采用标准模块与非标模块组合，适用于任意地面。

3. 包装配送组织有序

产品包装都有严格规范要求，定制产品清单包含产品编码、使用位置、生产规格等信息。在部品配送环节，不断优化管理流程，为保证项目原材料及时准确到位，保证现场装配效率，取消原来材料配送中的料场分发，改为按楼栋单元供应，材料分户打包，保证施工材料准确发放。

四、装修部品装配施工

本项目在室内装修系统中全部采用装配化施工工艺，现场基本取消湿法作业。在现场装配施工安装环节，操作工人用螺丝刀、手动电钻、测量尺等小型工具完成全部安装作业，作业环境整洁安静，节能环保。各装修系统具体施工工艺分述如下。

（一）装配式隔墙子系统

1. 装配式隔墙子系统构造做法

装配式隔墙子系统构造做法是，采用86mm厚快装轻质隔墙，由轻钢龙骨内填岩棉外贴涂装板组成，主要用于居室、厨房、卫生间部位的隔墙。可用50C型轻钢龙骨，横向龙骨使用38C型轻钢龙骨，根据壁挂物品设置加强龙骨；50mm厚岩棉为燃烧性能A级的不燃材料，填塞于隔墙内，可起防火隔声作用。为保证装修品质，对集成式墙面系统的隔声效果做了检测，检测结果显示室内隔声达到43dB，符合国家标准。

2. 装配式隔墙子系统安装工艺

（1）前置条件

把室内妨碍施工的材料及垃圾清理干净。仔细核对图纸，看放线尺寸和图纸尺寸是否相符。原结构预留管线是否符合优化图纸的要求，对原预留位置不准确的管线进行修复。各方面检查无误后才可进行龙骨的施工工作。

（2）龙骨安装

天地龙骨及附墙龙骨安装完后，开始安装竖向龙骨，然后结构墙龙骨施工。根据墙面平整度调平丁形胀塞。厨房和卫生间墙面板需要横装时，根据设计位置增加双排龙骨方便固定墙板。竖向龙骨和单面龙骨施工完验收合格后，可进行线管线盒布置。

（3）装配式隔墙子系统安装施工技术要点

第一，竖向龙骨安装于天地龙骨槽内，门、窗口位置应采用双排竖向龙骨；竖向龙骨两侧安装横向龙骨，每侧横向龙骨不应少于5排。第二，卫生间隔墙应设250mm高防水坝，防水坝采用8mm厚无石棉硅酸钙板。防水坝与结构地面相接处，应用聚合物砂浆抹八字角。第三，隔墙内水电管路铺设完毕固定牢固且经隐蔽验收合格后，填充50mm厚岩棉。第四，卫生间隔墙内PE防水防潮隔膜应沿卫生间墙面横向铺贴，上部铺设至结构顶板，底部与防水坝表面防水层搭接不小于100mm，并采用聚氨酯弹性胶粘接严密，形成整体防水防潮层。卫生间隔墙内侧安装横向龙骨时自攻螺钉穿过PE防水防潮隔膜处，应在自攻螺钉外套硅胶密封垫，将PE防水防潮隔膜压严实。

隔墙与隔墙龙骨安装工艺流程图如图10-14所示。

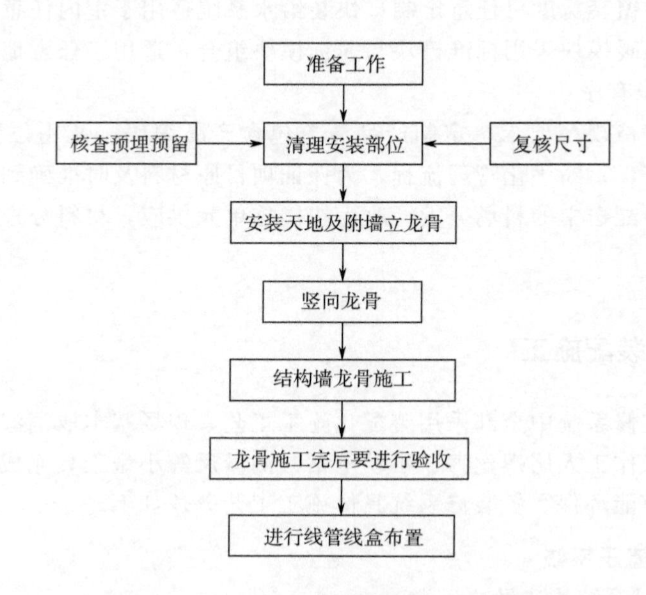

图10-14　隔墙与隔墙龙骨安装工艺流程图

（二）装配式墙面子系统

1. 装配式墙面子系统构造做法

装配式墙面子系统构造做法是，采用8mm厚的硅酸钙复合墙板，通过专用部件快速调平，摒弃传统的抹灰调平等湿法作业。居室墙面板标准板宽度900mm，厨卫墙板的标准板宽度600mm，最大程度符合模数，墙板为表面集成壁纸、石材等肌理效果的硅酸钙板，既保证装修美观性又提升了实用性。

2. 装配式墙面子系统安装工艺

（1）前置条件

龙骨、加固板等支撑构造和岩棉、管线等填充构造已经完成，且复核满足图纸要求；测量墙板加工尺寸并根据排板图整理好编号。按图纸编号，从小到大依次预排墙板，核对墙板材料有无缺失。

（2）墙板安装

安装墙板从阳角或门窗洞口开始往两边排布安装，没有阳角或门窗洞口的，从墙面阴角的一侧开始安装墙板，顺时针安装。安装墙板时，先检查墙板需要安装位置是否有水电预埋口，如有需要在该位置开好响应的孔洞。装配式墙面的墙角最后一块板，宜用结构胶将墙板与龙骨点粘固定。墙板之间预留 3mm 缝隙，用于 C 形钩固定墙板。超过 48h 以后，摘除 C 形钩，打与墙板同色密封胶。

装配式墙面安装工艺施工流程图如图 10-15 所示。

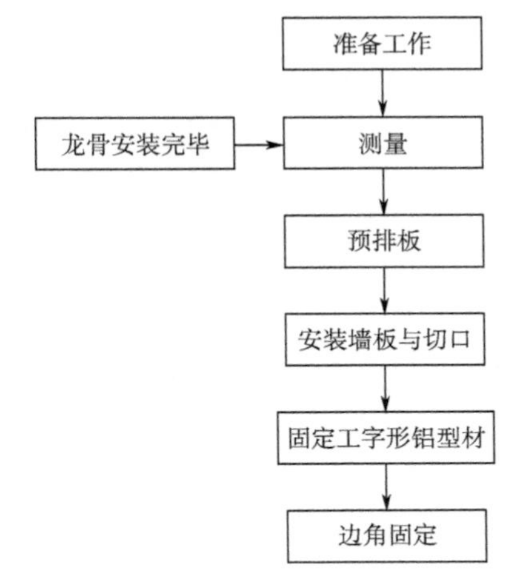

图 10-15　装配式墙面安装工艺施工流程图

（三）集成采暖地面子系统

1. 集成采暖地面子系统构造做法

集成采暖地面子系统的构造做法是，由地暖模块、可调节地脚组件、平衡层和饰面层组成，用于居室、厨房等部位，设计高度为 110mm。在楼板上放置可调节地脚组件支撑地暖模块，架空空间内铺设机电管线，可灵活拆装使用，安装方便，便于维修，无湿作业且使用寿命长。

可调节地脚组件由聚丙烯支撑块、丁腈橡胶垫及连接螺栓等组成，通过连接螺栓架空支撑地脚组件可方便地调节地暖模块的高度和面层水平以避免楼板不平的影响，在架空地面内铺设管线还可以起隔声作用。地暖模块由镀锌钢板内填塞聚苯乙烯泡沫塑料板材组成，具有保温隔热作用，并使热量上传以充分利用热能。

2. 集成采暖地面子系统安装工艺

集成采暖地面的前期测量非常重要，要为地暖模块、地脚螺栓的设计尺寸提供依据，也是为下料订单提供准确尺寸，以便材料按实际需要规格分户打包及配送。

（1）前置条件

为防止灰尘落入架空层和污染模块面层，墙面龙骨安装完成，顶棚湿作业砂纸打磨完后才可进行模块的铺装工作。按照图纸复核编号及尺寸，按序号排列，按图纸排布铺设地暖模块。

（2）模块安装

调整预装模块的支座高度使之保持水平，安装地暖模块连接扣件并用螺栓和地脚拧紧；模块铺好后，检查房间四周离墙距离是否符合设计图纸要求；按设计图纸走向铺设采暖管，接入集分水器位置留量要充足；铺设采暖管时应先里后外，逐步铺向分集水器；要随铺随盖保护板并用专用卡子卡牢；模块全部铺完用红外水平仪精确调整水平，用靠尺仔细检查是否平整，达到验收标准，检测无误后，墙面四周缝隙用发泡胶间接填充，防止模块整体晃动；模块缝隙用布基胶带封好；铺设地板前应连接集分水器并且进行打压试验，打压试验验收合格并做好隐蔽验收记录后方能铺设面层地板。

（3）集成采暖地面子系统安装施工技术要点

第一，地暖模块调平连接后，踩踏无异响。第二，水压试验应以每组分集水器为单位，逐回路进行，试验压力应为工作压力的 1.5 倍，且不应小于 0.6MPa。

集成采暖地面子系统安装工艺施工流程图如图 10-16 所示。

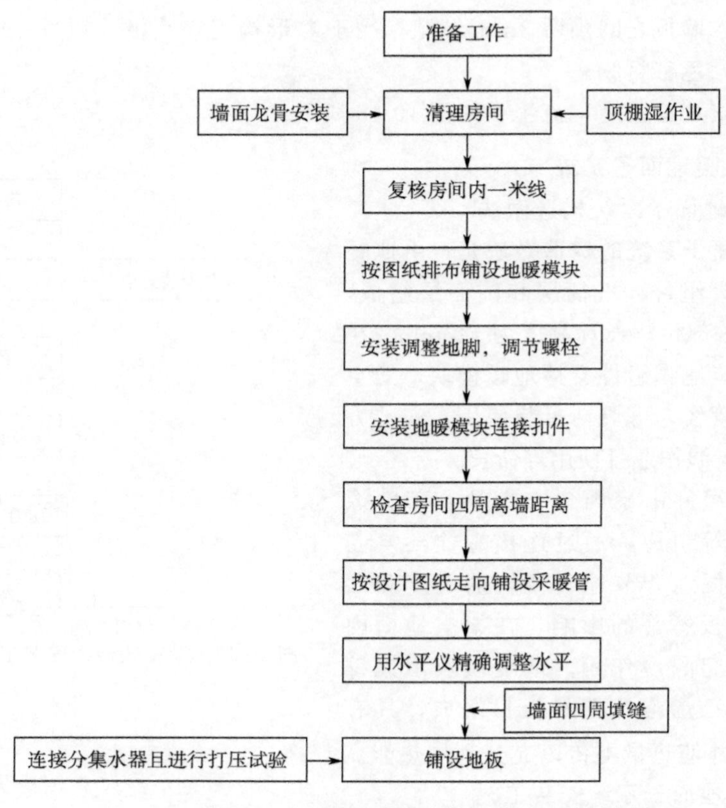

图 10-16　集成采暖地面子系统安装工艺施工流程图

（四）装配式吊顶子系统

1. 装配式吊顶子系统构造做法

装配式吊顶子系统构造做法是，由铝合金龙骨和 5mm 厚涂装外饰面组成，用于厨房、卫生间和封闭阳台等部位吊顶。吊顶边龙骨沿墙面涂装板顶部挂装，固定牢固，边龙骨阴阳角处应切割 45°拼接，以保证接缝严密。

2. 装配式吊顶子系统安装工艺

（1）前置条件

墙板安装完毕，墙板和顶板之间的岩棉用硅酸钙毛板封堵后才可进行吊顶的安装工作。

（2）吊顶安装

几字形龙骨根据房间净空尺寸，阴角部位切割 45°角。边龙骨安装完毕后，开始安装顶板和“上”字形龙骨。安装完顶板后，要仔细检查龙骨和龙骨、龙骨和顶板的搭接是否严密。

（3）装配式吊顶子系统安装施工技术要点

第一，沿墙面涂装板上沿挂装“几”字形铝合金边龙骨，边龙骨与涂装板固定应牢固。第二，两块吊顶板之间采用“上”字形铝合金横龙骨固定，横龙骨与边龙骨接缝应整齐，吊顶板安装应牢固、平稳。

装配式吊顶安装工艺流程图如图 10-17 所示。

（五）集成式卫生间子系统

集成式卫生间可以定制各种形状与规格，在此基础上形成可靠的防水构造体系，要特别重视卫生间的防水防潮处理。

防水构造做法是在墙板留缝打胶或者密拼嵌入止水条，实现墙面整体防水；墙面柔性防潮隔膜，引流冷凝水至整体防水地面，防止潮气渗透到墙体空腔；地面安装工业化柔性整体防水底盘，通过专用快排地漏排出，整体密封不外流；浴室柜采用防水材质柜体，匹配胶衣台面及台盆。

集成式卫生间安装工艺流程图如图 10-18 所示。

准备工作
墙板安装完毕
切割工作
安装边龙骨
安装顶板和“上”字形龙骨
检查搭接是否严密

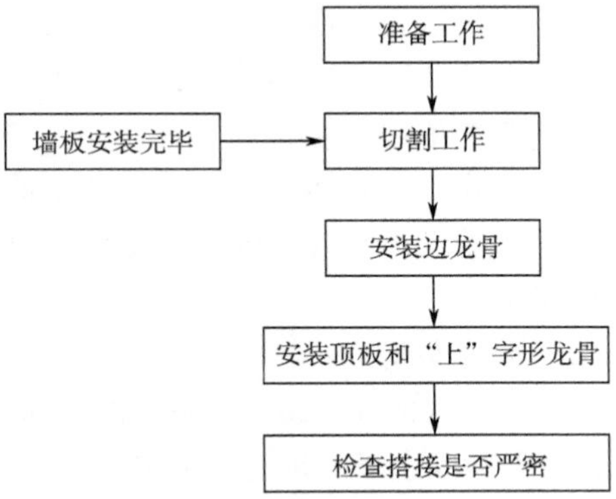

图 10-17　装配式吊顶安装工艺流程图

墙面防水
安装柔性整体防水底盘
墙面柔性防潮
浴室柜安装
坐便器定制及安装

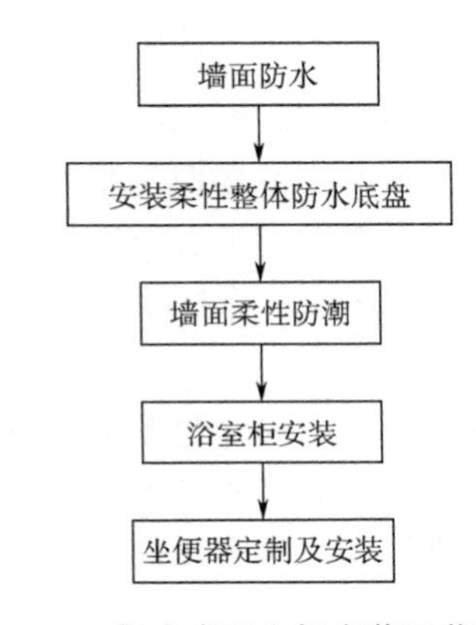

图 10-18　集成式卫生间安装工艺流程图

（六）集成式厨房子系统

集成式厨房子系统的特点，主要是设计、制作与施工要一体化；厨房所需要的墙面、地面、管线、设备、橱柜等要定制化。

要特别重视防水、防油污措施。厨房装修材料采用防水防油污的 UV 涂装材料，定制胶衣台面，防水防油污且耐磨。

排烟管道暗设吊顶内，采用定制的油烟分离烟机，直排、环保、排烟。

（七）集成内门窗子系统

集成内门窗子系统构造做法采用的是铝-硅酸钙复合门，门扇由铝合金边框与硅酸钙复合板整体制作，门锁与门扇在工厂集成；门套由镀锌钢板复合涂装制作，合页与门套在工厂集成一体；窗套与窗台板在工厂一体化集成。

（八）快装给水子系统

1. 快装给水子系统构造做法

装配式装修的快装给水系统构造做法是：系统采用卡压式铝塑复合给水管、分水器、专用水管加固板、水管座卡、水管防结露等。给水管的连接是给水系统的关键技术，要能够承受高温高压并保证在 15 年寿命期内无渗漏，尽可能减少连接接头，本系统采用分水器装置并将水管并联。

快速定位给水管出水口位置，设置专用水管加固板，根据应用部位细分为水管加固双头平板、水管加固单头平板、水管加固 U 形平板。分水器与用水点之间整根水管定制无接头。快装给水系统通过分水器并联支管，出水更均衡。水管之间采用快插承压接头，连接可靠且安装效率高。水管分色和唯一标签易于识别。

2. 快装给水子系统安装工艺

给水管道为按户定制产品，所以在设计之前，需要对每一个户型进行测量，通过排查水管走线来测量水管长度（含管井内预留尺寸），为设计该户给水管提供数据支持。每个户型每个房间水管及其配件均分户打包并配送。

（1）前置条件

为防止施工中破坏水管，水管装配前，隔墙竖龙骨、单侧水平龙骨安装和房间内湿作业完成后才可进行给水管道的安装工作。对照图纸复核水管尺寸，复核长度和配件数量是否与来料单相符。

（2）水管安装

尺寸和材料检查无误后，根据图纸标注尺寸定位固定板位置并标注固定孔位置点，用冲击钻打孔，安装固定板。带座弯头用十字平头燕尾螺栓固定到平板上。水管的排布为左热右冷。顺直布置地面的管线。对走管有妨碍的地龙骨切割缺口方便管路通过。管线顺直后，墙面、轻钢龙骨、地面要使用固定卡固定。顶板水管有交叉通过时，采用高低交错的管卡；水管需要弯曲时，请使用专用工具。水管施工完毕检查无误，打压验收合格后，顶部水管做防结露处理。

（九）薄法同层排水子系统

薄法同层排水子系统具体做法：排水管线采用 PP 材质的同层排水构造，在架空地面下布置排水管，与其他房间无高差，空间界面友好。

同层所有 PP 排水管胶圈承插，使用专用支撑件在结构地面上顺势排至公区管井，维修便利且不干扰邻里。

通过优化设计，对于同层排水卫生间无需降板，实现 13mm 的薄法同层排水体系。专用地漏提升薄法同层排水效率，满足瞬间集中排水，防水与排水相互堵疏协同，结合薄法同层排水一体化设计，契合度高。

五、工程项目装修的创新点

① 全面使用四合一多功能地面（管线通道功能＋地面标高控制和找平功能＋地暖功能＋装饰功能）安装体系及轻质隔墙体系，基本实现了管线与结构分离，保证了建筑物全生命周期价值，并为日后维护和翻新打好基础。

② 除少量墙顶粉刷外，所有部品均实现了工厂化定制、标准化装配安装。全装配的集成方式比传统方式湿作业减少 90％以上。部品部件的工厂化率和现场的装配化率基本达到 100％，为日后运营维护提供了更好的条件。装修现场告别了“手艺人”时代，100％的装配化率为实现农民工向产业化工人转化提供了条件。

③ 采用先进的地面构造体系和轻质隔墙体系，可大幅节约材料。以本项目采用的集成墙面系统为例，采用墙面挂板代替传统装修的抹灰找平，3008 户室内装修墙面可以减少砂浆用量 1 万多吨，同理测算得出装配式装修方式的地面比传统装修节约砂浆 6800 多吨。

④ 本项目装配施工周期，比传统施工缩短 2～3 个月，室内装修一步到位（包括全部日常使用部品），租户可拎包入住。

⑤ 本项目实现了全生命周期的使用与维护，后期维修、翻新极为方便，维护翻新时现有材料 60％以上可以再循环使用。

综上所述，本项目的装配式装修充分体现了我国建筑工业化发展的理念，符合我国装配式建筑“适用、经济、安全、绿色、美观”的要求，值得大力推广。

参考文献

[1] 赵雪锋，刘占省．BIM 导论［M］．武汉：武汉大学出版社．2017.

[2] 张金月．5D BIM 探索：Vico Office 应用指南［M］．上海：同济大学出版社．2019.

[3] 徐勇戈，孔凡楼，高志坚．BIM 概论［M］．西安：西安交通大学出版社．2016.

[4] 孙庆霞，刘广文，于庆华．BIM 技术应用实务［M］．北京：北京理工大学出版社．2018.

[5] 袁翱．BIM 工程概论［M］．成都：西南交通大学出版社．2017.

[6] 江韩，陈丽华，吕佐超，等．装配式建筑结构体系与案例［M］．南京：东南大学出版社．2018.

[7] 范幸义，张勇一．装配式建筑［M］．重庆：重庆大学出版社．2017.

[8] 上海市建筑建材业市场管理总站，华东建筑设计研究院有限公司．装配式建筑项目技术与管理［M］．上海：同济大学出版社．2019.

[9] 刘占省．装配式建筑 BIM 技术概论［M］．北京：中国建筑工业出版社．2019.

[10] 刘占省．装配式建筑 BIM 操作实务［M］．北京：中国建筑工业出版社．2019.

[11] 廖艳林．基于 BIM 技术的装配式建筑研究［M］．北京：中国纺织出版社．2019.

[12] 曾焱．装配式建筑 BIM 工程管理［M］．北京：科学出版社．2018.

[13] 田帅．装配式建筑 BIM 工程管理［M］．延吉：延边大学出版社．2018.

[14] 李秋娜，史靖塬．基于 BIM 技术的装配式建筑设计研究［M］．南京：江苏凤凰美术出版社．2018.

[15] 张树珺．两化融合背景下基于 BIM 的装配式建筑研究［M］．天津：天津大学出版社．2020.

[16] 戴文莹．基于 BIM 技术的装配式建筑研究［D］．武汉：武汉大学，2017.

[17] 岳莹莹．基于 BIM 的装配式建筑信息共享途径和方法研究［D］．聊城：聊城大学，2017.

[18] 刘鹏．基于 BIM 技术的装配式建筑施工组织设计［D］．聊城：聊城大学，2017.

[19] 杜康．BIM 技术在装配式建筑虚拟施工中的应用研究［D］．聊城：聊城大学，2017.

[20] 金晨晨．基于装配式建筑项目的 EPC 总承包管理模式研究［D］．济南：山东建筑大学，2017.

[21] 苏杨月．装配式建筑建造过程质量问题及改进机制研究［D］．济南：山东建筑大学，2017.

[22] 段梦恩．基于 BIM 的装配式建筑施工精细化管理的研究［D］．沈阳：沈阳建筑大学，2016.

[23] 戴红．成都市装配式建筑发展制约因素及对策研究［D］．成都：西南石油大学，2017.

[24] 兰兆红．装配式建筑的工程项目管理及发展问题研究［D］．昆明：昆明理工大学，2017.

[25] 曹江红．基于 BIM 的装配式建筑施工应用管理模式研究［D］．济南：山东建筑大学，2017.

[26] 康鹏．基于 BIM 的预制装配式建筑在新农村建设中的应用研究［D］．西安：西安科技大学，2017.

[27] 区碧光．BIM 技术在轻钢结构装配式建筑的应用研究［D］．广州：广东工业大学，2017.

[28] 肖阳．BIM 技术在装配式建筑施工阶段的应用研究［D］．武汉：武汉工程大学，2017.

[29] 李双双．BIM 技术在装配式建筑中的应用探究［D］．邯郸：河北工程大学，2017.

[30] 李泳辰．装配式背景下的模块化住宅设计研究［D］．青岛：青岛理工大学，2018.

[31] 郑一梅．BIM 在装配式建筑信息化管理中的应用研究［D］．湘潭：湖南科技大学，2017.

[32] 周梓珊．基于 BIM 的装配式建筑产业化效率评价的指标体系研究［D］．北京：北京交通大学，2018.

[33] 秦鸿波．基于 BIM 技术的装配式建筑成本控制研究［D］．郑州：郑州大学，2018.

[34] 马祥．BIM 技术背景下绿色建筑与装配式建筑融合发展的趋势研究［D］．青岛：青岛理工大学，2018.

[35] 吴飞飞．洪汇园装配式建筑成本控制关键技术研究［D］．沈阳：沈阳建筑大学，2016.

[36] 常春光，吴飞飞．基于 BIM 和 RFID 技术的装配式建筑施工过程管理［J］．沈阳建筑大学学报（社会科学版），2015，17（02）：170-174.

[37] 齐宝库，朱娅，刘帅，等．基于产业链的装配式建筑相关企业核心竞争力研究［J］．建筑经济，2015，36（08）：102-105.

[38] 白庶，张艳坤，韩凤，等．BIM 技术在装配式建筑中的应用价值分析［J］．建筑经济，2015，36（11）：106-109.

[39] 于龙飞，张家春．基于 BIM 的装配式建筑集成建造系统［J］．土木工程与管理学报，2015，32（04）：73-78＋89.

［40］叶浩文，周冲，王兵．以 EPC 模式推进装配式建筑发展的思考［J］．工程管理学报，2017，31（02）：17-22.

［41］谢思聪，陈小波，梁玉美．基于 BIM 与装配式建筑的新型工程量清单［J］．工程管理学报，2017，31（03）：130-135.

［42］刘平，李启明．BIM 在装配式建筑供应链信息流中的应用研究［J］．施工技术，2017，46（12）：130-133.

［43］曹江红，纪凡荣，解本政，等．基于 BIM 的装配式建筑质量管理［J］．土木工程与管理学报，2017，34（03）：108-113.

［44］刘丹丹，赵永生，岳莹莹，等．BIM 技术在装配式建筑设计与建造中的应用［J］．建筑结构，2017，47（15）：36-39+101.

［45］靳鸣，方长建，李春蝶．BIM 技术在装配式建筑深化设计中的应用研究［J］．施工技术，2017，46（16）：53-57.

［46］张爱琳，张秀英，李璐，等．基于 BIM 技术的装配式建筑施工阶段信息集成动态管理系统的应用研究［J］．制造业自动化，2017，39（10）：152-156.

［47］王巧雯．基于 BIM 技术的装配式建筑协同化设计研究［J］．建筑学报，2017（S1）：18-21.

［48］叶浩文，周冲，樊则森，等．装配式建筑一体化数字化建造的思考与应用［J］．工程管理学报，2017，31（05）：85-89.

［49］于凯．基于 BIM 的装配式建筑监理质量安全控制研究［J］．施工技术，2017，46（S1）：1114-1117.

［50］胡珉，蒋中行．预制装配式建筑的 BIM 设计标准研究［J］．建筑技术，2016，47（08）：678-682.